JN208317

張衡の天文学思想

髙橋あやの 著

序

髙橋あやの氏のこの書は、後漢の天文学者である張衡（七八～一三九）を中心として、中国古代における天文学や宇宙論、星座の知識などを実証的に考察した研究である。

よく知られているように、中国では天文学が古くから発達した。そのことについて、かつて中国科学史研究に大きな業績をあげた藪内清氏は次のようにいっている。

古い文明国では、洋の東西を問わず、天文学は古くから発達した学問であった。農業や社会生活を正しく行うために必要な暦の知識は、天文学の科学的側面であり、これとならんで、古代社会ではその非科学的な側面である占星術との二つの分野が、早くから発達したのである。

（藪内清『中国の科学文明』三六頁、岩波書店、一九七〇年）

ここで藪内氏は「洋の東西」と述べていて必ずしも中国だけに限定しているわけではないが、中国文明の歴史を考えるとき、これらの特色はやはり中国にとりわけ顕著であるといえよう。周王朝の始め、周公が天文観測のために設けたという「周公測景台」がどれほどの信憑性をもつのかはともかくとして、天体観測の記録はすでに戦国時代には開始され、漢の武帝時代（紀元前一世紀頃）には国立天文台の組織が確立して多くの測量記録が蓄積された。『淮南子』天文訓や『史記』天官書などはそうした早期の記録として知られる。藪内氏は、ヨーロッパで国立天文台が設立されたのは近代国家が成立してからで、イギリスのグリニッジ天文台の歴史でさえ十七世紀に始まるとして、その驚くべき早発性に注意を喚起している。

中国天文学の特色は、もちろん、そのような歴史の古さだけにあるのではない。ここにも指摘されるように、中国の天文学には暦を制作するという科学的側面と、天体の動きにもとづいて人間社会の吉凶を判断するという占星術――術数的側面の双方が、確かに含まれている。科学的側面は天子が世界の中心として天の動きを正確に察知し、観測によって暦を制作・頒布して日々の生活を安定させるという強い政治的要請のもとに生み出されたものであり、一方、術数的側面は、天と人が本質的に連続していて、天の動きが人間の吉凶に反映するという中国の伝統的天人一体観から生じたものである。

もともと「天文」という語は文字どおり「天の文様」という意味であって、現在の天文現象（astronomical phenomenon）というのとは少し違っている。たとえば『易』繫辞上伝に、

仰いでは以て天文を観、俯しては以て地理を察す。

という有名な語がある。「天文」と「地理」の語の語源をなす一句であるが、ここにいう「文」と「理」は実は同義であり、ともに筋道ないし秩序を意味する。聖人は、天においては日月星辰が織りなす秩序を、地においては山川草木の織りなす道筋を、それぞれ観察するというのであって、単純な天体観測や地理測量とは違い、何よりもそこに秩序のありかを見出すことが求められている。なぜそうなるかというと、天や地のありようの中に人間にとって何らかの意味を見出すからであって、『易』の賁卦・彖伝に、

天文を観て、以て時の変を察す。

とはそのようなことをいう。日月星辰の位置やその動きを観測することによって季節の変化を知るわけである。ここには、科学的知見を人間の生活にダイレクトに活かしていくという発想がはっきりと存在している。

このように、人間にとっての意味を強調していくとき、術数的視点が入り込んでくるのは見やすい道理である。同じく『易』繫辞上伝に、

天、象を垂れて、吉凶を見(あら)わす。

というのは、そのことをよく表わしている。天文現象は人間に吉凶を示すというのであり、天文データは将来を占う前兆としてとらえられる。たとえば日食や月食、惑星の動き、彗星の出現などは、それ自体は科学的知識としても理解されるが、それ以上に天の意志を暗示する現象であり、天のもたらす吉凶をそこに読み取ることが探究されるのである。

もはやいうまでもないことだが、中国の天文学はガリレオやニュートンに始まる近代科学とは違う面をもっている。いわゆる中国の伝統科学といわれる知見はみなそうであって――このことは中国のみならず、近代科学以前のヨーロッパやイスラームの伝統科学にも当てはまる――、とりたてて異とするに足りない。今の文脈でいえば、それは術数に裏づけられた科学、あるいは術数と不可分の科学的知見ということになるであろうか。

本書でとりあげられた後漢の張衡は中国古代天文学を代表する人物である。天文学のみか、地理学や数学についても創見の多い科学的知見の持ち主であるが、いま述べた術数的側面もまた有しているのであって、その意味では思想史的に見てきわめて興味深い研究対象といえよう。いわゆる科学的部分だけをピックアップするのではなく、思想史的事実の全体をふまえることで、逆に中国の科学の特色が照射されることが期待されるのである。

本書は、髙橋氏の博士学位論文をもとにして補訂を加えたもので、第一章から第四章までは中国の宇宙論の一つである渾天説を中心に張衡の天文学思想を論じ、第五章から第八章までは占術や星座をめぐって張衡の術数的思想をとり上げるという構成をとっている。

すなわち、張衡を中心に中国古代の天文思想を数多くの関連資料を博捜して実証的に論じており、宇宙論、天文学、水の思想、星座、占星術など多方面にわたる意欲的な内容となっているのである。重要な成果としては主に次の三点があげられるのではないかと思われる。

第一に、張衡の渾天説に関する包括的な考察がある。「渾」の文字のもつ意味や中国古代に流布した「水」の思想の検討は、渾天説という宇宙理論のもつ内容や思想的背景、イメージを浮き彫りにするのに成功している。また、その検討にもとづき、張衡が地球を球体とは考えていなかったとし、従来の地球説の誤りを指摘したことも重要なことと思われる。

第二に、『渾天儀』の作者に関する解釈である。『渾天儀』は佚書であり、現在、その佚文によって原書の形が再構成されうるわけであるが、それは張衡自身が著わした部分と、張衡の学説を受け継ぐ後学の手になる部分とに分けられるという。この結論は、詳細に輯められた関係佚文にもとづく分析の結果としてきわめて説得力をもっており、学界に一石を投じるものといえよう。

第三に、『海中占』の研究および輯佚がある。張衡の『霊憲』に言及される「海人之占」およびそれに関連する『海中占』なる文献がいかなるものなのか、従来諸説があって一定していなかったが、佚文による内容の分析により、「渤海の海中にあるという三神山の伝承が伝わる燕・斉の方士が作成した天文書」を意味するものであると論断しておられる。これに関連して、同文献につき網羅的な輯佚と校勘を行なっていることも高く評価できよう。

これらの成果はいずれも論拠に裏づけられた手堅い論証の結果導き出されたものであり、張衡および中国古代の天文学思想の解明に貢献しうる内容になっていると思われる。

もちろん、残された問題もあるかもしれない。たとえば、張衡は『文選』に多くの詩賦を伝える著名な文学者でもあったこと、同時代の占術に対して容認的態度を取っていたことなどは、張衡が今日いう「天文学者」とは違い、漢代の思想・文化に棹さす知識人であったことをよく物語っている。そのような時代思潮の中に張衡の天文学思想をどのように位置づけるかは広く中国の科学思想というものを考える場合、ひき続き考究していく必要があるであろう。一部触れられているように日本など東アジアへの伝播のありようも、中国科学史の展開と変容に関して興味ある課題といえる。

序文としては少し内容にまで踏み込みすぎたかもしれない。本書の評価については各専門諸家の判断にゆだねなければならないが、ただ、これまでの研究は、張衡を科学者と見てその業績の先駆性のみを評価するものや、いわゆる中国科学史の発展の中に単線的に張衡を位置づけるものが多く、必ずしも張衡という人物の全体像をとらえようとしていなかったように思われる。髙橋氏はここで、新たな視点と資料を駆使して張衡の思想・学術の解明に取り組んでおられて、たいへん貴重である。

髙橋氏は修士論文ではいわゆるニーダム問題――中国にはなぜ近代科学が発生しなかったのか――をとりあげ、博士論文ではこのように実証的な中国科学思想研究をテーマとされた。地道に研究にとり組み、コンスタントに成果を発表することでこの労作をまとめられたのである。指導にあたった教員として本書の出版を慶び、ここに序文を書かせていただく次第である。

二〇一八年五月十一日

関西大学文学部　吾　妻　重　二

張衡の天文学思想　目　次

張衡の天文学思想

序章　本書の立場

一　中国における天文学と天の思想

中国の思想史において、天の思想は重要な位置を占めている。周王朝は天を崇拝し、漢代には董仲舒が天人相関の思想を打ち出すなど、時代ごとに天と人の関係が模索された。また、為政者は天命を受けて天子として君臨し、天の祭祀を行なうことで自身の権力の正統性を裏づけた。『芸文類聚』や『初学記』、『太平御覧』といった類書の多くが冒頭に天の項目を立て、天に関する記述を整理したことからもわかるように、天への思索は人々の関心を引く重要な要素だったのである。

天文学は、天の思想と切っても切れない関係にある。天をめぐる日月星辰の動きを把握しなければ、人々の生活を支える暦を作ることはできないし、通常の星々の運行を把握した上で天の異変を察知することで、はじめて国家や為政者の大事を知る占星術が成立しうるのである。

中国の天文学は国家の体制を維持する上で重要な学術の一つと見なされてきた。『尚書』堯典にもとづく「観象授時」という言葉が示すように(1)、天体の現象を観測し正確な暦を作成することは国家が時を人々に授けるという行為を意味し、したがってまた国家による支配を体現するものであった。それは周辺諸国に対しても同様であり、暦は冊封体制を維持する重要な役割を担った。天文変異を観る占星術も、同様に国家体制のための技術であった。中国の占星術は西洋とは異なる性質をもつ、とよくいわれる。中国では為政者の行為と天文現象とが互いに影響するという天人相関の思想に則り、天の変異は地上の災異を表わすと考えた。国家の大事を把握するためにも、星々の動きを観察する必要があったのである。また、『易』繫辞上伝には「仰以観於天文、俯以察於地理。是故知幽明之故」（仰ぎて以て天文を観、俯して以て地理を察す。是の故に幽明の故を知る）とあり、中国古代の人々は天文や地理を観察することで、あらゆる存在の根本原理を知ることができると考えていた。

中国における天文暦算の学は、天文観測・暦学・占星術、そして算術の要素をも含み、多様な天の動きに様々な角度から関わる性質をもっており、中国の国家体制を支える不可欠の分野であったといっても過言ではない。しかし、実際の政治機構の上では技術と見なされ、経学などと比べ一段低く見られていた。このことは『漢書』芸文志の六略の分類で、六芸略・諸子略・詩賦略を「学」、兵書略・数術略・方技略を「術」と大きく区別していることからもうかがえる。天文と暦譜はともに数術略に分類された。

本書は、このような中国古代において天の思想を支える、天文学思想の諸側面を論じるものである。その際、後漢の太史令である張衡を中心に論を進めることにする。本題に入る前に、まずは中国天文学と大きく関わる科学と術数の概念について、本書の立場を説明しておきたい。

二　科学と術数

現在、天文学は科学の一分野と見なされており、科学の歴史をたどる科学史の一分野として中国天文学史がある。中国天文学史を含む中国科学史の研究は、日本においては戦前から京都大学人文科学研究所（前身の東方文化研究所を含む）が中心的な役割を担ってきた。新城新蔵、能田忠亮、藪内清の諸氏は科学史家の立場から、特に中国天文学史について先駆的な研究成果を挙げた。その流れは山田慶兒、橋本敬造、宮島一彦、川原秀城、武田時昌、新井晋司の諸氏に受け継がれている。また大東文化大学東洋研究所でも、一九九〇年代中期から東洋の天文・暦学に関する研究が進められている。日本以外では中国の中国科学院自然科学史研究所、イギリスのケンブリッジ大学にあるニーダム研究所（THE NEEDHAM RESEARCH INSTITUTE）などに研究の拠点がある。

中国は、四大発明といわれる火薬・羅針盤・紙・印刷術をはじめ[2]、西欧に先んじて数多くの発明を行なった。また、天文学の面でも古代から食（日食・月食）の観測や天文図の作成、数学の面でも天元術と呼ばれる高次方程式や円周率の計算、さらには地図製作技術や医薬学体系の発展、鉱石に関する知識など、様々な方面で注目すべき成果を挙げていた。それらを指して、古代中国では科学が発達しており、それは当時の西欧を凌駕していたという見解を取る人々がいる。代表的人物はジョゼフ・ニーダム（Joseph Needham、中国名は李約瑟）で、彼は中国において科学が発達していた事例を数多く挙げて中国科学の先進性を主張した[3]。ニーダム氏は「科学」を広く定義し、その定義に沿って中国では科学が発達していたと主張している。そして、その前提に立ち、近代科学が中国ではなく西欧において興った原因を探ろうとした。

しかし一方で、古代中国には科学はなかったとする見方もある。任鴻雋氏や竺可楨氏はそれぞれ「説中国無科学之原因」、「為甚麼中国古代没有産生自然科学？」といった論文を発表し、中国に科学がなかったという前提で、その原因を考察する[4]。これは「科学」の定義の差異によると考えられる。

科学史家の田中実氏は著書『科学と歴史と人間』の中で、科学について次のように述べる。

ギリシアの科学的達成に見られるような普遍化や、さらには万象の物質的根源の探究を尺度にすると、ギリシア人以前には科学はなかったことになり、一九世紀以後の現代科学を、せいぜいのところガリレイ、ニュートン以後の科学を基準にとるならば、「科学革命」以前の自然研究が科学の名に値するかどうか疑わしいことになる。しかし科学というものを、ある時代以前のことは、いい加減に「萌芽」あつかいにしたり、ある時代・ある状況下でおこなわれた活動を一面的観察から「ニセ科学」と決めてしまわないで、人間創成の最初から実質的に連続した、人類の知的活動として考えることのほうが、科学と人間とを一つのものとして理解するために、魅力的なことではないだろうか。(5)

田中氏はまた、技術・科学の定義として、

技術とは「生産的実践における客観的法則性の意識的適用」（武谷三男）であるとする概念を採用し、この意味における技術を媒介にして「科学」が成立すると考える。そして自然の法則的知識を科学知識と名づけ、この知識を獲得するための、概念の結合による仮説の提示とその証明、そのためにとられる実験・観察・推理のいろいろな手続を科学の方法と呼び、こうした知識と方法の総体を科学と見る。(6)

という姿勢を述べている。つまり、科学を人類の知的活動ととらえることが科学と人間を理解する上で有益であるとし、自然の法則的知識と知識獲得のための様々な方法をあわせたものが科学であるとしている。

現代の基準で過去を測ると、近代科学の方法論が確立する十七世紀より前に科学は存在しなかったという結論が成り立つ。しかし、科学を自然を理解するための営為ととらえると、人は古来各地で科学的行為を行なっていたのである。ともすれば近代科学の源流をギリシア科学のみに求める傾向もあるが、中国においても、他の地域においても、自然の法則を理解しようとする営為が重ねられてきた。それらの営為は科学（あるいは自然科学）と呼ぶことができると考える。

中国思想の分野でも、堀池信夫氏は漢代の思想構造について「前提の超自然的不合理性さえ認めてしまうならば、そののちに構築される理論・体系はきわめて機械的であり合理的」であり、「（閉じられた世界内における）合理性」を有すると述べる(7)。たとえ根本的な非合理性があったとしても、合理的な思考を有していたという点は、科学的思考と呼ぶに十分であろう。天文学についても、日月星辰の動きを精密に観測し暦を作成するという面と、観測結果を占星術に応用するという面があるが、当時においてはそれらがいずれも事実、真理を探求する行為だったのである。

術数学は、科学と親密な関係にある、中国固有の学問体系である。術数は数術ともいわれ、時代によって対象とする分野に出入りがあるが、基本的には天文暦算などの自然科学と占術などの要素を兼ね備えたものであった。数や象を基礎として、吉凶の判断を下すことを目的とする分野だったと考えられる。書目では『漢書』芸文志の数術略以来、術数に関する項目が立てられている。たとえば『漢書』芸文志数術略には、天文・暦譜・五行・蓍亀・雑占・形法の項目がある。

術数の概念に関しては、木村英一氏をはじめ、宇佐美文理氏、坂出祥伸氏、三浦國雄氏らが定義づけしている(8)。また京都大学人文科学研究所では武田時昌氏が従来の科学史研究班を発展させ、術数学研究班を組織している。さらに、水口幹記氏は近年、東アジアの国々の術数をめぐる伝統的文化を「術数文化」と規定し、その形成や伝播、展開の諸相について検討しており、筆者も武田氏、水口氏の研究グループに参加している(9)。各人、各グループの術数概念はまったく同じというわけではなく、術数に含まれる範囲も異なる。本書では、こうした先学の術数に関する概念をふまえた上で、特に川原秀城氏の術数学を広義の「数」の学術ととらえる立場を前提として、三浦國雄氏の「占」と「数」とが一体となった中国独特の学術という観点に立って論を進めていきたいと考えている。

三　張衡について

本書で中心として取り上げる張衡（七八～一三九）は、後漢を代表する科学者として、また政治家・文学者としても知られている。字は平子、南陽郡西鄂県（現在の河南省南陽市）の人で、一一五年から一二一年、そして一二六年から一三三年の二度太史令の職に就いた。張衡の伝記は、『後漢書』張衡伝（以下、張衡伝と略称する）にある。以下、張衡伝の記述に沿って張衡の人物について整理してみたい。

（1）張衡の性格、事績

張衡は名族の家柄で、祖父堪は蜀郡太守であった。張衡も少時より文に巧みで、都長安に遊学して太学を観、五経・六芸に通じた。その才は世に知れ渡ったが、驕り高ぶることなく、常にゆったりと構えて括淡で、俗人と交際することを好まなかったという。知識や才はあるものの、元来それを政界で生かそうとする意志は希薄で、永元中（八九～一〇五）に考廉に挙げられるも出仕せず、しきりに公府に召されたが応じなかった。

崔瑗（さいえん）の残す「河間相張平子碑」に、張衡の性格がうかがえる箇所がある。

君天姿濬哲、敏而好学、如川之逝、不舍昼夜。……瑰辞麗説、奇技偉芸、磊落煥炳、与神合契。然而体性温良、声気芬芳、仁愛篤密、与世無傷、可謂淑人君子者矣。(10)

（君は天姿濬哲、敏にして学を好み、川の逝くが如く、昼夜を舎かず。……瑰辞麗説、奇技偉芸、磊落煥炳、神と契りを合わす。然り而して体性温良、声気芬芳、仁愛篤密、世と傷むこと無し。淑人君子と謂うべき者なり。）

いささか大げさなきらいはあるが、この碑文からは張衡が若い頃から才気に溢れ、冷静で落ち着いた性格をもっていたことがわかる。

張衡伝や孫文青『張衡年譜』をもとに経歴を整理すると、張衡は永元十二年（一〇〇）、二十三歳の時に南陽太守鮑徳の主簿となっている。その後大将軍の鄧騭（とうしつ）に何度も召されたが応じなかった。しかし、永初五年（一一一）、三十四歳の時に安帝の熱心な求めにより郎中となり、元初元年（一一四）には考廉に挙げられ、尚書侍郎となる。翌年には太史令となり、渾天儀を作った。建光元年（一二一）、四十四歳の時に公車司馬令となるも、順帝の永建の初め、再び太史令となった。この頃、地震が起きた時に揺れの方向を知るための候風地動儀を作成し、正確に地震を言い当てて周囲を驚かせている。陽嘉二年（一三三）、五十六歳の時に太史令から侍中となり、上疏して、東観にて『東観漢記』編纂に従事したいと願い出た。その後も『史記』と『漢書』の誤りを指摘するなど度々上奏したが、聞き入れられることはなかった。永和の初めには長安を出て河間の相となり、当時河間の王であった劉政の驕奢で法に則らない態度を改めさせ、悪党を一斉に捕らえた。三年後に辞職を願い出るも許されず、召されて尚書を拝した。その翌年、永和四年（一三九）に六十二歳にして死去した。

また、同時代の崔瑗が張衡を「数術窮天地、制作侔造化」（数術は天地を窮め、制作は造化に侔（ひと）し）と称したように、張衡は当時術数に通じた人物と評されていた。張衡伝には「衡善機巧、尤致思於天文、陰陽、暦算」（衡は機巧を善くし、尤も思いを天文、陰陽、暦算に致す）という記述もあり、張衡の興味が特に天文や陰陽、暦算にあったことがわかる。先述の候風地動儀以外にも、水を動力として天の星の動きと連動させた水運渾天儀や参輪、木雕などの機巧を制作している。

（2）張衡の著作

張衡が著わしたとされる天文学関係の著作に『霊憲』と『渾天儀』がある。[11]いずれも宇宙、天について述べたもので、『霊憲』は宇宙の構造や生成について述べたもの、『渾天儀』は、渾天説の理論と渾天儀の構造の説明である。このほか、『文選』に収録された「東京賦」や「西京賦」（あわせて「二京賦」という）、「思玄賦」、「帰田賦」など多くの賦を著わした文学者としても知られる。また、二度太史令の職に就いたことで「出世欲がない」と批判する声に応えた「応間」もある。張衡の著書は多分野に及ぶが、その多くは現存しない。

明代以降、張衡の著作を集めた輯本がいくつか作られている。

明・張燮『七十二家集』（『続修四庫全書』集部総集類所収）
明・張溥『張河間集』（『漢魏六朝百三名家集』所収）
清・洪頤煊『経典集林』（問経堂刊本、百部叢書集成所収）
清・厳可均『全後漢文』巻五十二～五十五（『全上古三代秦漢三国六朝文』所収）
清・馬国翰『玉函山房輯佚書』子編天文類

このほか、『説郛』に『霊憲注』、『漢唐地理書鈔』に『張衡霊憲』が載る。また近年には、詩文を中心とする張震沢校注『張衡詩文集校注』（上海古籍出版社、一九八六年）や張在義・張玉春・韓格平訳注『張衡詩文』（章培恒ほか主編、中国名著選訳叢書所収、錦繍出版、一九九三年）も刊行されている。

今試みに、『続修四庫全書』所収『七十二家集』に引かれる張衡の著作を挙げれば、次の通りである。

賦　西京賦
　　東京賦
　　南都賦
　　周天大象賦
　　温泉賦
　　羽猟賦
　　思玄賦
　　帰田賦
　　観舞賦
　　定情賦
　　扇賦
　　冢賦
　　髑髏賦

楽府　怨篇
　　同声歌
詩　四愁詩
誥　東巡誥
疏　大疫上疏
　　陳事疏
　　駁図讖疏
　　請専事東観収検遺文疏
　　求合正三史表
　　日蝕上疏
書　与崔瑗書
　　与特進書
七　七弁

設難　応間
議　暦議
説　渾儀
　　霊憲
銘　授笥銘
誄　大司農鮑徳誄
　　司徒呂公誄
　　司空陳公誄

（3）張衡に関する先行研究

張衡に関する研究のうち、最初に挙げるべき古典的な論文として、一九二四年に発表された張蔭麟「紀元後二世紀間我国第一位大科学家――張衡」がある。その後、一九五〇年代頃まで、中国の研究者らが張衡に関する研究を行なっているが、それらは主に張衡の事績を整理することに終始している。このことは次に掲げる表題を見れば一目瞭然であろう。

張蔭麟「張衡別伝」（『学衡』第四十期、一九二五年）
孫文青『張衡年譜』（商務印書館、一九三五年、のち一九五六年修訂）
黎武「漢代的偉大科学家――張衡」（『歴史教学』第四十一期、一九五四年五月）
李光璧、頼家度「漢代的偉大科学家――張衡」（李光璧、銭君曄編『中国科学技術発明和科学技術人物論集』三聯書店出版、一九五五年）
頼家度『張衡』（上海人民出版社、一九五六年）
席沢宗「我国偉大的天文学家――張衡」（『天文愛好者』第二期、一九五八年六月）

年譜は孫文青氏によってまとめられ、以後の張衡研究もそれを基礎として行なわれている。（本章末尾に年表を附した）。その後、一九五八年に銭宝琮氏が「張衡霊憲中的円周率問題」を著わし、中国において張衡の学術に関する研究が本格的にはじまった。(12) 日本においては、天文学史方面では能田忠亮「漢代論天攷」（『東方学報』京都第四冊、一九三四年）が、思想方面では中島千秋「張衡の思想」（『愛媛大学紀要（人文科学）』第一巻第一号、一九五〇年）が先駆的である。以降の関連する先行研究については、各章で適宜触れる。

四　中国古代の宇宙論

宇宙論と一般的にいう場合、そこには宇宙生成論と宇宙構造論が含まれる[13]。宇宙生成論は宇宙の始原を探求するもので、中国では『易』繫辞上伝の「易有太極、是生両儀、両儀生四象、四象生八卦」（易に太極有り、是れ両儀を生じ、両儀は四象を生じ、四象は八卦を生ず）や『老子』第四十章の「天下万物生於有、有生於無」（天下万物は有より生じ、有は無より生ず）、第四十二章の「道生一、一生二、二生三、三生万物」（道は一を生じ、一は二を生じ、二は三を生じ、三は万物を生ず）のように、哲学的思弁にもとづく記述が代表的である。生成の過程には陰陽の気が作用する。生成論は『易』や道家系文献のほか、緯書などにもしばしば見られる。

中国古代の宇宙構造論については、『後漢書』天文志（以下『後漢志』と略称する）上の劉昭注が引用する蔡邕「天文志」[14]で次のようにいう。

言天体者有三家。一曰周髀、二曰宣夜、三曰渾天。宣夜之学絶、無師法。周髀数術具存、考験天状、多所違失。故史官不用。唯渾天者近得其情。今史官所用候台銅儀、則其法也。

（天体を言う者に三家有り。一に曰く周髀、二に曰く宣夜、三に曰く渾天。宣夜の学絶え、師法無し。周髀の数術は具（つぶさ）に存するも、天の状を考験するに、違失する所多し。故に史官用いず。唯だ渾天なる者のみ其の情を得るに近し。今史官の用うる所の候台の銅儀は、其の法に則るなり。）

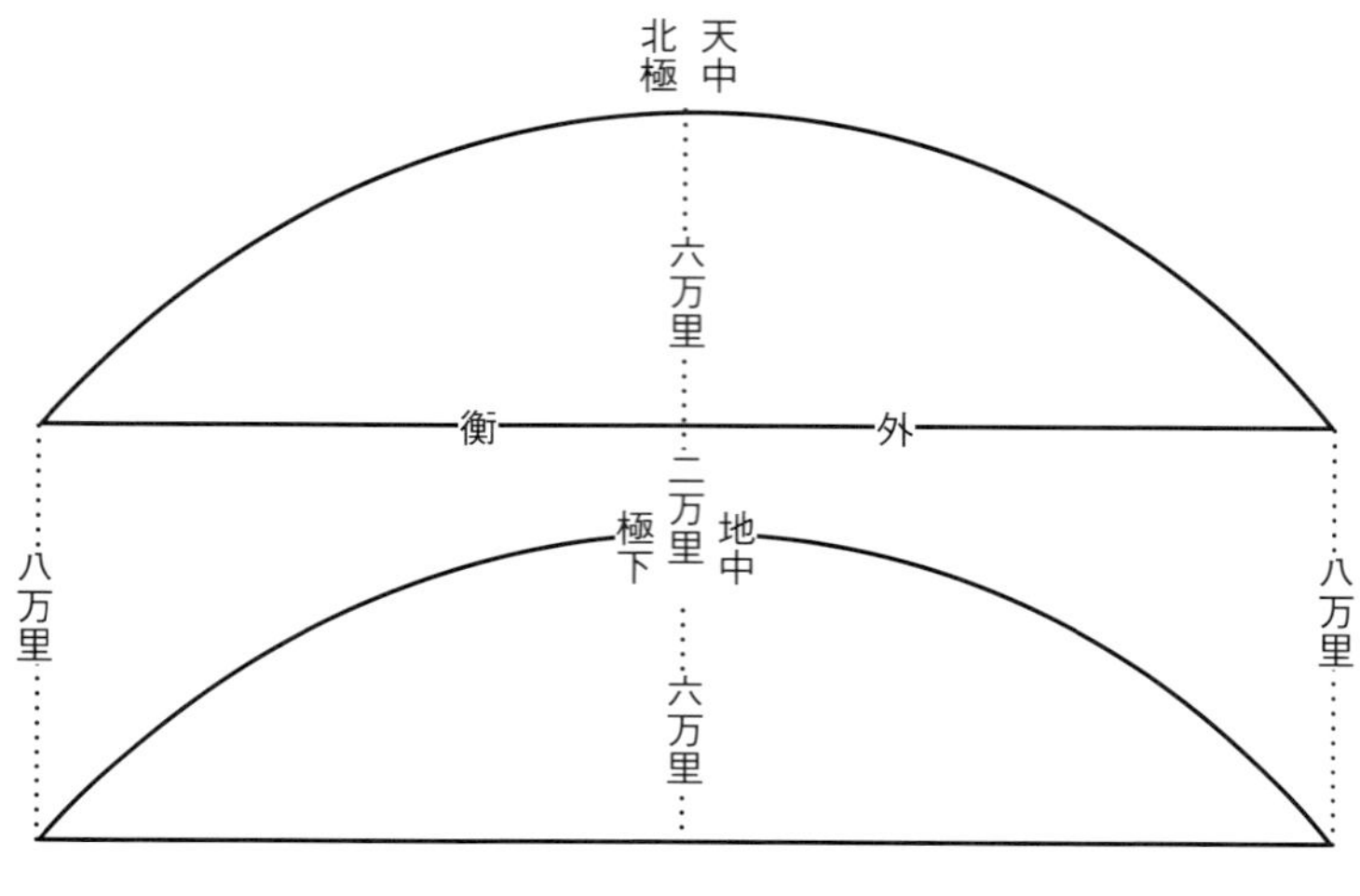

図一　第二次天蓋説の図（能田忠亮『東洋天文学史論叢』より）

ここで述べられるように、中国古代の宇宙構造論は、周髀、宣夜、渾天の三説が代表的なものである。

周髀説は蓋天説ともいわれ、『周髀算経』で論じられるように、天が笠のように地の上に覆い被さっているという考え方である。観測には八尺の髀（ひ）（表、圭表とも呼ばれる。ノーモン、地面に突き立てた棒のこと）が使われ、影の長さにもとづいて太陽の高度を計測した。天円地方という中国の天地概念を代表する説でもある。能田忠亮氏は蓋天説を二次に分け、『周碑算経』上巻の説を第一次、下巻の説を第二次と呼ぶ[15]。第一次蓋天説では天と地を平行な平面と考え、第二次蓋天説では天地を平行な半球状の曲面と考える（図一）。

宣夜説は、宇宙を無限に広がる虚空と認識し、気が万物の根源であり天体の運動にも作用するという考え方である。天が物体であるという考えを否定し、宇宙の無限性を主張したという点で現代の宇宙観に通じるものがあるが、星々の運行の秩序をも否定しており、宇宙構造をめぐる論議ではそれほど注目されなかった。漢の秘書郎である郗萌（ちほう）が宣夜説の立場をとったとされる[16]。また、蔡邕が宣夜の説は絶えたと述べる一方、近年の研究では宣夜説の思想が後漢の黄憲に継承されたという見方がある。[17] ただし、その根拠は黄憲の著作とされる『天禄閣外史』天文篇にあるというが、『天禄閣外史』は『四庫全書総目提要』や『古今偽書考』などで明の王逢年による偽作といわれており、後漢の思想と見なすことは難しい。明代に宇宙無限の観念があったことを示す資料として見るべきであろう。

渾天説は球形の天が地を包む形が特徴で、観測には渾天儀が用いられる（図二）。渾天説は蓋天説を発展させたものといわれており、前漢の揚雄ははじめ蓋天説を支持していたが、のちに渾天説へと見解を変え「難蓋天八事」[18]を著わした。さらに蓋天説を二次に分けて考える場合、第二次蓋天説は渾天説の影響を受けて発展したとされる。蓋天説と渾天説の二つは真っ向から対立する説というわけではなく、互いに理論の一部を補完しあいながら発展したといえよう。渾天説は現実の天体の動きと合致する面が多く、漢代以降は蔡邕が述べるように多くの支持を得、張衡、鄭玄、陸績、王蕃らが渾天説の立場に立った。

『晋書』天文志（以下、『晋志』と略称する）上、『隋書』天文志（以下、『隋志』と略称する）上では、右

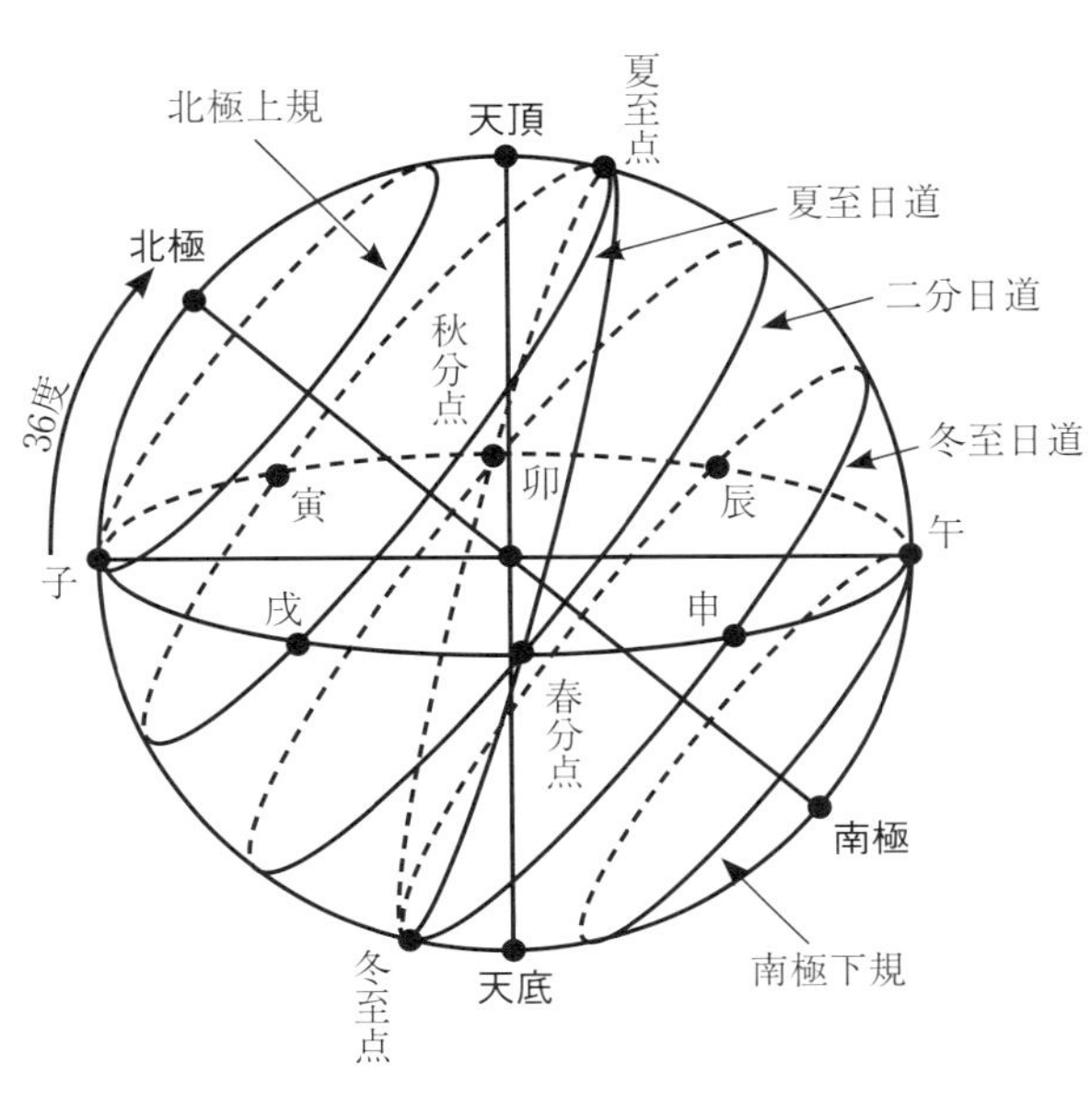

図二　渾天説の図
（藪内清責任編集『科学の名著２　中国天文学・数学集』より）

の三説に安天論・穹天論・昕天論を加えて、計六つの学説があったと述べる。安天論は宣夜説にもとづいて東晋の虞喜が唱えたとされ、天の高さも地の深さも無限であるとする。穹天論は虞聳（ぐしょう）が唱えたとされ、アーチ形の天を想定し、その端は海に接しているという。昕天論は呉の姚信が唱えたとされ、天を人体と比定しうるとする説であった。さらに、唐の李淳風『乙巳占』天象では方天・四天を加えて八家の説を紹介するが、その詳細は明らかではない(19)。

五　本書の構成と目的

ここで全体の構成と目的について述べておく。本書の本論は全八章で構成される。

第一章「「渾」の用法に見る渾天説の原義」では、渾天説の「渾」の字にどのような意味が込められているかを、先秦から漢代の「渾」の用法にもとづき検討する。特に渾天説を支持した揚雄と張衡の用例について詳しく検討したい。第二章「『霊憲』と『渾天儀』の比較」では、『霊憲』と『渾天儀』が後世どのように扱われたか、その違いを整理する。その際、『渾天儀』が張衡の著作か否かという問題についても私見を述べ、両書の扱いの相違について要因を探る。第三章「渾天説の天文理論」では、『渾天儀』と『霊憲』の天文に関する記述を考察する。前半では、『渾天儀』にまつわる地が球形であったか否かという問題を検討し、後半では『霊憲』と他の関連文献との内容を比較する。第四章「渾天説と尚水思想」では渾天説の思想的背景として尚水思想があったことを論じるとともに、張衡の渾天説の特徴を思想面から明らかにしたい。第五章「張衡「思玄賦」の世界観」では、張衡の「思玄賦」の主人公が遠遊する世界がいかなるものかを明らかにし、張衡の世界観を探る。第六章「張衡と占術」では、張衡の作品に見える占術の記述を取り上げるとともに、讖緯思想に対する張衡の見解について検討する。第七章「張衡佚文の考察」では、『通志』天文略などに引用される、張衡の星座に関する佚文について検討する。第八章「『海中占』関連文献に関する基礎的考察」では、張衡『霊憲』の「海人之占」という記述の鍵となるであろう『海中占』などの占星術書が、どのような特徴を有していたかについて、基礎的な考察を加える。最後に、附録として『海中占』の佚文を挙げる。
以上のような構成で論を進めることで、張衡を中心に中国古代の天文学および天文学思想の実態に接近したい。この作業は中国古代の天文学と科学的思考の内容および特色を解明するための一助となるであろう。

注

(1)『尚書』堯典には「暦象日月星辰、敬授人時」とある。
(2) 火薬・羅針盤・印刷術を指して三大発明ということもある。
(3) Joseph Needham, *The Grand Titration: Science and Society in East and West*, George Allen & Unwin Ltd., London 1969（ジョゼフ・ニーダム著、橋本敬造訳『文明の滴定――科学技術と中国の社会』法政大学出版局、一九七四年）参照。また、ニーダム氏には *Science and Civilisation in China*, Cambridge University Press, England 1954–（東畑精一・藪内清監訳『中国の科学と文明』思索社、一九七四～一九八一年）の大著があり、中国の科学について分野別にまとめている。
(4) 任鴻雋「説中国無科学之原因」（『科学』第一巻第一期、一九一五年、のち劉鈍、王揚宗編『中国科学与科学革命』遼寧教育出版社、二〇〇二年に再録）、竺可楨「為甚麼中国古代没有産生自然科学?」（『科学』第二十八巻第三期、一九四六年）。また竺可楨氏には「中国実験科学不発達的原因」（『国風半月刊』第七巻第四期、一九三五年）という論考もある。
(5) 田中実『科学と歴史と人間』（国土新書、国土社、一九七一年）二八、二九頁。
(6) 同三一頁。
(7) 堀池信夫『漢魏思想史研究』（明治書院、一九八八年）四九、五〇頁。

（8）術数学の性格について述べた論考として、木村英一「術数学の概念とその地位」（京都大学支那哲学史研究会編『東洋の文化と社会』第一輯、教育タイムス社、一九五〇年）、溝口雄三・丸山松幸・池田知久編『中国思想文化事典』（東京大学出版会、二〇〇一年）、坂出祥伸「方術伝の成立とその性格」（山田慶兒編『中国の科学と科学者』京都大学人文科学研究所、一九七八年、のち坂出祥伸『中国古代の占法――技術と呪術の周辺――』研文出版、一九九一年に再録）、水口拓壽「四庫全書における術数学の地位――その構成原理と存在意義について」（『東方宗教』第一一五号、二〇一〇年）、宇佐美文理「術数類小考」（武田時昌編『陰陽五行のサイエンス　思想編』京都大学人文科学研究所、二〇一一年）、川原秀城『中国の科学思想』（創文社、一九九六年）、同「術数学――中国の数術」（渡邉義浩編『両漢における易と三礼』汲古書院、二〇〇六年、のち『数と易の中国思想史――術数学とは何か』勉誠出版、二〇一八年に再録）、三浦國雄「術数総説」（研究代表者三浦國雄『術数書の基礎的文献学的研究――主要術数文献解題――』平成十七年度～十八年度科学研究費補助金基盤研究（C）研究成果報告書、二〇〇七年）、大野裕司『戦国秦漢出土術数文献の基礎的研究』（北海道大学出版会、二〇一四年）などがある。

（9）京都大学人文科学研究所の関連する共同研究は、「術数学――中国の科学と占術」（二〇一〇～二〇一四年）、「東アジアの宗教文化と自然学」（二〇一五～二〇一六年）、「東西知識交流と自国化――汎アジア科学史論」（二〇一七～二〇一九年）。また、水口幹記氏の研究グループとは、科学研究費補助金の基盤研究（B）「前近代東アジアにおける術数文化の形成と伝播・展開に関する学際的研究」（二〇一六～二〇一八年、筆者は研究分担者）のことである。

（10）『古文苑』巻十九、『全上古三代秦漢三国六朝文』に採録される。

（11）『渾天儀』は、『渾天儀注』、『渾儀』などとも表記される。書名に関しては、新井晋司「張衡『渾儀注』『渾儀図注』再考」（山田慶兒編『中国古代科学史論』京都大学人文科学研究所、一九八九年）で論じられる。本書では特に区別する必要がない限り、これらの文献を『渾天儀』と表記する。

（12）銭宝琮「張衡霊憲中的円周率問題」（『科学史集刊』第一期、一九五八年）。

（13）『後漢志』や『晋志』では、天の構造を「天体」と称するが、現在一般には、「天体」は太陽や恒星、惑星など宇宙に存在する物体の総称として用いられており、紛らわしい。そのため、天と地の形状や位置関係を示す用語として、本書では通例に従い「宇宙構造論」を用いることにする。同じく、天地や人のはじまり、生成過程を本書では「宇宙生成論」と呼ぶこととする。

（14）『後漢志』原文は「表志」。『尚書』虞書の孔穎達疏、『文選』李善注、『初学記』巻一、『太平御覧』などでほぼ同文が「蔡邕天文志」として引用されるため、これに従った。この他ほぼ同文が張衡伝の李賢注、『晋志』上、『隋志』上にも引用される。ただし、張衡伝では単に「蔡邕曰」とし、『晋志』、『隋志』では蔡邕が上書したとして引用する。

（15）能田忠亮「漢代論天攷」（『東方学報』京都第四冊、一九三四年、後に『東洋天文学史論叢』恒星社厚生閣、一九四三年、復刻版は一九八九年に所収）。

（16）郗萌の経歴については諸説あり、『晋志』、『隋志』で「漢秘書郎」とあるものの、『隋書』経籍志には中郎、郎中とも記述される。このほか、『天地瑞祥志』では太史令とされる。

（17）黄憲については、『後漢書』周黄徐姜申屠列伝に伝がある。鄭文光・席澤宗『中国歴史上的宇宙理論』（人民出版社、一九七五年）一四七頁、鄭文光『中国天文学源流』（万巻楼、二〇〇〇年）二五五頁、陳美東『中国科学技術史　天文学巻』（科学出版社、二〇〇三年）一九三頁など。

（18）「難蓋天八事」は『隋志』に引用される。

（19）『晋志』、『隋志』、『乙巳占』はいずれも李淳風によってまとめられたとされる。つまり、李淳風は『晋志』と『隋志』では六つ、『乙巳占』では八つの説を挙げたことになる。

（参考）張衡年譜（孫文青『張衡年譜』をもとに作成）

年号	西暦	年齢	張衡に関する事項	科学関係	文学関係（詩・賦等）	その他（書・上表等）
漢 章帝建初三年戊寅	七八	1	張衡生誕			
和帝永元七年乙未	九五	18	洛陽に在り。孝廉に挙げられるが行かず、連りに公府を辟け、就かず ［京師地震］		温泉賦	
八年丙申	九六	19			七辯？	
九年丁酉	九七	20	［隴西地震］			
十年戊戌	九八	21				
十一年己亥	九九	22			定情賦	
十二年庚子	一〇〇	23	南陽太守鮑徳の主簿となる		同声歌	
十三年辛丑	一〇一	24	鮑徳の主簿		扇賦	
十四年壬寅	一〇二	25	鮑徳の主簿		司徒呂公誄	
十五年癸卯	一〇三	26	鮑徳の主簿		綬笥銘	
十六年甲辰	一〇四	27	鮑徳の主簿			
十七年乙巳	一〇五	28	鮑徳の主簿			
殤帝延平元年丙午	一〇六	29	鮑徳の主簿		司空陳公誄	
安帝永初元年丁未	一〇七	30	鮑徳の主簿 ［郡国十八地震］		二京賦、南陽文学儒林書賛	
二年戊申	一〇八	31	鮑徳の主簿 ［郡国十二地震］			

21 （参考）張衡年譜

年号	西暦	年齢	張衡に関する事項	科学関係	文学関係（詩・賦等）	その他（書・上表等）
三年己酉	一〇九	32	大将軍鄧騭に何度も召されるが応じず			
四年庚戌	一一〇	33			南都賦	
五年辛亥	一一一	34	郎中となる	太玄注、玄図	大司農鮑徳誄	与崔瑗書
六年壬子	一一二	35	郎中			
七年癸丑	一一三	36	郎中			
元初元年甲寅	一一四	37	孝廉に挙げられ、尚書侍郎となる	黄帝飛鳥暦？		
二年乙卯	一一五	38	太史令となる　[郡国十地震]	地形図		
三年丙辰	一一六	39	太史令。小渾を作る			
四年丁巳	一一七	40	太史令。渾天儀を作る？	渾儀図注、漏水転渾天儀注		
五年戊午	一一八	41	太史令	霊憲？、霊憲図？		
六年己未	一一九	42	太史令　[京師及び郡国四十二地震]	算罔論		
永寧元年庚申	一二〇	43	太史令			
建光元年辛酉	一二一	44	太史令から、公車司馬令となる			与特進書
延光元年壬戌	一二二	45	公車司馬令			
二年癸亥	一二三	46	公車司馬令			
三年甲子	一二四	47	公車司馬令　[京師及び郡国二十三地震]		東巡誥、観舞賦、羽猟賦	

年号	西暦	年齢	張衡に関する事項	科学関係	文学関係（詩・賦等）	その他（書・上表等）
四年乙丑	一二五	48	公車司馬令			日蝕上表
順帝永建元年丙寅	一二六	49	公車司馬令から、再び太史令となる			応間
二年丁卯	一二七	50	太史令		鴻賦	
三年戊辰	一二八	51	太史令　[京師地震]			
四年己巳	一二九	52	太史令			
五年庚午	一三〇	53	太史令			上陳事疏
六年辛未	一三一	54	太史令			
陽嘉元年壬申	一三二	55	太史令。候風地動儀を作る			論貢挙疏
二年癸酉	一三三	56	太史令から侍中となる			京師地震対策、請禁絶図讖疏
三年甲戌	一三四	57	侍中			
四年乙亥	一三五	58	侍中		思玄賦	周官訓詁
永和元年丙子	一三六	59	河間相となる		怨篇	
二年丁丑	一三七	60	河間相		四愁詩、髑髏賦、冢賦	
三年戊寅	一三八	61	河間相から尚書となる		帰田賦	
四年己卯	一三九	62	尚書。死亡、西鄂にて葬儀			

第一章　「渾」の用法に見る渾天説の原義

本章では、中国古代の人々が「渾」という字をどのような意味で用いたかを整理する。「渾」の用例を整理することで、張衡が支持した渾天説の原義を考えたい。

蓋天説は、天が文字通り「蓋」のように覆いかぶさる形状を示すといえよう。そうであれば、渾天説も天の形状や特徴を「渾」という文字で表現したものと考えられる。しかし「渾」の字は一見、渾天説の特徴といえる球状の天の形とは結びつかない。直接に球状の天を表現しようと考えるのならば、「球」や「円」、また、しばしば渾天説の天地は鶏卵にたとえられることから、「卵」といった文字を用いる方が意味は明確である。それでは一体なぜ、渾天説には「渾」という文字が用いられたのか。あえて「渾」という文字を用いたという事実は、渾天説の本来の意味を考える上で注目すべき点である。

一　上古音から見る「渾」の類型

まず試みに、音韻上「渾」がどのような「単語家族」に属しているかという点から、先行研究によりつつ「渾」の意味を考えたい。

顧炎武、段玉裁、戴震など清朝の考証学者は、『詩経』をはじめとする古代文献の押韻を研究し、それぞれ上古の音韻を整理した。その分類は次第に細分化され、遂には三十を超えるまでになった。

中国音韻研究は中国人学者が中心であったが、スウェーデンのカールグレン（Bernhard Karlgren）氏が比較方法によって一石を投じて以降、中国語の語源を検討する上で、類似する観念の単語群を「単語家族」として分類することが注目され、藤堂明保氏がそれを発展させた。(1) 学説の欠陥も指摘されるものの、中国音韻学に対するカールグレン氏の貢献は大きい。

単語を「単語家族」に分類する方法の中で、「崑崙」（kun-lun）と「混沌」（hun-dun）、「葫蘆（ころ）」（hu-lu）などの語が同じ単語家族に属し、ともに「くるくる」「ころころ」といった擬態語のグループに属するという考えがある。藤堂氏は、連綿字と呼ばれる二音節語について述べ、[k-l] 型、[t-k] 型、[p-l] 型の三類型に属する語を列挙する。これらの類型は丸い、回転する、暗い、黒い、空虚、とらえどころがない、などの意味をもつものが多く、「渾」の字を用いた「渾淪」、「渾敦」、「渾沌」などもこの類型に属す。

「渾」の字が擬態語として用いられる例があり、それらが円いイメージを伴うグループであることはわかった。ただし上古音を用いる上古漢語は、藤堂氏によれば「《詩経》の作られた時代（ほぼB.C. 800～B.C. 600ごろ）から六朝（A.D. 6世紀）にわたる1400年余の長い時期の漢語」を指している。藤堂氏自身が「できうれば先秦・両漢・三国六朝ぐらいには分けたい」と述べるように、同じ上古漢語といっても時代の開きが大きく、具体的にいつ頃からこの類型が適応可能なのか、また円、回転といったイメージが果たしていつ頃から意識されるのかは、明確ではないのである。(2) そこで以下に、実際の「渾」の用例を確認しつつ、渾天説の「渾」に込められた意味について考察する。

二　「渾天」の用例

「渾」について検討する前に、「渾天」の用例を確認する。「渾天」の語はいつ頃から広く用いられるようになったのか。現存資料の中では揚雄の『法言』重黎篇にはじめて現われる。

或問渾天。曰、「落下閎営之、鮮于妄人度之、耿中丞象之。幾乎、幾乎。莫之能違也」。

（或るひと渾天を問う。曰く、「落下閎之を営み、鮮于妄人之を度り、耿中丞之を象る。幾きかな、幾きかな。之に能く違うもの莫きなり」と。）

ここで渾天は天文を観測する渾天儀を指している。渾天儀は、赤道や地平の座標軸を示す輪をいくつか組み合わせ、中央には観測用の望筒が取りつけてあり、望筒から星を覗き、その位置や高度を測る道具である。落下閎、鮮于妄人、耿中丞（耿寿昌）の三人が先駆けて渾天儀を用いたというのである。落下閎は漢の武帝期の太初暦制作に携わった人物であり、改暦の際、渾天儀を用いて日月の動きを観測したという。鮮于妄人は昭帝期、耿寿昌は宣帝期の人物であり、いずれも『漢書』にその名が見える。前漢にはすでに天文観測儀器である渾天儀が用いられていたことがわかる。しばしば、渾天説は渾天儀で天を観測するようになるとともに現われた説といわれる(3)。天文観測儀器である渾天儀が「渾天」といわれるからには、渾天儀の名称が出現した時点ですでに天を「渾」なるものととらえる概念があったといえよう。あるいは、渾天儀は元々「渾天儀」とは呼ばれておらず、渾天説の隆盛と共に「渾天儀」といわれるようになっ

図　渾天儀（紫金山天文台、宮島一彦氏撮影）

たのかもしれない。いずれにしても観測儀器と宇宙構造論の発展との関係については、今後検討の必要があろう。

もう一点注意しなければならないのは、渾天儀（渾儀）と渾天象（渾象）の区別である。渾天儀は先述の通り天を観測する装置であり、天体の高度を測るために使用される（図）。目盛りのついた輪を組み合わせた形をしており、輪の中心に望遠鏡のような穴のあいた筒がある。その穴から空を見上げ、目標となる天体に照準を合わせる。そしてその時の各輪の目盛りを読み取ることで、天体の位置を計測するのである。輪の数は時代によって変わるが、基本形態は同じである。一方、渾天象は今の天球儀であり、球面に星々の位置がプロットされる。観測ではなく星々の位置関係を見るために使われたのであろう。(4)『晋志』には、張衡が漏水によって天と同じように動く渾天象を作ったと書かれている。耿寿昌が象ったという渾天も、あるいは渾天象であろうか。

『漢書』揚雄伝下にも「渾天」の用例がある。揚雄が賦の創作をやめ、『太玄』を著わしたことを述べる箇所である。

而大潭思渾天、参摹而四分之、極於八十一。
（而して大いに渾天を潭思し、参たび摹して之を四分し、八十一に極む。）

ここでは「渾天」に深く思いを巡らせ、三を四乗して八十一に分かち、『太玄』の首（『易』の卦に相当する）を作ったことが記される。『太玄』の理論と渾天説の関係を示唆する記述である。

さて、その後の「渾天」の用例であるが、張衡伝には張衡が「作渾天儀」（渾天儀を作る）とある。この渾天儀が天文観測儀器を指すのか、渾天象を指すのか、あるいは書名なのか見解は分かれるが、いずれにせよ張衡は張衡伝が書かれた南朝宋の当時、すでに渾天説に関わる人物と見なされていた。このほか『宋書』天文志一では、渾天説を主張した人物として後漢末期の陸績や三国呉の王蕃の名が見える。『魏書』術芸伝では安豊王の延明が「聚渾天、欹器、地動、銅烏漏刻、候風諸巧事、并図画為器準」（渾天、欹器、地動、銅烏漏刻、候風の諸巧の事、幷びに図画を聚めて器準と為す）ために、信都芳にこれを算えさせたとある。前漢から用例が見える「渾天」の語が、南北朝期には広く用いられるようになったことがわかる。唐代になると、『乙巳占』や『開元占経』で張衡の名前が挙げられ、渾天説を主張した代表的人物が張衡であるという認識が定着する。

現存資料中の「渾天」は漢代から徐々に使われはじめ、唐代には張衡が渾天説を代表する人物と考えられた。このほか蔡邕や陸績、王蕃らも渾天説の宇宙論を主張したといわれるが、彼らはすでに渾天説が社会で広く認知されて以後の人物である。「渾天」の原義を探り、「渾」字が用いられた背景を考察するには、両漢、あるいはそれ以前の「渾」の意味について見ていく必要があろう。(5)

三　古代の文献に見られる「渾」

「渾」という字は、『爾雅』釈詁では「汱渾隕、墜也」（汱・渾・隕は、墜つるなり）とあり、「汱」「隕」と共にものが落ちる様子を表わす。また『説文解字』では、「渾」について「混流声也。従水、軍声。一曰洿下」（混流の声なり。水に従い、軍の声。一に洿下を曰うなり）と説明する。洿下は、くぼんで低くなった処を指す。「さんずい」の漢字であり、元来水との関係があることがうかがえるが、『爾雅』も『説文解字』も直接水については触れず、水（など流動的なもの）によって生じる動作や状態、あるいは音として「渾」を解釈している。

それでは、先秦から漢代にかけての文献では「渾」がどのような意味で使用されるのか。「渾」の文字は道家系の文献に多く用いられる。特に『荘子』には「渾沌」を主題とする篇があり、重要である。ここでは諸家の用例を取り上げ、その意味を整理する。

（1）『荀子』

儒家の文献には「渾」の用例は少ない。『荀子』富国篇では、先王、聖人の道が行なわれれば民がみな豊かになるということを次のように説明する。

上得天時、下得地利、中得人和、則財貨渾渾如泉源。
（上は天の時を得、下は地の利を得、中は人の和を得れば、則ち財貨渾渾たること泉源の如し。）

この「渾」は「如泉源」（泉源の如し）といい、まさに水の湧き出るさまを表現している。『荀子』でははっきりと水の湧き出る「泉源」という表現が用いられ、具体的な水の動きと結びついているといえる。

（2）『孫子』

『孫子』勢篇には次のような例がある。

紛紛紜紜闘乱、而不可乱也。渾渾沌沌形円、而不可敗也。
（紛紛紜紜として闘い乱るも、乱すべからざるなり。渾渾沌沌として形円なれども、敗るべからざるなり。）

『孫子』では渾沌とした状態を「円」を用いて表現する。これは他の先秦・漢代の文献には見られない特徴である。『孫子』は孫武の作で、春秋戦国期に呉の地域で成立したとされる。漢代以前に「渾」と円を結びつける数少ない証拠といえるが、これは具体的な円や立体的な球の形状ではなく、実際の戦いの際の混乱した状態を漠然と示していると考えられるため、ここではその指摘にとどめておく。

（3）『老子』

道家系といわれる諸文献には「渾」の字が散見する。『老子』において「渾」の文字が使われるのは、第四十九章の「聖人在天下、歙歙為天下渾其心」（聖人の天下に在るや、歙歙（きょうきょう）として天下の為に其の心を渾にす）という一文である。

聖人が天下にある場合には、固執せず天下を治めるために、その心を「渾」にする。つまり、自身の心をはっきり定めるのではなく、曖昧な状態、混沌とした状態におくということである。

なお『老子』に関係する事項として、次の二点に注目しておきたい。一点目は、張衡の『霊憲』に老子の言葉が引用されていることである。宇宙生成の段階の一つ、太素について説明した箇所である。

故道志之言云、「有物渾成。先天地生」。

（故に道志の言に云う、「物有りて渾成す。天地に先んじて生ず」と。）

引用は『老子』第二十五章にもとづいており、道志は老子を指すと考えられる。渾成は渾沌とした状態で存在することを意味し、太素においては物が入り交じった状態で存在しており、天地に先んじて生じていたと述べる。ここに「渾」の字が使用されるが、現行本『老子』の諸テキストでは、「渾」は「混」の字に作る。ただし、『易緯乾鑿度』の鄭玄注や『広博物志』では、『霊憲』と同様「有物渾成、先天地生」と引用するため、『老子』の中には「混」を「渾」とするテキストが存在した可能性がある。いつの頃からかは明らかでないものの、この例からは「渾」と「混」が通用していたことがわかる。

もう一点は、『老子』第十五章の「混兮其若濁」（混として其れ濁の若し）の「混」が、河上公本や玄宗本、古本の一部では「渾」となっていることである。これも「渾」と「混」が通用していた例といえる。(6) 混は『説文解字』では「豊流也」（豊かに流るるなり）と説明され、やはり水などが流れるイメージを想像させる。

（4）『荘子』

『荘子』の用例では、応帝王篇（内篇）の、中央の帝を渾沌と呼ぶ寓話が有名である。

南海之帝為儵、北海之帝為忽、中央之帝為渾沌。儵与忽、時相与遇於渾沌之地。渾沌待之甚善。儵与忽、謀報渾沌之徳曰、「人皆有七竅、以視聴食息。此独无有。嘗試鑿之」。日鑿一竅、七日而渾沌死。

（南海の帝を儵と為し、北海の帝を忽と為し、中央の帝を渾沌と為す。儵と忽と、時に相い与に渾沌の地に遇う。渾沌之を待つこと甚だ善し。儵と忽と、混沌の徳に報いんことを謀りて曰く、「人皆な七竅有りて、以て視聴食息す。此れ独り有ることなし。嘗試みに之を鑿たん」と。日に一竅を鑿つに、七日にして渾沌死す。）

ここでの「渾」は、渾沌を中央の帝として擬人化した、寓話におけるキーワードである。儵と忽は速いことを指し、人間を寓意する。渾沌は対照的に、自然のありのままの状態、ぼんやりとした状態を示す。人に似せようと穴を空けていくと渾沌が死ぬことから、「渾」は「沌」とともに人為と相い容れない原始状態を意味するといえる。

このほか、外篇にも「渾」の字が見える。在宥篇では「渾渾沌沌終身不離」（渾渾沌沌として身を終うるまで離れず）と、同じく渾沌を意味する語として用いられ、天地篇では、「孔子曰、彼仮修渾沌氏之術者也」（孔子曰く、彼は仮に渾沌氏の術を修むる者なり）、「且渾沌氏之術、予与汝何足以識之哉」（且つ渾沌氏の術は、予と汝と何ぞ以て之を識るに足らんや）と、寓話の中で孔子が荘子を指す言葉として用いられる。『荘子』は内篇と外篇で成立年代に大きな隔たりがあるといわれ、一括りに扱うことは難しいが、これらの篇はいずれも漢代初期には成立していたと考えてよいだろう。[7]

『老子』や『荘子』の用例を見ると、「渾」は物が入り混じって離れず、ぼんやりとしたさまを表わすために用いられている。そしてそれは、天地が形成される以前の原始的なイメージを伴っている。[8]

（5）『淮南子』

ここからは主に漢代の用例を確認する。まずは淮南王劉安（前一七九～前一二二）が編纂した『淮南子』である。『淮南子』は諸子の思想を集めた文献とされ、書籍目録では雑家の書に分類されるが、中心には道家の思想が据えられている。『淮南子』には宇宙構造について言及した記述があり、張衡の『霊憲』と共通する思想もある。[9] 呂子方氏や王巧慧氏らによると、『淮南子』には渾天説の原初形態が述べられているというが、[10] 一般には「天円地方」の蓋天説にもとづくとされる。『淮南子』では多くの箇所に「渾」の字が用いられる。数が多いため、番号を附して順に挙げる。

①所謂無形者、一之謂也。所謂一者、無匹合於天下者也。……員不中規、方不中矩、大渾而為一。〔原道訓〕
（所謂る無形は、一の謂いなり。所謂る一は、天下に匹合するもの無きなり。……員は規に中（あた）らず、方は矩に中らず、大いに渾にして一たり。）

②当此之時、莫之領理、決離隠密而自成、渾渾蒼蒼、純樸未散、旁薄為一、而万物大優。〔俶真訓〕
（此の時に当たり、之を領理する莫く、決離隠密にして自ずから成り、渾渾蒼蒼として、純僕未だ散ぜず、旁薄して一と為りて、万物大いに優なり。）

③居不知所為、行不知所之。渾然而往、逯然而来。〔精神訓〕

（居りては為す所を知らず、行きては之く所を知らず。渾然として往き、逯然として来たる。）

④有精而不使、有神而不行、契大渾之樸、而立至清之中。〔精神訓〕

（精有れども使わず、神有れども行なわず、大渾の樸に契りて、至精の中に立つ。）

⑤洞同天地、渾沌為樸、未造而成物、謂之太一。〔詮言訓〕

（天地に洞同し、渾沌として樸たり、未だ造せずして物を成す、之を太一と謂う。）

⑥天化育而無形象、地生長而無計量、渾渾沈沈、孰知其蔵。〔兵略訓〕

（天は化育すれども形象無く、地は生長すれども計量無く、渾渾沈沈として、孰れか其の蔵するを知らん。）

⑦故一動其本而百枝皆応、若春雨之灌万物也、渾然而流、沛然而施、無地而不澍、無物而不生。〔泰族訓〕

（故に一たび其の本を動かせば百枝皆応じ、春雨の万物に灌ぐが若く、渾然として流れ、沛然として施し、地無くして澍がず、物無くして生ぜず。）

①では形なきものを唯一のものとし、天下に並ぶものがなく、渾然として一体となった状態をいう。員、すなわち円（圓）という語が出てくるが、円も方（方形）もひっくるめて「渾」といっており、円いという概念ではない。②でも同様に、混沌として純朴・素朴なものが散じることなく、一つになっている状態を述べる。「渾渾蒼蒼」とは大きくて混じり気がなく、散じていない状態を示す。③の「渾然」は「逯然」と対で用いられ、いずれも目的のはっきりしない様子を述べている。④は大いなる渾、つまり大きく一体となった渾沌状態を意味し、⑤は天地のいまだ物をなさない「渾沌」の状態を示しており、これを「太一」と説明する。また②④⑤では「樸」という語で渾沌の状態を示しており、ありのままの状態を意味している。⑥は「沈」と共に用いられ、「孰知其蔵」（孰れか其の蔵するを知らん）

と続くことから、濁り沈んでしまって、奥底に隠れたものが見えない状態を意味する。⑦では「渾」は流れるさまを表わし、「沛然」と対になって用いられる。①②⑤⑦では「渾」はいずれも「一」、あるいは「太一」との関連で用いられる。

総じて『淮南子』における「渾」は、素朴で混沌とした原始的なイメージを有する。「一」と結びつけられる通り、未分化の状態を表現し、宇宙の生成に関わる語といえる。また、特に⑦に見られるように、水の流れるイメージをも備えている。

（6）緯書、鄭玄

緯書の中にも「渾」の字は使用される。緯書は、前漢末頃から後漢末にかけて流行し、張衡は緯書が「成於哀平之際」（哀、平の際に成る）と述べる[11]。緯書には後漢の鄭玄（一二七～二〇〇）が注釈を施している。張衡よりわずかに後の人物であるが、彼も渾天説を支持していたため、ここであわせて取り上げる。

本節では、緯書中の主な用例のみ取り上げる。まずは『易緯乾鑿度』の宇宙生成に関する記述である。

故曰、有太易、有太初、有太始、有太素也。太易者、未見気也。太初者、気之始也。太始者、形之始也。太素者、質之始也。気形質具而未離、故曰渾淪。渾淪者、言万物相渾成、而未相離。視之不見、聴之不聞、循之不得、故曰易也。易无形畔。

（故に曰く、太易有り、太初有り、太始有り、太素有るなり、と。太易は、未だ気を見わさざるなり。太初は、気の始めなり。太始は、形の始めなり。太素は、質の始めなり。気形質具わりて未だ離れず、故に渾淪と曰う。渾淪は、万物相い渾成して、未だ相い離れざるを言う。之を視れども見えず、之を聴けども聞こえず、之に循え(したが)ども得ず、故に易と曰うなり。易に形畔なし。）

気や形、質が備わるが分かれていない、入り混じった（渾成した）状態を「渾淪」と呼ぶ。道家系文献で見たのと同様、原初の状態を表わす語として「渾」を用いている。

また、『詩推度災』には次のようにある。

雄雌倶行三節、而雄合物魂、号曰太素。三気未分別、号曰渾淪。

（雌雄倶に三節を行りて、雄の物魂に合するを、号して太素と曰う。三気未だ分別せざるを、号して渾淪と曰う。）

三気とは、『易緯乾鑿度』の気形質に近い意味だと考えられる。ここでも『易緯乾鑿度』と同様、まだ分かれずに入り混じった状態を「渾淪」と表現する。

『後漢書』律暦志中、『太平御覧』巻二が引用する『春秋文曜鈎』には次のような記述がある。

高辛受命、重黎説文。唐堯即位、羲和立渾。夏后制徳、昆吾列神。成周改号、萇弘分官。[12]

（高辛命を受け、重黎文を説く。唐堯位に即(つ)き、羲和渾を立つ。夏后徳を制し、昆吾神を列す。成周号を改め、萇弘官を分かつ。）

堯が即位した際、羲和が「渾を立」てたと説明する。『太平御覧』の引用では「渾」を「渾儀」に作っており、この渾は天文観測用の渾天儀のことと考えられる。『尚書』堯典では堯が羲氏と和氏に命じて天文観測をしたとされるため、それを受けての記述であろう[13]。ただし、実際に堯の治政下で渾天儀が作られたとは考えられず、緯書の中でも渾天儀の具体的な説明はない。

渾天儀については、緯書に注を施した鄭玄の言及がある。『尚書考霊曜』の「観玉儀之游」の鄭玄注にはこうある。

以玉為渾儀、故曰玉儀[14]。
（玉を以て渾儀と為す、故に玉儀と曰う。）

さらに、こちらは緯書ではないが、『尚書大伝』舜典の「正月上日、受終于文祖、在旋機玉衡、以斉七政」（正月上日、終を文祖に受け、旋機玉衡を在て、以て七政を斉う）に対して鄭玄は、「渾儀中筒為旋機、外規為玉衡也」（渾儀中の筒を旋機と為し、外規を玉衡と為すなり）と注を施し、渾天儀の各部位の名称について言及する。

このように、鄭玄は「渾」を天文観測儀器の渾天儀について言及する際に用いる。緯書の中の漠然としたイメージとは対照的に、はっきりと道具としての渾天儀を意識している。これは、鄭玄が後漢末の人物であり、実際に渾天儀を実見しているからだといえる。ただし、これら「渾」に関わる鄭玄の注は『尚書』の堯の偉業に関する箇所に限定される。

このほか、『韓非子』外儲説左篇や『呂氏春秋』仲夏紀、『史記』などに「渾」が用いられるが、そのほとんどが人名、もしくは本節で取り上げた範囲を出ないため、本書では詳述しない。以上の用例を確認すると、諸子のうち儒家文献には「渾」の用例は少なく、道家系文献や緯書では多く用いられていることがわかる。また「渾」の意味についても、儒家の文献である『荀子』では泉源のようにこんこんと湧き出ると言う意味で用いており、『説文解字』の「混流の声」という解説と共通する。また、水のイメージは『淮南子』でも見られる。しかし、いずれも実際の水の流れについて述べるわけではなく、水の流れになぞらえたに過ぎない。『淮南子』の他の用例や道家系文献、緯書では共通して、混沌として入り混じった状態、未分化の原始状態を表わしている。未分化の原始状態とは、宇宙生成の初期段階を意味し、ここに宇宙論と「渾」とが繋がる契機があると推測できる。しかし、『孫子』の一例を除いて、「渾」を円いという意味でとらえた例はなく、『孫子』にしても球を意識しているわけではないため、渾天説で「渾」が用いられた理由はまだ明確ではない。

四　揚雄における「渾」の用法

前節では、先秦から漢代にかけて「渾」がどのような意味で使用されたかを見てきた。そこで本節からは、実際に渾天説を支持した揚雄と張衡に注目し、その「渾」の用法を確認する。

揚雄（前五三〜一八）は、字は子雲、蜀郡成都県（今の四川省成都市）の人である。若い頃から学問を好み、『易』を模して『太玄』を、『論語』を模して『法言』を著わした。著作の中には比較的多く「渾」という字が使われる。揚雄はもともと蓋天説を支持していたが、のちに桓譚との論争を経て渾天説へと見解を変えた[15]。その著書『法言』に「渾天」の語を用いた点から考えても、揚雄は「渾」の字を渾天説の宇宙論と関連する意味でとらえていたとみて間違いないだろう。

（1）『法言』

『法言』は、「或曰」（或るひと曰く）や「或問」（或るひと問う）に答える形で、道や人、君子など様々な概念に関する揚雄自身の考えを述べた著作である。問道篇では道について説明した後、次のようにいう。

道徳仁義礼、譬諸身乎。夫道以導之、徳以得之、仁以人之、義以宜之、礼以体之、天也。合則渾、離則散、一人而兼統四体者、其身全乎。

（道徳仁義礼、諸もろを身に譬えんか。夫れ道以て之を導き、徳以て之を得、仁以て之を人とし、義以て之を宜しくし、礼以て之を体するは、天なり。合すれば則ち渾、離るれば則ち散、一人にして四体を兼ね統べる者は、其の身全からんか。）

人の内に道徳仁義礼の徳目があわされば、渾の状態になると述べる。ここでの「渾」は「散」と対比して用いられ、集まり交わる、一体となるという意味に取れる[16]。

問神篇では神や聖人、経書について述べた後、次の一文がある。

虞、夏之書渾渾爾、商書灝灝爾、周書噩噩爾[17]。

（虞、夏の書は渾渾爾たり、商書は灝灝（こうこう）爾たり、周書は噩噩（がくがく）爾たり。）

「渾渾」の用例は、同じく問神篇の別の箇所にもある。

聖人之辞渾渾若川。順則便、逆則否者、其惟川乎。
（聖人の辞の渾渾たること川の若し。順えば則ち便、逆らえば則ち否なるは、其れ惟だ川なるか。）

「川の若し」と述べていることから、ここでは「渾渾」が川の流れと関係したイメージであることがわかる。さらに五百篇でも、「渾渾」という熟語が用いられる。

赫赫乎日之光、群目之用也。渾渾乎聖人之道、群心之用也。
（赫赫たるかな日の光、群目の用なり。渾渾たるかな聖人の道、群心の用なり。）

ここでは日の光と聖人の道を対にし、日の光の盛んなさまに対して聖人の道の盛んなさまを「渾渾」と表現する。(18)『荀子』でも「渾渾」という語が用いられ、「泉の如し」と説明されていたことから、「渾渾」は水が湧き出て流れる様子、あるいは音を示す語といえる。水に関わるイメージをもとに、その深遠で広大、盛んなさまを描いているのであろう。

以上の用例に共通していえるのは、揚雄が「渾」、中でも「渾渾」と二字続けて用いる際には、人や聖人の道の広大・深遠なさまを表わすということである。

また、重黎篇に「渾天」の語があるのは第三節で述べた通りである。

（2）『太玄』

『太玄』は『太玄経』とも呼ばれ、複雑で難解な内容を備えている。しかし、『太玄』では各々の首を端的に説明しており、その説明に関しても揚雄自身の考えが現われている。特に、『太玄』の中で「渾」の字は「天」と共に用いられることが多い。

馴乎玄、渾行無窮、正象天。〔玄首序〕

（馴たる玄、渾行窮まり無く、正に天に象る。）

玄とは『太玄』中で「幽攡万類、而不見形者也」（万類を幽攡して、形を見わさざる者なり）〔玄攡〕、「天道也、地道也、人道也。兼三道而天名之」（天道なり、地道なり、人道なり。三道を兼ねて天もて之を名づく）〔玄図〕などと説明されるように、形無きものであり、天地人の三道に通底する根本の原理とされ、『老子』の「道」に通じる。「天名之」（天もて之を名づく）という通り、玄は天と密接な繋がりをもつ[19]。玄首序のこの一文でも玄と天の親和性を説き、玄の運行を天の運行と重ねて描写する。その運行は窮まりなく、則るべき道理、きまりに遵って、際限なく廻っているのである。「渾行」とは窮まりない運行を指していると考えられる。

玄を形容する「馴」という字が別の箇所では首の一つとして立てられ、ここでも「渾」の字が用いられる。

馴。陰気大順、渾沌無端、莫見其根。

（馴。陰気大いに順い、渾沌として端無く、其の根を見る莫し。）

ここで「渾」は「渾沌」という熟語で用いられ、馴は、端が無く、おおもとを見ることができない存在ととらえられる。先程の「馴たる玄」と同様の意味といえよう。

また、玄の作用を明らかにした玄瑩では、「渾」を複数用いている。

周運暦統、群倫品庶。……夫作者貴其有循而体自然也。其所循也大、則其体也壮。其所循也小、則其体也瘠。其所循也直、則其体也渾。其所循也曲、則其体也散。……不約則其指不詳。不要則其応不博。不渾則其事不散。不沈則其意不見。

（周運暦統し、群倫品庶す。……夫れ作る者は其の循うこと有りて自然を体するを貴ぶなり。其の循う所大なれば、則ち其の体や壮。其の循う所小なれば、則ち其の体や瘠。其の循う所直なれば、則ち其の体や渾。其の循う所曲なれば、則ち其の体や散。……約ならざれば則ち其の指詳らかならず。要ならざれば則ち其の応博からず。渾ならざれば則ち其の事散ぜず。沈ならざれば則ち其の意見われず。）

「周運暦統」の「運」は多くのテキストで「運」につくるが、万玉堂本では「渾」につくる。ただし万玉堂本でも晋・范望注に「渾、運也」（渾は運なり）といい、運ぶ、巡るの意味をもつ。あとの二箇所は「散」と対で用いられることから、一つにまとまっていることを意味すると考えられる。

以上、揚雄の「渾」の用例を確認すると、主に二つの傾向がある。一つは『法言』において「渾渾」と「渾」字を続けて、水の流れ、溢れる様子を表わす用法であり、さらに人や聖人とも結びつく傾向である。もう一つは、『太玄』に見える、天の運行と結びつき、窮まりないさま、巡るさまを表わした「渾」の用法である。前者は『荀子』の用例とも共通するが、人や聖人と結びつくという点が異なる。後者では天との結びつきがうかがえる上に、具体的な運行を意味しており、天の構造に迫る用例であるといえる。天の形状を示す訳ではないが、宇宙論としての渾天説のイメージに繋がる展開を見せているといえよう。

五　張衡における「渾」の用法

次に、張衡の「渾」の用法を確認する。張衡は、渾天説を説明した『渾天儀』と『霊憲』を中心に「渾」の字を用いている。

（1）『渾天儀』

『渾天儀』は、前半部分は渾天説の宇宙構造を数値で表現し、後半部分は天文観測儀器の渾天儀の構造について説明する。『渾天儀』における「渾」の用例は、渾天儀の構造や使用法についての記述が中心である。

是以作小渾。
（是を以て小渾を作す。）

天文観測儀器の渾天儀を用いて一年間日月の動きを観測すると、その軌道が天の北極からどれだけの角度になるかを知ることができるが、曇りや雨の日があって天体を常に観測し続けることは困難である。そうした文を受けての記述である。ここでは、具体的な道具として「小渾」という語を用いる。小渾については新井晋司氏が考察しており、天球を模した小型の球体の上に赤道と黄道が描かれ、日月の位置を求めて、赤道度と黄道度の数値換算を行なう一種の計算器であったという。竹篾という目盛りの入った定規のようなものを当て、目盛りを測る道具であった[20]。

取薄竹篾穿其両端、令両穿中間与渾半等、以貫之、令察之与渾相切摩也。
（薄い竹篾を取りて其の両端を穿ち、両穿をして中間と渾の半ばとを等しくせしめ、以て之を貫き、之と渾とを察して相い切摩せしむるなり。）

ここでは「渾の半ば」という表現が出てくる。ほかにも、『渾天儀』には「赤道横帯天之腹」（赤道は天の腹を横帯す）という表現があるが、『後漢書』律暦志、劉昭注の引用では「赤道横帯渾天之腹」と、「渾」の字が含まれる[21]。「渾天の腹」や、ここにいう「渾の半ば」とは、いずれも渾なる天を半分に区切る帯状の部分を意味しており、はっきりとは言及していないものの、『渾天儀』では既に天が地を包む球の形状が前提となっているといえる。第四節で緯書とともに取り上げた鄭玄は張衡よりのちの人物であるが、『渾天儀』も鄭玄と同様に、具体的な渾天儀の構造に迫る記述である。鄭玄は渾天儀という儀器について言及はしているものの、むしろ張衡の方が、渾天儀を実際に扱う上で必要な、具体的な説明をしている。これは鄭玄が太史令の職に就いていないのに対し、張衡が太史令となって実際に渾天儀を作成・使用したことに由来すると考えられる。

（2）『霊憲』[22]

『霊憲』は渾天説の宇宙構造や生成について述べた文献である。構造や生成を説明する際に「渾」の字を用いている。まず、冒頭部分に一つの用例がある。

昔在先王、将歩天路、用定霊軌、尋緒本元。先準之於渾体、是為正儀立度。

（昔在先王、将に天路を歩し、用て霊軌を定め、本元を尋緒せんとす。先ず之を渾体に準ずるは、是れ儀を正し度を立つるが為なり。）

「渾体」という言葉は「渾の状態」を意味し、宇宙構造を表わしたものと考えられるが、では「渾の状態」とは実際にどのような状態を表現しているのだろうか。深遠さ・広大さを表わしているとも、原初の状態を表わしているとも考えられるが、球状を示唆しているともとれる。渾体になぞらえるのが「儀を正し度を立つる」目的、すなわち観測儀器を作り度数を確立しようとするという実際の観測に繋がることから、具体的な形状を指すと考える方が自然であろう。

抍気同色、渾沌不分。故道志之言云、「有物渾成。先天地生」。

（気を抍せて色を同じくし、渾沌として分かたず。故に道志の言に云う、「物有りて渾成す。天地に先んじて生ず」と。)

後半の『老子』を引用した部分は第三節でも取り上げたが、その前の一文にも「渾」が使われる。気がまだあわさらず、色も分かれず、未分化の渾沌とした状態と述べる。原初の天の様子を表わしているといえる。『老子』を引用していることからもわかるように、道家系文献の用法に近い。

自地至天半於八極、則地之深亦如之。通而度之、則是渾也。将覆其数、用重差・鉤股。

(地より天に至るまで八極に半ばすれば、則ち地の深さも亦た之の如し。通じて之れを度れば、則ち是れ渾なり。将に其の数を覆わんとすれば、重差(ちょうさ)・鉤股を用う。)

これも他と同様、具体的な意味を推測することは難しい。地面から天までの距離は八極の半分であり、地の深さも同様であるという。そして全体を通じてこれを「度る」と「渾」であったという。その数値を把握するために用いる重差・鉤股の法はいずれも長さや距離の計測法であり、「渾」は形状に繋がる概念であると考えられる。

(3) その他の張衡関連資料

張衡伝に引用される「応間」にも「渾」の字が用いられる。

渾元初基、霊軌未紀、吉凶紛錯、人用朣朦、黄帝為斯深惨。

（渾元の初基、霊軌未だ紀せず、吉凶紛錯し、人用て朣朦し、黄帝斯が為に深惨す。）

「渾元」は未分化の原初状態を意味する。「霊軌」は『霊憲』の冒頭部分でも使われるが、日月などの運行の軌道のことであろうか。

張衡の作品である「髑髏賦」にも、「渾」の字が使われる。「髑髏賦」は短いが、『荘子』至楽篇（外篇）の「空髑髏」の話にもとづく、死後の世界の楽しみを詠った賦である。

澄之不清、渾之不濁。[23]
（澄の清ならず、渾の濁ならず。）

「澄」との対比で用いられ、「澄んでいても清らかではなく、渾の状態でも濁っていない」という、通常の見方と逆の表現である。つまり一般的には、「渾」は「濁」と共通するイメージでとらえられており、澱み、透き通っていない状態を指したということであろう。

「陽嘉二年京師地震対策」では、一転して現実的な見方で「渾」を用いる。

又察、選挙一任三府、台閣秘密、振暴于外、貨賂多行、人事流通。令真偽渾淆、昏乱清朝、此為下陵上替、分威共徳。災異之興、不亦宜乎。[24]
（又た察するに、選挙するに一に三府に任せ、台閣秘密し、暴を外に振い、貨賂多く行なわれ、人事流通す。真偽をして渾淆たらしめ、清朝を昏乱せしめ、此に下陵ぎ上替わると為し、威を分け徳を共にす。災異の興るは、亦た宜べならずや。)

ここで「渾」は真偽を「渾淆」させる、つまり、入り交じってはっきり分かれていない状態にするという意味で使われる。

また、張衡の著作ではないが、張衡に関する記述が『九章算術』巻四の劉徽注にある。

張衡算又謂、「立方為質、立円為渾。」
(張衡の算に又た謂う、「立方を質と為し、立円を渾と為す」と。)

ここではっきりと、渾＝球という見方が現われている。別の箇所には「渾為円率也」(渾を円率と為すなり)という一文もあり、円周率とも結びつけられていたことがわかる。張衡は『算罔論』(佚書)という書物を著わしたとされており、数学にも通じていたようで、あるいは『算罔論』にこの文が記されていたのかもしれない。この記述が実際の張衡の言かどうかは確定しえないが、他の張衡の記述とあわせて考えれば、張衡が「渾」を球という意味で用いていた可能性は高いといえよう。

以上、張衡の「渾」の用例を見ていくと、道家系文献、『淮南子』、緯書などと共通する原始的な、あるいは未分化で渾沌としたという意味でも用いられるが、一方で『渾天儀』において、のちの鄭玄とも共通する、具体的な渾天儀の構造に関する記述も見られる。さらには、『霊憲』の冒頭部分や『九章算術』劉徽注において、球状の天を想定していると見える例があることから、張衡に至ってはじめて、球状の天という観念が具体的に打ち出されたと考えられる。張衡以前にも揚雄など渾天説を支持した人物はいたが、そこで「渾」が球状の天を示すことはなかった。つまり、本来渾天説は球状の天が理論の中心ではなかったのではないか。張衡が『渾天儀』において、球状の天を渾天説の主要な特徴としてはじめて取り上げたと推測できる。

おわりに――渾天説の原義

球状の天が渾天説の原義ではないとすれば、元々渾天説はどのような特徴をもっていたのか。前節までに取り上げた、先秦から後漢にかけての文献の「渾」の用法をもとに検討する。

先秦から後漢までの文献の中で、道家系文献では「渾」を渾沌とした原始状態を表わす語として用いており、「渾沌」や「渾淪」といった熟語を使用することで、その意味をより明確なものにしている。儒家系の文献では「渾」はほとんど用いられないが、『荀子』には水の湧き出るさまを意味する「渾渾」の語がある。水のイメージは『爾雅』や『説文解字』で説明される「渾」の意味とも共通する。つまり、文献の記述を見る限り、本来的に「渾」にははっきりとした球、円の意味は見いだせない。ただし、『淮南子』に一なるものとしての用例があり、『孫子』にも「形円」として円と「渾」が結びついていることから、漠然と角(かど)のない一体となったイメージは内在していたであろう。

渾天説を支持した揚雄は、「渾」を天や聖人と結びつけて用いており、宇宙論に繋がるイメージを有してはいたが、それがはっきりと円い形状を体現することはなかった。張衡に至って、ようやく球のイメージが顕在化したといえる。

また、張衡の『渾天儀』では具体的な天文観測儀器としての渾天儀の形状が示されるようになる。これは、後漢の鄭玄の記述とも共通しており、張衡の記述は漠然とした形而上のイメージを具体的な球の形状へ転換したものといえるのではないか。

以上のような状況から、筆者は渾天説に「渾」の字が用いられた要因として、二つの理由を提示する。

一つ目の理由として、「渾」の文字が持つ動的なイメージを挙げる。『荀子』や『爾雅』、『説文解字』などで使われる「渾」は、水の流れに繋がる動的なものである。水の流れる動きが天の運行に結びつけられたのではないか。蓋天説の「蓋」は蓋の形状の天を示す字であろう。日月などの星の動きが否定されているわけではないものの、形状を説明する静的な名称である。それに比べて「渾」は、先に確認したように動きを伴う意味を有しており、天の運行の面に着目した名称であるといえよう。つまり、宇宙論としての渾天説は、これまで蓋天説との対比によって球状の天という形状が注目されてきたが、その原義は動的、窮まりなくめぐる天の運行を示していたと考えられるのである。

二つ目は、主に道家系文献に見える原初的、一なるものという意味が込められたという見方である。未分化の状態である「渾」は、宇宙生成の比較的初期段階を言い表わしている。宇宙構造論が空間的であるのに対し、宇宙生成論は天地や人が生まれる過程を示しており、時間的な要素を持つ。「渾」のこのような意味が意識されていたと考えると、渾天説は空間的な面からだけでなく、時間的な軸も含めて総合的に宇宙を語る説だったと想定できる。『霊憲』においても、溟涬から龐鴻、天元へと宇宙が生成される段階が説明される。『霊憲』で『老子』を引用しているのもこの宇宙生成論の件（くだり）である。さらに、一なるもの、未分化な状態という「渾」のイメージは、渾天説の空間的な観点からも説明できる。渾天説で天が地を内包するさまは、天と地が全体として一体であると見ることができるのである。宇宙が「渾」である、つまり一体であることを説明するには、蓋天説では不十分である。天が地に蓋のように覆いかぶさっていては、天の運行は地を離れた天上世界のみで完結しており、天と地はそれぞれ独立した存在になってしまう。渾天説の、天が地を内に含んだ世界を想定することによって、天地一体の世界観が生まれるのである。つまり渾天説が目指したのは、実測にもとづく天の運行と、哲学的世界の融合だったと考えられる。

それは、漢代の時代背景からするとむしろ当たり前の傾向かもしれない。しかし、天の形状を問題にしていた蓋天説に比べ、渾天説はさらにそれを天地全体が一体となった宇宙観に発展させたと見ることができる。渾天説は実際の日月星辰の動きにより適合しており、哲学的にもより完成度が高いといえる。そしてさらに、宇宙生成の理論における原始的な未分化の世界をも含み、空間的にも時間的にも一体の世界を作り上げたのである。

渾天説の最大の特徴は、現在注目される「球状の天」ではなく、むしろ「空間的・時間的な次元を含む宇宙」であり、「天地一体の窮まりなく運行する世界」だったのである。それが次第に、蓋天説の天の形状との比較から天球のイメージがクローズアップされるようになり、張衡が具体的に球状の天を打ち出すに至ったと考えられよう。

注

（1）Bernhard Karlgren, *The Chinese Language: An Essay on its Nature and History*, The Ronald Press Company, New York, 1949（大原信一、辻井哲雄、相浦杲、西田龍雄訳『中国の言語』江南書院、一九五八年）、藤堂明保「表現論的音韻論の試み――[kl][tk][pl]類の表わす形態映像」（同『藤堂明保中国語学論集』汲古書院、一九八七年）。また、藤堂明保「上古漢語の投影法」（同『中国語音韻論』江南書院、一九五七年。改版は光生館、一九八〇年）も参照した。

（2）注（1）所掲、藤堂明保『中国語音韻論』改版二八二頁。

（3）たとえば山田慶兒「梁武の蓋天説」（『東方学報』京都第四十八冊、一九七五年）一〇三頁。

（4）渾天儀と渾天象については、吉田光邦「渾儀と渾象」（『東方学報』京都第二十五冊、一九五四年）が詳しい。

（5）このほか、張衡『渾天儀』に「周旋無端、其形渾渾、故曰渾天也」という用例があるが、この部分は第二章で張衡の著わした部分ではないとする箇所であるため、指摘にとどめる。

（6）『老子』のテキストを比較したものとして、島邦男『老子校正』（汲古書院、一九七三年）がある。八二、一〇四頁を参照。なお、『文子』上篇にも同じ一節があり、「渾」の字を用いている。

（7）池田知久訳『荘子』上（中国の古典五、学習研究社、一九八三年）の補注によれば、応帝王篇は戦国末以降、在宥篇は戦国末〜漢初、天地篇は漢初に成ったという。

（8）同じく道家の著作とされる『列子』の天瑞篇にも「渾」が使われる。「気形質具而未相離、故曰渾淪。渾淪者、言万物相渾淪而未相離也」。ここでの「渾」も渾淪の状態、つまりあらゆるものが互いに離れず混在する状態を意味する。ただし『列子』は後世の偽作という説もあり、成立年代の特定が困難な為、本書では注に挙げるに留める。後述の『易緯乾鑿度』とほぼ同様の記述である。

（9）第三章で後述する月に棲む生き物、一寸千里の法などがそれである。

（10）呂子方『中国科学技術史論文集』上（四川人民出版社、一九八三年）一八二頁、王巧慧『淮南子的自然哲学思想』（中国科技思想研究文庫、科学出版社、二〇〇九年）二六九頁。

（11）『後漢書』張衡伝所引「請禁絶図讖疏」。なお、緯書に対する張衡の見解は、第六章にて述べる。

（12）引用は『重修緯書集成』に則った。ただし、『後漢書』律暦志では「渾」は「禅」、『太平御覧』では「渾儀」にそれぞれ作る。

（13）「乃命羲和、欽若昊天、暦象日月星辰、敬授人時」。

（14）虞世南『北堂書鈔』儀飾部の渾儀に引用される。『晋志』上や『春秋考霊曜』（『玉海』所引）にも「以玉為渾儀也」とあり。

（15）『太平御覧』巻二所引桓譚『新論』に、桓譚と揚雄の論争が描かれる。

（16）李軌注には「四体合則渾成人、五美備則混為聖。一人兼統者、徳備如身全」とあり、四つを備える者には「渾」、五つを備える者には「混」を用いるとする。

(17)　李軌注では「渾渾爾」について「深大」とあり、深く大きいという意味で解釈される。

(18)　疏に司馬光の言を引いて「目因日光然後能有見、心因聖道然後能有知。渾渾、広大疏通之貌」と述べられており、広く行き渡るさまと解釈する。

(19)　范望注には、「玄天也」、「渾渾天之儀、渾侖而行也」、「玄正取象於渾天」とある（万玉堂本）。

(20)　新井晋司「張衡『渾儀注』『渾儀図注』再考」（山田慶兒編『中国古代科学史論』京都大学人文科学研究所、一九八九年）。

(21)　『開元占経』の該当箇所には「渾」の字がない。

(22)　『霊憲』の読解については、京都大学人文科学研究所の術数学研究会（代表・武田時昌氏）の読書会の皆様に示唆をいただいた。中でも武田時昌氏、宮島一彦氏、坂出祥伸氏、新井晋司氏に多くの助言をいただいた。

(23)　張震沢校注『張衡詩文集校注』（上海古籍出版社、一九八六年）二四八頁。

(24)　『後漢書集解』五行志四の校補より。名称は注（23）『張衡詩文集校注』にもとづく。

第二章　『霊憲』と『渾天儀』の比較

張衡の天文学に関する代表的な文献として『霊憲』と『渾天儀』[1]がよく取り上げられるが、両書の記述を見比べると、内容の違いがあることがしばしば言及される。たとえば天地の形状について見てみると、『霊憲』には次のような記述がある。

天体於陽、故円以動。地体於陰、故平以静。
（天は陽に体す、故に円にして以て動く。地は陰に体す、故に平にして以て静かなり。）

天は陽の要素を備えており「円」、地は陰の要素を備えており「平」である、と述べる。「平」は、平行や平方すなわち方形という可能性もあるが、一般に平面を意味するとされる。一方『渾天儀』では、より詳細に天地の形状を説明している。

渾天如鶏子。天体円如弾丸、地如鶏中黄、孤居於内。天大而地小。天表裏有水。天之包地、猶殻之裹黄。天地各乗気而立、載水而浮。
（渾天たること鶏の子の如し。天体の円きこと弾丸の如し、地は鶏の中黄の如く、内に孤居す。天大にして地は小。天の表裏に水有り。天の地を包むこと、猶お殻の黄を裹むがごとし。天地各おの気に乗りて立ち、水に載りて浮く。）

ここでは天は弾丸のように丸く、地は天の中に包まれ、まるで鶏の卵のようであると説明される。『霊憲』と『渾天儀』の記述を比べてみると、天が円いという点は共通しているものの、地がどのような形状をしているかという点ははっきりしない。『渾天儀』の「鶏の黄身のような」という表現が形状にも関わるものとすれば、地が球形であったという認識になり、『霊憲』の「平」という表現とは相違することになる。張衡の考える地が球形であったか否かという議論については次章で触れるが、このほかにも『霊憲』と『渾天儀』の記述の相違についてはいくつかの指摘がある。(2)

『渾天儀』については、一九七八年に陳久金「渾天説的発展歴史新探」で『渾天儀』が張衡の著作ではないという見解が打ち出されて以降、作者をめぐって論争が起こった。(3) 張衡の作ではないという根拠の一つにも『霊憲』と『渾天儀』の記述の相違がある。

本章では、『霊憲』と『渾天儀』に関する二つの問題の解決を試みる。一つは、『渾天儀』が張衡の作か否かという問題である。伝世文献で『渾天儀』の内容を引用する際に、いかなる書名で、どの部分を引用しているのかを精査し、文献に現われる書名と引用された『渾天儀』の内容にどのような関係があるのかを考察する。もう一つは、『霊憲』と『渾天儀』の何が異なるのかという問題である。記述内容の相違については先行研究があるため、本書では主に後世の受容の違いについて、その要因を探ってみたい。

一　『霊憲』と『渾天儀』の比較

先に述べたように、張衡が著わしたとされる『霊憲』と『渾天儀』はその性格が大きく異なり、天文理論についても互いに矛盾する点を含むと指摘される。『霊憲』に関しては、張衡伝に「著霊憲算罔論」（霊憲、算罔論を著わす）とあり、張衡の著作であることはほぼ確実であろう。しかし『渾天儀』については、同じく張衡伝に「作渾天儀」（渾天儀を作る）とあるものの、これだけでは書物なのか、天文観測儀器なのかはっきりしない。『霊憲』、『算罔論』に対して「著」の語を用いていることを考えると、「作」の語を用いる張衡伝の記述は儀器としての渾天儀を指すとも考えられる。つまり、張衡伝の記述だけでは張衡が『渾天儀』を著わしたとは断言できないのである。

そこでまずは、両書が後世どのように評価され、引用されたのかを整理する。

唐の李淳風『乙巳占』の冒頭に「論天体象者凡有八家。一曰渾天、即今所載張衡『霊憲』是也」（天体の象を論ずる者に凡そ八家有り。一に曰く渾天、即ち今載する所の張衡『霊憲』是れなり）とあるように、『霊憲』は渾天説を代表する重要な文献と見なされてきた。『霊憲』は佚書であり、ただ類書や正史（注を含む）に佚文が伝わるに過ぎないが、しばしば天文占書の冒頭部分に引用される[4]。中でも『開元占経』では巻一に引用があるほか、その一部を巻二以降の複数の箇所で引用する。『霊憲』は天を把握するための重要な文献と考えられていたといえる。天文占書以外では『初学記』や『太平御覧』などの類書に引用されている。一方の『渾天儀』は、天文占書では『開元占経』に引用されるもののほかには見られず、『芸文類聚』や『初学記』、『太平御覧』といった類書に一部が引用される傾向にある。

正史では、両書は『史記』張守節正義（以下、『史記正義』と記述する）、『後漢書』劉昭注、『晋書』、『隋書』などに引用される。正史（とその注釈）の引用箇所を比較すると、『霊憲』はいずれも天文志（『史記』は天官書）に引用されている。しかし、『史記正義』と『晋志』では「張衡云」として書名を挙げずに引用するのに対し、『後漢書』劉昭注は「霊憲曰」として、『隋志』では「謂之霊憲。其大略曰」と「張衡霊憲曰」の二カ所で引用する。『後漢書』ではこのほか張衡伝の李賢注にも引用され、正史の中で引用の量は『後漢書』が最も多い。『史記正義』と『晋志』、『隋志』はほぼ同じ部分を引用するが、文字の異同が多い(5)。

『渾天儀』は『史記正義』には引用されず、『後漢書』では律暦志の劉昭注に引用される。『晋書』と『隋書』ではいずれも天文志に「丹楊葛洪釈之曰」（丹楊の葛洪之を釈して曰く）と葛洪が引用するほか、「前儒旧説」として引用される箇所が『後漢書』劉昭注所引の『渾天儀』と重なる。この「丹楊葛洪釈之曰」と「前儒旧説」の引用は『晋志』と『隋志』で順序が異なり、文字の異同もあるなど、それぞれに違いが見られる。

正史それぞれに引用の仕方が異なるが、中でも『霊憲』と『渾天儀』の引用で注目しておきたいのは、『後漢書』注の引用である。『霊憲』は天文志の劉昭注と張衡伝の李賢注に、『渾天儀』は律暦志の劉昭注にそれぞれ引用される。他の正史では両書はいずれも天文志に引用されるが、劉昭だけが『渾天儀』を律暦志の注で引用した。これは、劉昭が『渾天儀』を暦作成のための天文観測に必要な文献と見なしたことを意味していよう。

正史のほかには、唐宋期の杜甫や韓愈などの詩に対する注に『霊憲』が引用される例が多い。詩に対する注として、たとえば江淹（四四四～五〇五）の「遊黄蘗山」の一節の明・胡之驥注に引用されたり、『文選』李善注で複数引用されたりする。『霊憲』のうち多く引用されるのは、日月に棲む生き物についての記述と月に姮娥が逃げるエピソードで、典拠としてよく用いられたことがわかる。

次に、書目に見える張衡、渾天説関連の著作を挙げる。

『隋書』経籍志　子部　天文類　霊憲一巻　張衡撰
渾天象注一巻　呉散騎常侍王蕃撰
渾天義二巻
渾天図一巻　石氏
渾天図一巻
渾天図記一巻
集部　別集類　後漢河間相張衡集十一巻（梁十二巻、又一本十四巻。又有郎中蘇順集二巻、録二巻。後漢太傅胡広集二巻、録一巻。亡。）

『旧唐書』経籍志　丙部子録　天文類　霊憲図一巻　張衡撰
渾天儀一巻　張衡撰
渾天象注一巻　王蕃撰
丁部集録　別集類　張衡集十巻

『新唐書』芸文志　丙部子録　天文類　張衡霊憲図一巻
又渾天儀一巻
王蕃渾天象注一巻
丁部集録　別集類　張衡集十巻

『宋史』芸文志　子類　天文類　張衡大象賦一巻

『国史経籍志』
　集類　　別集類　　張衡集六巻
　天文家　天象　　霊憲図一巻張衡
　　　　　　　　　渾天儀一巻張衡

『隋書』経籍志では、『霊憲』は張衡の著作として挙がっているが、『渾天儀』そのものはなく、『渾天義』という著者不明の似た書名があるのみとなっている。『霊憲』と『渾天義』との間に呉の王蕃撰『渾天象注』があるため、これが張衡の『渾天儀』を指すのかどうかははっきりしない。しかし、他の書目には『渾天義』なる書名は出てこないため、『渾天儀』の誤写とも考えられる。『旧唐書』、『新唐書』では『霊憲図』と『渾天儀』の二つが張衡の著作であるとされるが、『霊憲』には「図」の字があり、図入りであった可能性がある。また、『宋史』には『霊憲』や『渾天儀』は取り上げられないが、張衡の作として「大象賦」がある。「大象賦」については第七章で詳述する。このほか『隋書』以来集部に「張衡集」があるが、巻数は時代ごとに変遷がある。正史の書目以外に、『国史経籍志』にも「渾天儀一巻張衡」という記述がある。

このように見ていくと、『隋書』経籍志では『霊憲』が張衡の著作であるとされるものの、『渾天儀』については確実な言及がない。後世の引用を見ても書目の書名を見ても、『霊憲』が渾天説の主要文献と見なされており、『渾天儀』は少なくとも張衡の著作といわれるのが『旧唐書』成立の後晋まで下る。ただし、その後『宋史』芸文志には『霊憲』と『渾天儀』の書名はなく、蔵書家の書目でも『国史経籍志』以外に書名が見えないことから、遅くとも宋代には両書は共に失われたのであろう。

輯本では、『漢魏六朝百三名家集』の編者である明の張溥をはじめ、明代から両書を張衡の著作と認識していた。張衡の著作を載せる輯本として『玉函山房輯佚書』子編天文類、『問経堂叢書』所収の『経典集林』、『漢唐地理書鈔』、『説郛』、『漢魏六朝百三名家集』所収の『張河間集』、『全上古三代秦漢三国六朝文』所収の『全後漢文』巻五十五、『続修四庫全書』集部総集類の『七十二家集』がある。このうち『漢唐地理書鈔』と『説郛』には『霊憲』はあるが『渾天儀』は引用されない。そのほかの輯本には『霊憲』も『渾天儀』も共に引用されている。能田忠亮氏は『経典集林』の校訂が最も信頼に足るとして『霊憲』と『渾天儀』の全文を引用し、橋本敬造氏も同様に『経典集林』のテキストにもとづいて両書の日本語訳を行なった。新井晋司氏は『開元占経』の複数のテキストを比較し、『開元占経』四庫全書本を底本として独自に『渾天儀』の校訂を行なっている[6]。

唐代を中心に、『霊憲』が渾天説を代表する文献という見方が強かったが、近年はむしろ『渾天儀』に書かれた数値による宇宙構造の説明が評価される傾向にある。渾天説の宇宙構造を説明する際にも、多くが『渾天儀』の鶏卵の比喩を挙げている。

二　『渾天儀』は張衡の作か

次に、『渾天儀』の著者に関する問題を検討する。陳久金氏の問題提起以後、『渾天儀』について、現在伝わる文章全体が張衡の作であるという見解、文章全体が張衡ではない別の人物による作であるという見解、そして『渾天儀』は張衡の作だが『渾天儀注』は後世の注釈書であるという見解に分かれた。陳美東氏をはじめとする多くの研究者が『渾天儀』を張衡の著作と考えており、張衡の著作ではないと主張するのは陳久金氏、『渾天儀』は張衡の著作だが『渾天儀注』は張衡の著作ではないと主張するのは薄樹人氏に限られる[7]。

日本の研究者でも、多くは『渾天儀』を張衡の著作であるとする立場をとっている。このうち、堀池信夫氏は陳久金氏の「張衡の著書ではない」という見解を取り上げるものの、自身の見解については述べず、慎重な態度を取る。[8]

このように『渾天儀』は、その内容全体が張衡の著作であるという見解が多数を占める。しかし、陳久金氏の張衡の作ではないという理由もあながち納得できないものではない。陳久金氏は、張衡の作ではない理由として次の六点を挙げる。

①『霊憲』の大地は平面であり、地の大きさは天球の直径に相当する。一方の『渾天儀』[9]は大地が球形であり、地は天の直径よりも小さい。

②三国時代までの渾天家の著作（陸績『渾天儀説』、王蕃『渾天象説』など）よりも、『渾天儀』の方が進んだ内容である。もし『渾天儀』が張衡の著作ならば、歴史的発展の順序と合わない。

③宋の顔延之は「張衡創物、蔡邕造論」[10]（張衡は物を創り、蔡邕は論を造る）といい、『宋書』天文志では張衡より後の陸績について「善天文、始推渾天意」（天文を善くし、始めて渾天の意を推す）と評する。いずれも、張衡が渾天説の論を立てたとは認識していない。

④『渾天儀』の冬至・夏至の太陽高度は、張衡の頃の数値と合致しない。

⑤張衡伝に『渾天儀』の書名が出てこない（「作渾天儀」は儀器としての渾天儀を指している）。また、唐以前には『渾天儀』の作者についての記述がない。

⑥『後漢書』律暦志の「張衡渾儀曰」とは、張衡の『渾儀』ではなく『張衡渾儀』という書名であり、張衡が作った渾天儀について、注や説明文を後世の人物がまとめた文献という意味である。

陳久金氏は『霊憲』と『渾天儀』の内容の相違以外にも、他の文献による張衡への言及、他の渾天家の説との比較などをもとに論を展開する。そして『渾天儀』は三〇〇年頃の作品であり、一人の手によるものではないと述べる。陳久金氏の見解を追っていくと、無条件に『渾天儀』を張衡の著作と考えるのは危険だということがわかる。だが後世の引用を見ると、張衡が全く関わっていないとも一概には言い難い。折衷案ともいうべき薄樹人氏の見解によれば、書名の「注」の字の有無によって張衡の著作であるか否かが分かれるという。

薄樹人氏の述べる通り『渾天儀』と『渾天儀注』を分けて考えることができるのであろうか。目録では、『渾天儀』に関連する書名はいずれも『渾天儀』であり、「注」という文字は見られなかった。『渾天儀注』という書名は引用文において現われる。『渾天儀注』という書名の初出は『晋志』で、「丹楊葛洪釈之曰」（丹楊の葛洪之れを釈して曰く）という言葉に続いて引用される。その後も『渾儀』『渾儀注』など様々な名称で引用されるが、『渾天儀』自体が佚書であり、時代を経るに従って『後漢書』律暦志の劉昭注や『晋志』からの孫引きが増えてくる。そこで、一連の『渾天儀』の佚文をどのような書名で、どの箇所を引用するのかを、文献ごとに確認する。先述した、『渾天儀』を引用していると考えられる文献のうち、孫引きではなく直接『渾天儀』を引用した可能性が高い宋代までの文献を挙げると次の通りである。

1南朝梁　劉昭注『後漢書』律暦志下（本文は南朝宋・范曄）
2隋　虞世南『北堂書鈔』天部一／天部二
3唐　欧陽詢『芸文類聚』天部上

4	唐	李淳風『晋書』天文志上
5	唐	李淳風『隋書』天文志上
6	唐	徐堅『初学記』天部上
7	唐	瞿曇悉達『開元占経』巻一／巻三十九／巻六十五
8	宋	黄鶴補注『黄氏補注杜詩』巻三十五
9	宋	李昉『太平御覧』天部二
10	宋	呉淑『事類賦』天部
11	宋	銭端礼『諸史提要』巻七
12	宋	謝維新『事類備要』前集、占候門

比較的引用の分量が多いのは、1『後漢書』律暦志の劉昭注（以下、『後漢書』注と略称する）と7『開元占経』である。特に『開元占経』の記述は最も文字数が多い。その他の文献は、『開元占経』と比べるとほんの一部を引用しているに過ぎない。しかし、一つ一つの引用を見てみると、興味深い傾向が見出される。

まず、最も引用の量が多い7『開元占経』を、次いでそれぞれ引用箇所が全く重ならない4『晋志』と1『後漢書』の記述を比較してみよう。7『開元占経』巻一に引用される『渾天儀』の全文は次の通りである。[11]

張衡渾儀註曰、「①渾天如鶏子、天体円如弾丸、地如鶏子中黄、孤居於内。天大而地小、天表裏有水。天之包地、猶殻之裹黄。②天地各乗気而立、載水而浮。周天三百六十五度四分度之一、又中分之、則一百八十二度八分之五覆地上、一百八十二度八分之五繞地下。故[3]二十八宿、半見半隠。其両端謂之南北極。北極乃天之中也。在正北、出地上三十六度。然則北極上規径七十二度、常見不隠。南極天之中也。在南入地三十六度、南極下規七十二度、常伏不見。両極相去一百八十二度半強、[4]天転如車轂之運也。周旋無端、其形渾渾、故曰渾天也。[5]赤道横帯天之腹、去南北二極、各九十一度十九分度之五。（横帯者、東西囲天之中要也。然則北極小規去赤道五十五度半、南極小規亦去赤道五十五度半。并出地入地之数、是故各九十一度半強也。）

[6]黄道斜帯其腹出赤道、表裏各二十四度。（日之所行也。日与五星行黄道、無虧盈。月行九道、春行東方、青道二。夏行南方、赤道二。秋行西方、白道二。冬行北方、黒道二。四季還行黄道、故月行有虧盈。東西南北随八節也。日最短、経黄道南。在赤道外二十四度、是其表也。日最長、経黄道北、去赤道内二十四度、是其裏。故[7]夏至去極六十七度而強、冬至去極百一十五度亦強。日行而至斗二十一度、則去極一百一十五度少強。是故日最短、夜最長、景極長。日出辰入申、昼行地上一百四十六度強、夜行地下二百一十九度少強。夏至日在井二十五度、去極六十七度少強、是故日最長、夜最短、景極短。日出寅日入戌、昼行地上二百一十九度少強、夜行地下一百四十六度強。）[8]然則黄道斜截赤道者、即春秋分之去極也。（斜截赤道者、東西交也。然則春分日在奎十四度少強、西交于奎也。秋分日在角五度弱、東交於角也。在黄赤二道之交中、去極倶九十一度少強、故景居二至長短之中奎十四角五、出卯入酉、日昼行地上、夜行地下、倶一百八十二度半強、故昼夜同也。）」

張衡渾儀図注曰、「今此春分、去極九十一度少強、秋分去極九十一度少強者、就夏暦景去極之法以為率也。是以作小渾、尽赤道黄道、乃各調賦三百六十五度四分之一、従冬至所在始起、令之相当値也。取北極及衡、各鍼穿之為軸、取薄竹篾穿其両端、令両穿中間与渾半等以貫之、令察之与渾相切摩、乃従減半起、以為八十二度八分之五、尽衡減之半焉。又中分其篾、拗去其半、令其半之際正直、与両端減半相直。令篾半之際、従冬至起一度一移之、視篾之半際多少、黄赤道幾也。其所多少、則進退之数也。従北極数之則去極之度也。各分赤道黄道為二十四気、一気相去十五度十六分之七。毎一気者、黄道進退一度焉。所以然者、黄道直時去南北極近、其処地少、而横行与赤道且等、故以篾度之於赤道多也。設一気令十六日、皆常率四日差少半也。令一気十五日、不能半耳。故使中道三日之中差少半、三気一節、故四十六日而差今三度也。至于差三之時、而五日同率者一、其実一節之間不能四十六日也。今残日居其策、故五日同率也。其率雖同、先之皆強、後之皆弱、不可勝記耳。至于三而復有進退者、黄道稍斜、於横行不得度故也。春分秋分所以退者、黄道始起更斜矣、於横行不得度故也。亦毎気一度焉、故三気一節亦差三度也。至三気之後稍遠而直、故横行得度而稍進也。立春立秋、横行稍退矣、而度猶云進者、以其所退減其所進、猶有盈余未尽故也。立夏立冬横行稍進矣、而度猶云退者、以其所進増其所退、猶有不足未畢故也。以斯言之、日行非有進退也、而以赤道量度、黄道使之然也。本二十八宿相去度数、以赤道為強耳。故黄道亦有進退也。冬至在斗、二十一度少半、最遠時也。而此暦斗二十度倶一百一十五度強矣、冬至宜与之同率焉。夏至在井、二十一度半強、最近時也。而此暦井二十三度倶六十七度強矣、夏至宜与之同率焉」。

このように、『開元占経』では「張衡渾儀註曰」として引用する部分と「張衡渾儀図注曰」として引用する部分の二つに分かれる。なお、これとは別の、巻六十五の注にも「張衡渾儀曰」から始まる引用文があるが、その内容は右の文にも他の文献にも重なる文章がないため本章では取り上げない[12]。

次に、4『晋志』に引用される『渾天儀注』の内容を挙げる。

故丹楊葛洪釈之曰、渾天儀注云、「[1]天如鶏子、地如鶏中黄、孤居於天内、天大而地小。天表裏有水、[2]天地各乗気而立、載水而行。周天三百六十五度四分度之一、又中分之、則半覆地上、半繞地下。故③二十八宿半見半隠。天④転如車轂之運也」。

『晋志』が引用する部分は少ないが、1『後漢書』注とは全く重複しておらず、7『開元占経』の前半部分に相当する記述内容である。

さて、1『後漢書』注の内容は次の通りである。

張衡渾儀曰、「⑤赤道横帯渾天之腹、去極九十一度十六分之五。⑥黄道斜帯其腹、出赤道表裏各二十四度。⑦故夏至去極六十七度而強、冬至去極百一十五度亦強也。⑧然則黄道斜截赤道者、則春分秋分之去極也。今此春分去極九十少、秋分去極九十一少者、就夏暦景去極之法以為率也。上頭横行第一行者、黄道進退之数也。本当以銅儀日月度之、則可知也。以儀一歳乃竟、而中間又有陰雨、難卒成也。是以作小渾、尽赤道黄道、乃各調賦三百六十五度四分之一、従冬至所在始起、令之相当値也。取北極及衡各鍼掾之為軸、取薄竹篾、穿其両端、令両穿中間与渾半等、以貫之、令察之与渾相切摩也。乃従減半起、以為百八十二度八分之五、尽衡減之半焉。又中分其篾、拗去其半、令其半之際正直、与両端減半相直、令篾半之際従冬至起、一度一移之、視篾之半際多少黄赤道幾也。其所多少、則進退之数也。従北極数之、則去極之度也。各分赤道黄道為二十四気、一気相去十五度十六分之七、毎一気者、黄道進退一度焉。所以然者、黄道直時、去南北極近、其処地小、而横行与赤道且等、故以篾度之、於赤道多也。設一気令十六日者、皆常率四日差少半也。令一気十五日不能半耳、故使中道三日之中差少半也。三気一節、故四十六日而差今三度也。至於差三之時、而五日同率者一、其実節之間不能四十六日也。今残日居其策、故五日同率也。

其率雖同、先之皆強、後之皆弱、不可勝計。取至於三而復有進退者、黄道稍斜、於横行不得度故也。春分秋分所以退者、黄道始起更斜矣、於横行不得度故也。亦毎一気一度焉、三気一節、亦差三度也。至三気之後、稍遠而直、故横行得度而稍進也。立春立秋横行稍退矣、而度猶云進者、以其所退減其所進、猶有盈余、未尽故也。立夏立冬横行稍進矣、而度猶云退者、以其所進、増其所退、猶有不足、未畢故也。以此論之、日行非有進退、而以赤道量度黄道使之然也。本二十八宿相去度数、以赤道為距耳、故於黄道亦有進退也。冬至在斗二十一度少半、最遠時也、而此暦斗二十度、倶百一十五、強矣、冬至宜与之同率焉。夏至在井二十一度半強、最近時也、而此暦井二十三度、倶六十七度、強矣、夏至宜与之同率焉」。

『後漢書』注の引用には、『開元占経』の「張衡渾儀註曰」と「張衡渾儀図注曰」の両方の文章と重複する箇所がある。つまり、『開元占経』で二つの書名に分けて引用している内容を『後漢書』注では「張衡渾儀曰」と一連の文章として引用するのである。また、『後漢書』注には『開元占経』の前半部分（渾天如鶏子～故曰渾天也）が引用されていない。

右で引用した三書で番号と傍点を附した箇所は、他の文献でも引用が多く、特に筆者が注目した部分である。以下に、傍点を附した部分とは多少文字の異同があるものの、各文献を比較する上で基準となる文を挙げる。

①…「天如鶏子天大地小天表裏有水」

②…「天地各乗気而立載水而浮」

③…「二十八宿半見半隠」

④…「天転如車轂之運」

⑤…「赤道横帯天之腹」
⑥…「黄道斜帯其腹出赤道表裏各二十四度」
⑦…「故夏至去極六十七度而強冬至去極百一十五度亦強也」
⑧…「然則黄道斜截赤道者則春分秋分之去極也」

次頁の表は、先に挙げた1から12までの文献に引用された文の特色をまとめたものである。①から⑧までの文章がそれぞれの文献で引用されていれば、引用の程度に応じて○・△・+を附した。○は、①〜⑧それぞれと同じ文が存在することを意味する。△は、たとえば①の二つ目の「天」の字が欠けていたり、②の「浮」の字が「行」になっていたりと、わずかに文字の異同がある場合である。+の箇所は、たとえば①の「天大」と「地小」の間に「而」の字が加わっていたり、⑤の「横帯」と「天」の間に「渾」の字が加わっているなど、基準とする文に何らかの文字が加わる場合である。空白の部分は、該当の文が引用されていないことを意味する。

この表を見ると、『渾天儀』の引用文が大きく二種類に分類できることがわかる。まず、4『晋書』で「葛洪釈之曰」（葛洪之れを釈して曰く）に続く文章に類似するもの（①〜④）、次に、1『後漢書』注所引の文章に類似するもの（⑤〜⑧）である。仮に前者をパターン1、後者をパターン2とすると、その特徴は次のようである。

(1)パターン2は、7『開元占経』と4『晋志』の「前儒旧説」を除き「張衡渾儀」もしくは「張衡渾天儀」で始まる。
(2)パターン1は、7『開元占経』を除き「渾天儀」もしくは「渾天儀注」で始まる。
(3)パターン1、パターン2双方の内容を備えているのは、7『開元占経』が引用する「張衡渾儀註」だけである。
(4)9『太平御覧』、10『事類賦』にもパターン1とパターン2両方が引用されているが、全く別の箇所での引用であり、

表　諸文献に引用された『渾天儀』
（○：全く同じ文章、△：文字がいくつか不足あるいは異なる、＋：文字がいくつか多い）

番号	時代	文献名	引用している書名	パターン1				パターン2			
				①	②	③	④	⑤	⑥	⑦	⑧
1	南北朝	後漢書・劉昭注	張衡渾儀					○＋	○	○	○
2	隋	北堂書鈔	渾天儀		△	△	○				
3	唐	芸文類聚	渾天儀	○	△		○				
4	唐	晋書	渾天儀注（「丹楊葛洪釈之曰」として引用）	○＋	△	○	○				
	唐		前儒旧説					△			
5	唐	隋書	前儒旧説	△	△						
	唐		渾天儀注（「丹楊葛洪釈之曰」として引用）	○＋	△	○	○				
6	唐	初学記	渾天儀			△	○				
7	唐	開元占経	張衡渾儀註／張衡渾儀図注	○＋	○	○	○	○	○	○	△
8	宋	黄氏補注杜詩	渾天儀	○＋	△						
9	宋	太平御覧	渾天儀	△＋	○	△	○				
	宋		張衡渾天儀					○	△	○	△
10	宋	事類賦	渾天儀		○	△	○				
	宋		渾天儀	△＋							
	宋		張衡渾天儀					○	△	○	△
11	宋	諸史提要	渾天儀注	○＋	△	○	○				
	宋		旧説								
12	宋	事類備要	渾天儀注（「丹楊葛洪釈之曰」として引用）	△＋	○	○	○				

北堂書鈔巻一五〇、開元占経巻六十五の引用は、他と重複しない引用のため省略した

それぞれパターン1は「渾天儀」、パターン2は「張衡渾天儀」と書き分けられている。
(5)似た内容の文でも、7『開元占経』では、「張衡渾儀註曰」と「張衡渾儀図注曰」の二つに文章を分けるが、1『後漢書』注では、文字の異同はあるものの、これらは同じ「張衡渾儀」としてまとめられる。
(6)7『開元占経』の「張衡渾儀図注曰」に続く内容は、1『後漢書』注にのみ引用されており、他に引用される例はない。

佚文の書名と内容の関係比較からわかることは、パターン1は「渾天儀」もしくは「渾天儀注」ではじまり、パターン2は「張衡渾天儀」もしくは「張衡渾儀」ではじまるということである。そして、『開元占経』が特異な存在である、ということも明らかである。『開元占経』だけが、パターン1とパターン2の双方の内容を備えており、パターン1の内容を含むにも関わらず、頭に「張衡」という文字がある。それだけでなく、『開元占経』だけが「渾儀註」と「渾儀図注」という二つの書名を用いている。では、一体これらのことから何がいえるのだろうか。

薄樹人氏は『渾天儀』と『渾天儀注』とを区別し、前者のみが張衡の著作であるとしていた。しかし、表を見てみると、パターン2には『渾天儀注』という書名はないが、パターン1には『渾天儀』という表記も『渾天儀注』という表記もあり、一概には「注」の有無で区別することはできない。むしろ、パターン1とパターン2の書名を大きく区別しているのは、「張衡」という文字の有無である。ただし、「張衡」が書名か否かは判別しがたく、著者名が冠されているとも考えられる。今仮に、書名として扱っておく。パターン1の場合、書名の前に「張衡」という表記は『開元占経』を除いては一切無く、パターン2は、『晋志』の「前儒旧説」を除けば、全てに「張衡」の文字がある。つまり、「張衡」という文字の有無が、張衡の著作とそれ以外の著作とを分ける重要な鍵となっていると考えられるのである。同じ文献の中でも、たとえば『太平御覧』では、『渾天儀』と『張衡渾天儀』という二種類の書名が存在し、それぞれ引用部分が異なる。『渾天儀』の引用に対して二種類の書名を用いている例はほかにもあるため、故意に書き分けたものと考えられる。

そうであれば、薄樹人氏の指摘する通り、『渾天儀』と呼ばれる文献には、張衡が著わしたものとそうでないものとがある、ということになろう。「渾天儀」、「渾天儀注」ではじまる文章（パターン1）は張衡が著わしたのではなく、「張衡渾天儀」もしくは「張衡渾儀」からはじまる文章（パターン2）こそが、張衡の著わしたものである。パターン1の文章は、張衡の『渾天儀』に別の誰かが施した注の可能性がある。そして、『後漢書』注の引用が最も張衡の『渾天儀』の内容を忠実に伝えており、『開元占経』のパターン1に該当する部分は、誰かが注を附した『渾天儀注』の内容に最も近いと考える。

パターン1ではなくパターン2を張衡の著作であると判断した根拠は、パターン2を引用する『後漢書』注だけが唯一南北朝時代に書かれた文献であり、残りの文献はほぼ唐代以降のものであること、つまり現在残る文献では、パターン1よりもパターン2の方が先に成立した可能性が高いことが挙げられる。また、パターン2の引用に「張衡」という人名があることも、張衡が著わしたと考える根拠の一つである。

『渾天儀』の注を誰が著わしたかは現時点では不明であるが、張衡の意思を受け継ぐ後学の手になるものであろう。晋の葛洪が該当箇所に言及することから、晋にはすでに注も成立していたことになる。

三　『霊憲』と『渾天儀』の扱いの相違の要因

前節では、『渾天儀』の著者に関する議論に対し私見を述べた。そこで本節では、『霊憲』と『渾天儀』の扱いの差、後世の取り上げられ方の相違について、背景を探ってみたい。

まず、両書の扱いにどのような差があるのかを改めて確認しよう。多くの天文占書で『霊憲』が渾天説を代表する文献として扱われるのに対し、『渾天儀』を引用するのは天文占書の中では『開元占経』のみという状況が生じている。また書目では、『隋書』経籍志に『霊憲』が張衡の著作として記述されるのに対し、『渾天儀』は実際に確実な書名が現われるのは『旧唐書』まで待たねばならない。

これらの違いは、両書の成書目的の相違が一つの要因と考えられる。『霊憲』は、天文占書で渾天説の代表作と見なされる通り、渾天説の理論を体現した作品である。渾天説の理論とは第一章でも述べたように、空間的、時間的宇宙の統合、実際の観測と哲学的世界観の統合を目指したものであった。しかし『渾天儀』は、天文観測儀器の渾天儀の構造、使用法などが中心の内容である。張衡が著わしたと考えられるパターン2の記述だけを見ても、「説明書」のような様相を呈しているといえよう。現在渾天説を研究する上で、数値によって宇宙構造を説明する『渾天儀』は、当時の技術水準を測るために重要視されるが、その形而上学的思索を排除した内容は、当時においては説明書ではあっても理論書ではなかったのではないか。だから『渾天儀』は渾天説の主要文献と見なされず、『旧唐書』まで書目にもまともに取り上げられなかったのではないだろうか。それは、『後漢書』劉昭注において『渾天儀』が天文志ではなく律暦志に引用されたことからも推定できよう。『渾天儀』はひっそりと観測儀器の渾天儀の傍に置かれ、観測の便に供したと考えられる。先述の『渾天儀』に後世の手になる注釈が挿入された経緯も、説明書という性格から、のちの人物がより理解しやすいようにと注釈が付け加わったものと考えられる。それが後に再評価され、書目にも取り上げられることとなったのであろう。

また、類書の引用では両書はともに引用されるが、類書以外では『霊憲』が引用される頻度が高い。これは『霊憲』が神話的なエピソードを含むことから、詩文を作成する際の典拠としやすかったという点を指摘できる。

おわりに

以上、本章では張衡の『渾天儀』の成書問題について検討し、『霊憲』と『渾天儀』の扱いの相違について検討した。まず、『渾天儀』が張衡の著作か否かに関して、一般的には張衡の著作であるという見方が強いが、同書を引用する諸文献の精査により、『渾天儀』の原文と注釈に二分すべきであり、前者のみを張衡の記述と見るべきであると結論づけた。

そして、『霊憲』と『渾天儀』の扱いが異なる要因として、成書目的の相違を指摘した。『霊憲』は渾天説の宇宙論をまとめた文献であり、実測と哲学、空間的な構造論と時間的な生成論の融合を意図していた。一方の『渾天儀』は、天文観測儀器である渾天儀の説明書であり、数値を中心に構造や計測法を解説する。このような目的の相違から、後世の扱いの差が生じたと考えられる。

注

（1）序章でも述べた通り、『渾天儀』は、『渾天儀注』、『渾儀』などとも表記されるが、本書では特に区別する必要がない限り、これらの文献をまとめて『渾天儀』と表記する。

（2）詳しくは、許結『張衡評伝』（中国思想家評伝叢書、南京大学出版社、一九九九年）、陳美東『中国科学技術史　天文学巻』

（科学出版社、二〇〇三年）、同『中国古代天文学思想』（中国天文学史大系、中国科学技術出版社、二〇〇八年）など参照。

（3）陳久金「渾天説的発展歴史新探」（中国天文学史整理研究小組編『科技史文集』第一輯、上海科学技術出版社、一九七八年）。

（4）類書形式で、惑星や星座の位置関係から吉凶を占う天文占などをまとめた書を本書では天文占書と呼ぶ。天文類書、天文五行占書などとも呼ばれる。

（5）田中良明「北斗星占小攷」（『東洋研究』第一八八号、二〇一三年）に、正史による『霊憲』引用の相違について指摘がある。

（6）能田忠亮「漢代論天攷」（『東方学報』京都第四冊、一九三四年、後に『東洋天文学史論叢』恒星社厚生閣、一九四三年、復刻版は一九八九年に所収）、橋本敬造訳「霊憲」「渾天儀」（藪内清責任編集『科学の名著2　中国天文学・数学集』朝日出版社、一九八〇年）、新井晋司「張衡『渾儀注』『渾儀図注』再考」（『中国古代科学史論』、京都大学人文科学研究所、一九八九年）。

（7）この問題について論じた論文として、注（3）の陳久金氏論文の他に、陳久金「《渾天儀注》非張衡所作考」（『社会科学戦線』一九八一年第三期）、陳美東「張衡《渾天儀注》新深」（『社会科学戦線』一九八四年第三期）、同「《渾天儀注》為張衡所作弁――与陳久金同志商確」（『中国天文学史文集　第五集』、科学出版社、一九八九年）、同『中国科学技術史　天文学巻』（科学出版社、二〇〇三年）、薄樹人「近年来天文学史界有関張衡的若干争論」（『中国史研究動態』一九九〇年第三期）、同「張衡」（『中国古代科学家伝記』上集、科学出版社、一九九二年）（のち共に『薄樹人文集』中国科学技術大学出版社、二〇〇三年に所収）などがある。

（8）注（6）所掲能田忠亮「漢代論天攷」、新井晋司「張衡『渾儀注』『渾儀図注』再考」のほか、金谷治「張衡の立場――張衡の自然観序章――」（『入矢教授・小川教授退休記念中国文学語学論集』京都大学文学部中国語学中国文学研究室入矢教授小川教授退休記念会、一九七四年、のち金谷治『中国古代の自然観と人間観』金谷治中国思想論集上巻、平河出版社、一九九七年に所収）、藪内清『中国古代の科学』（角川新書、一九六四年）、同「中国の天文学と数学」（前掲『科学の名著2　中国天文学・数学集』所収)、山田慶兒「梁武の蓋天説」(『東方学報』京都第四十八冊、一九七五年)、堀池信夫『漢魏思想史研究』(明治書院、一九八八年)三一九頁。

(9) 注(3)、注(7)所掲の陳氏論文では『渾天儀注』とする。以下も同様。

(10) 『芸文類聚』巻一に「宋顔延之請立渾天儀表曰」として引用される。

(11) 引用中の番号、傍点は筆者による。以下同様。

(12) 第七章で簡単に触れる。

(参考)『渾天儀』の張衡著作部分と後世の注釈部分について

※経典集林本をもとに、張衡の著作部分に網掛けをした。

渾天如鶏子、天体円如弾丸、地如鶏中黄、孤居於内。天大而地小、天表裏有水。天之包地、猶殼之裹黄。天地各乗気而立、載水而浮。周天三百六十五度四分度之一、又中分之、則一百八十二度八分之五覆地上、一百八十二度八分之五繞地下。故二十八宿、半見半隠。其両端謂之南北極。北極乃天之中也。在正北、出地上三十六度。然則北極上規経七十二度、常見不隠。南極天之中也。在正南人地三十六度、南極下規七十二度、常伏不見。両極相去一百八十二度半強、天転如車轂之運也。周旋無端、其形渾渾、故曰渾天也。

赤道横帯天之腹、去南北二極、各九十一度十九分度之五。横帯者、東西囲天之中腰也。然則北極小規去赤道五十五度半、南極小規亦去赤道。出地入地之数、是故各九十一度半強也。

黄道斜帯其腹出赤道、表裏各二十四度。日之所行也。日与五行黄道、无虧盈。日月行九道、春行東方、青道二。夏行南方、赤道二。秋行西方、白道二。冬行北方、黒道二。四季還行黄道、故月行有虧盈。東西随八節也。日最短、経黄道南。在赤道外二十四度、是其表也。日最長、経黄道北、在赤道内二十四度、是其裏。

故夏至去極六十七度而強、冬至去極百一十五度亦強也。日行南至斗二十一度、則去極一百一十五度少強。是故日最短、夜最長、景極長。日出辰入申、昼行地上一百四十六度強、夜行地下二百一十九度少強。夏至日在井二十五度、去極六十七度少強、是故日最長、夜最短、景極短。日出寅日入戌、昼行地上二百一十九度少強、夜行地下一百四十六度強。

然則黄道斜截赤道者、即春秋分之去極也。斜截赤道者、東西交也。然則春分日在奎十四度少強、西交於奎也。秋分日在角五度弱、東交於角也。此黄赤道二之交中、去極倶九十一度少強、故景居二至長短之中奎十四角五、出卯入酉、日昼行地上、夜行地下、倶一百八十二度半強、故昼夜同也。

今此春分、去極九十一度少強、秋分去極九十一度少強者、就下暦晷景之法以為率也。上頭横行第一行者、黄道進退之数也。本当以銅儀日月度之、則可知也。以儀一歳乃竟、而中間又有陰雨、難率成也。是以作小渾、尽赤道黄道、乃調賦三百六十五度四分之一、従冬至所在始起、令之相当直也。取北極及衡各鍼穿之為軸、取薄竹篾、穿其両端、令両穿中間与渾半等、以貫之、令察之与渾相切摩也。乃従鍼半起、以為百八十二度八分之五、尽衡鍼之半焉。又中分其篾、初出其半之際正直、与二度鍼半相直也。令篾半之際、従冬至起一度一移之、視篾半之際少多、赤道幾何也。其所多少、則進退之数也。従北極数之度也。各分赤道黄道為二十四気、一気相去十五度十六分之七。毎一気者、黄道進退一度焉。所以然者、黄道直時去南北極近、其処地小、而横行与赤道且等、故以篾度之於赤道多也。設一気令十六日者、皆成率四日差少半也。令一気十五日、不能半耳。故使中道三日之中差少半、三気一節、故四十六日而差令三度也。至於差三之時、而五日同率者一、其実一節之間不能四十六日也。令残日居其策、故五日同率也。其率雖同、先之皆強、後之皆弱、不可勝計取。至於三而復有進退者、黄道稍斜、於横行不得度故也。春分秋分所以退者、黄道始起更斜矣、於横行不得度故也。亦毎一気一度焉、故三気一節亦差三度也。至三気之後稍遠而直、故横行得度而稍進也。立春立秋、横行稍退矣、而度猶云進者、以其所退減其所進、猶有盈余未尽故也。立夏立冬横行稍進、而度猶之退者、以其所進増其所退、猶有不足未畢故也。以此論之、日行非有進退也、而以赤道量度、黄道使之然也。本二十八宿相去度数、以赤道為距耳。故黄道亦有進退也。冬至在斗、二十一度少半、最遠時也。而此歴斗二十度二十一倶一百一十五度強矣。冬至宜与之同率焉。夏至在井、二十一度半強、最近時也。而此歴井二十三度一十四倶六十七度強矣、夏至宜与之同率焉。

第三章　渾天説の天文理論

本章では張衡の著作である『渾天儀』と『霊憲』を中心に取り上げ、渾天説の天文理論について検討する。まずは、地の形状について、張衡が球形の認識をしていたかを検討する。前章冒頭でも触れた通り、『渾天儀』の記述から、張衡の考える地は球形であるととらえる見解があった。本章では前章の検討にもとづき、張衡の地の概念について考える。次に『霊憲』の記述を中心として、張衡の天文に関する記述を『淮南子』や『論衡』などの関連文献と比較しつつ論じたい。以上の検討によって、張衡の天文理論が中国思想史上どのような位置づけにあるかを明らかにする。

『渾天儀』の鶏卵の比喩により、張衡は地球（地は球形である）の概念を持っていたと考える研究者は、一九五〇年代まで数多くいた。しかし、一九六二年に唐如川氏が地平説――地は球形ではなく、平面であると張衡が考えていたという説――を主張したことを皮切りに、陳久金、陳美東、金祖孟、薄樹人、許結などの諸氏がこれに同意し、日本でも藪内清氏、山田慶兒氏、南澤良彦氏らが張衡地平説を支持している。[1] 陳久金氏と陳美東氏は、『渾天儀』の著者の問題では全く逆の立場であったが、張衡の地の観念については見解を同じくする。現在では張衡が考える地は平面であったという見解が優勢となっている。しかし、張衡が地球概念を持っていたという見解が完全に消失した訳ではない。

『霊憲』に関して、これまでの研究のうち堀池信夫氏の研究は、漢代の宇宙的思惟の流れから張衡の『霊憲』をとり上げた好例であり、示唆に富む。[2] また、南澤良彦氏の論考は、為政への参画という立場から張衡の天人相関思想を論じている。[3]いずれも張衡の天文学的記述について触れているが、堀池氏は宇宙生成論を中心に検討し、南澤氏は政治との関係から張衡の思想を検討している。

本章では、これらの研究をふまえつつ、『渾天儀』と『霊憲』を中心に張衡の渾天説をとり上げることで、宇宙論と他の思想文献との関係を考察したい。

一　張衡の渾天説——張衡は地球概念をもっていたか

張衡の地の概念を論じる際にまず問題となるのが、『渾天儀』の「渾天如鶏子」（渾天たること鶏の子の如し）や「地如鶏中黄」（地は鶏中の黄の如し）といった、鶏卵の比喩である。球形と主張する者は、鶏卵の比喩がそのまま地の形状を示していると主張し、卵の黄身が丸いことから「地は球形である」とする。また、地平を主張する者は、鶏卵の比喩を「あくまで比喩に過ぎない」と主張し、張衡の主張は天地の大小関係・位置関係であり、決して形状を示しているわけではないと述べる。

筆者の見解では、前章で考察したように、鶏卵の比喩の箇所は『後漢書』注にはない文章であり、張衡ではない誰かが附した注の内容であると考える。つまり、張衡自身の言葉でない以上、張衡の地球概念の根拠とはなり得ない。『霊憲』の中では「地体於陰、故平以静」（地は陰に体す、故に平にして以て静かなり）と地が「平」であることを述べている以上、張衡は地平の概念をもっていたと考える方が妥当であろう。

ただし、『渾天儀』に施された注も、葛洪が引用することから、晋代には既に成立していたと考えられる。『渾天儀』に注を施した以上、注釈者は、ある程度張衡の考えを受け継いだ人物、渾天説の考えを持った人物であると考えられる。そうであれば、鶏卵の比喩も完全に無視することはできない。注釈者の意図は、どこにあるのだろうか。果たして注釈者は、地球の概念を持っていたのだろうか。

鶏卵の比喩は、張衡の地平概念を主張する研究者の多くが述べているように、これだけで地球概念の根拠とするには弱いと思われる。天が大きくて地が小さいこと、また天が地を包むように位置していることを述べただけである可能性が高く、鶏卵の比喩だけでは地球概念が中国に存在した根拠とはできないだろう。古代中国に地球概念が存在したことを証明するには、他の根拠が必要である。

張衡の地球概念を支持する鄭文光氏は、張衡以前の恵施（約前三七〇～前三一〇）が天地をともに球であると理解していたことから、中国に古くから地球概念が存在したと考える。[4] そして恵施の言葉として、「天与地卑」（天と地と卑し）、「南方无窮而有窮」（南方は无窮にして有窮）や「我知天下之中央、燕之北、越之南是也」（我れ天下の中央を知る。燕の北、越の南は是れなり）を挙げ、天と地が共に球形であることを意味するとした。[5] いわゆる恵施の「歴物十事」である。しかしこれらの例も、他の解釈が十分に可能である。

たとえば福永光司氏は、恵施の言を鄭文光氏のようには解釈しない。[6] 福永氏の解釈としては、「天与地卑」は、「我々の常識的な思考では天は高く地は低いとされる。……しかし至大なる宇宙空間からみればその高低は相対的なものにすぎず、相対的だという点からいえば天も地もともに低」い。「南方无窮而有窮」は、「空間は分割できる至大の存在であるとともに、分割できない極微の存在でもある。……前者の面からいえば空間は無窮であるといえるが、後者の面からいえば有窮であるともいえる」。そして『墨子』や『荀子』にも関連する議論があると述べる。「我知天下之中央、燕之北、越之南是也」は、越の国と燕の国の隔たりなど関係ないくらいに宇宙空間が無限に大きく、中心は北方に位置する燕の国の北とも南方に位置する越の国ともいうことができる、という意味だという。この解釈では、天が球形だという概念は全くうかがえず、宇宙空間の広大さを述べていることになる。

福永氏の解釈を見てもわかるように、恵施の断片的な語からは、恵施が地球の概念を持っていたとまではいえない。それは、恵施の論が、命題を挙げるばかりで何を意味するのかを明確には述べないことにも要因がある。恵施の論が地球概念を説明していると断言できない以上、やはり古代中国に地球概念があったと断言することも難しいだろう(7)。

では逆に、『霊憲』の「平」の表現以外に渾天説に地平の概念が存在したという根拠はあるのだろうか。これについては、蓋天家と渾天家の論争にその根拠を求めることができると思われる。

蓋天家と渾天家の論争について、『晋志』上には、王充（二七～？）の渾天説批判とそれに対する葛洪の反論がある。王充は渾天説を批判して次のように述べている。

天転従地下過。今掘地一丈輒有水。天何得従水中行乎。甚不然也。日随天而転。非入地。夫人目所望、不過十里、天地合矣。実非合也。遠使然耳。今視日入、非入也。亦遠耳。当日入西方之時、其下之人亦将謂之為中也。四方之人各以其近者為出、遠者為入矣。何以明之。今試使一人把大炬火、夜行於平地。去人十里、火光滅矣、非滅也。遠使然耳。今日西転不復見。是火滅之類也。日月不員也。望視之所以員者去人遠也。夫日火之精也。月水之精也。水火在地不員。在天何故員。

（天は転じて地下より過ぐ。今地を一丈掘れば輒ち水有り。天何ぞ水中より行くを得んや。甚だ然らざるなり。日は天に随いて転ず。地に入るにあらず。夫れ人の目の望む所、十里を過ぎずして天地合す。実に合するにあらざるなり。遠きこと然らしむるのみ。今日入るを視るは、入るにあらざるなり。亦た遠きのみ。当に日西方に入らんとするの時、其の下の人も亦た将に之が中を為さんとすと謂うなり。四方の人各おの其の近づく者を以て出づると為し、遠ざかる者を入ると為す。何を以て之を明らかにせん。今試みに一人をして大きな炬火を把り、平地に夜行せしむ。人を去ること十里して、火光滅するは、滅するにあらざるなり。遠きこと然らしむるのみ。今日西転して復た見われず。是れ火滅するの類なり。日月は員ならざるなり。望視の員なる所以の者は、人を去ること遠きなり。夫れ日は火の精なり。月は水の精なり。水火地に在りて員ならず。天に在りて何の故に員なるか。）

王充が問題にしているのは、太陽が地の下にある水の中を通ることである。天が球形であることの問題点を指摘しているが、地の形状については言及していない。もしも渾天説に地球の概念が含まれていたならば、王充が地球概念を批判していてもおかしくない。蓋天家が地の形状について言及しないということは、当時渾天説の中に地球の概念があったと一般的には認識されていなかったことを意味するのではないか。

本節を総括すれば以下のようになるだろう。張衡の地の概念について、球形だという主張の主要な根拠である『渾天儀』の鶏卵の比喩は、前章で述べたように、張衡以後の注釈であると考えられるため、根拠とすることはできない。『霊憲』では地が「平」であると述べられているため、張衡の地の概念は平面であったと考えられる。また、『渾天儀』に注釈を附した者が地球概念を持っていたか否かについても、筆者は現時点では断言できないと考える。理由は、中国でほかに地球概念を持っていたと断言できる人物がおらず、蓋天説と渾天説の論争の中でも地の形状について全く問題となっていなかったからである。張衡が地球概念を持っていたと主張する陳遵嬀氏、鄭文光氏、席沢宗氏らの研究は論証方法に憶測が多く、説得的ではない。今後もし有力な根拠が見つかれば話は別であるが、現存資料による限り、張衡が地球概念を持っていた、また中国に古くから地球概念が存在したと判断することは難しい。

二　天文理論の継承と発展

『霊憲』と類似の記述が、蓋天説の思想を伝えるとされる『周髀算経』や、蓋天説とも渾天説ともいわれる『淮南子』にもある。[8] これらは陰陽五行思想や気の思想など共通の思想的基盤にもとづいているからといえよう。『周髀算経』は成書時期は明らかではないものの、戦国から前漢頃の成立と考えられる。数学書の一つとされるが、蓋天説の理論を説明する書と古くから見なされてきた。『淮南子』は前漢武帝期に淮南王劉安が編纂させ、特に天文訓に宇宙論に関する記述がある。いずれも張衡が生まれる前に成立している。そこで本節では、『霊憲』と『周髀算経』、『淮南子』、さらに王充『論衡』といった文献の天文に関する記述を比較し、『霊憲』の特徴を考察する。

共通点の一つとして、いわゆる「一寸千里」の法がある。『霊憲』に「懸天之景、薄地之儀、皆移千里、而差一寸得之」（懸天の景、薄地の儀、皆移ること千里にして、差一寸にして之を得）というが、これは『周髀算経』の「周髀長八尺、夏至之日晷一尺六寸。髀者股也。正晷者句也。正南千里、句一尺五寸。正北千里、句一尺七寸」（周髀は長八尺、夏至の日の晷は一尺六寸。髀は股なり。正晷は句なり。正南すること千里にして、句は一尺五寸。正北すること千里にして、句は一尺七寸）の考え方を受け継いでいる。『淮南子』天文訓にも「欲知天之高、樹表高一丈、正南北相去千里、同日度其陰。北表二尺、南表尺九寸、是南千里陰短寸」（天の高さを知らんと欲すれば、表の高さ一丈なるを、正南北の相去ること千里に樹て、日を同じくして其の陰を度る。北表二尺、南表尺九寸なれば、是れ南すること千里にして、陰の短きこと寸なり）と、同様の理論が用いられる。[9][10] 一寸千里の法とは、髀を地面に立てて影の長さを測ると、千里離れた地点では、延びた影の長さが一寸の差になるという考え方である。実際にはこの理解は正しくないが、当時この考えにもとづいて天地の大きさが求められた。

このように、『周髀算経』、『淮南子』と『霊憲』の記述を比較すると、蓋天説と渾天説との間には天文理論の継承が見えるが、一方、理論の違いや発展を示す記述もある。その相違が対比できる例をいくつか挙げよう。

まず、『霊憲』には日月に棲む生き物に関する記述がある。

日者陽精之宗、積而成烏、象烏而有三趾。陽之類、其数奇。月者陰精之宗、積而成獣、象兔蛤焉。陰之類、其数偶。其後有馮焉者。羿請不死之薬於西王母。姮娥窃之、以奔月。将往、枚筮之於有黄。有黄占之曰、「吉。翩翩帰妹。独将西行、逢天晦芒、毋驚毋恐。後且大昌」。姮娥遂託身於月。是為蟾蠩。

（日は陽精の宗、積みて烏を成し、烏に象りて三趾有り。陽の類、其の数は奇。月は陰精の宗、積みて獣を成し、兔・蛤に象る。陰の類、其の数は偶。其の後、焉に馮る者有り。羿は不死の薬を西王母に請う。姮娥之を窃み、以て月に奔る。将に往かんとして、之を有黄に枚筮す。有黄之を占いて曰く、「吉。翩翩として帰妹。独り将に西行して天の晦芒に逢わんとするも、驚く毋かれ恐るる毋かれ。後且に大いに昌えんとす」と。姮娥遂に身を月に託す。是れを蟾蠩と為す。）

ここにとり上げられる日月に棲む生き物については、『淮南子』でも精神訓に「日中有踆烏、而月中有蟾蜍」（日中に踆烏有りて、月中に蟾蜍有り）と述べられ、姮娥が不死の薬を手に入れるエピソードは、覧冥訓に「譬若羿請不死之薬於西王母、姮娥窃以奔月、悵然有喪、無以続之」（譬えば羿は不死の薬を西王母に請い、姮娥窃みて以て月に奔り、悵然として喪う有りて、以て之に続くこと無きが若し）とある。『霊憲』は『淮南子』の記述を組み合わせ一つの物語に発展させたと考えられる。

姮娥の物語に関しては、『淮南子』に見られない占術の場面が『霊憲』で描かれる。『霊憲』において、占術は姮娥が月に奔る際の決め手となっている。占術に関しては、張衡の「思玄賦」でも遊行に赴く際、易占や亀卜、占夢を行なう場面が描かれる(11)。

王充は張衡と同時代の人物であるが、日月に生き物が棲むという説に対し、『論衡』説日篇で次のように述べる。

儒者曰、「日中有三足烏、月中有兎蟾蜍」。夫日者天之火也。与地之火無以異也。地火之中無生物、天火之中何故有烏。火中無生物、生物入火中、燋爛而死焉、烏安得立。夫月者水也。水中有生物、非兎蟾蜍也。兎与蟾蜍、久在水中、無不死者。

（儒者曰く、「日中に三足の烏有り、月中に兎・蟾蜍有り」と。夫れ日は天の火なり。地の火と以だしくは異なる無きなり。地火の中に生物無く、天火の中何の故に烏有らん。火中に生物無く、生物火中に入れば、燋爛して死するに、烏安くんぞ立つを得ん。夫れ月は水なり。水中に生物有るも、兎・蟾蜍に非ざるなり。兎と蟾蜍とは、久しく水中に在れば、死せざる者無し。）

日月に生き物がいるという想像を王充が否定する点は、『淮南子』や『霊憲』の記述と異なり、現実的である。ただし、その根拠として「日者天之火也」、「月者水也」と述べる点には、他の文献との繫がりがうかがえる(12)。日月を火と水に対応させる考え方については第四章で述べる。

月食に関しては各書で説が異なる。『淮南子』説林訓では、「月照天下蝕於詹諸」（月は天下を照らして詹諸に蝕まる）と、月食が先ほどの蟾蜍（詹蠩）の説話とからめて説明される。また、天文訓には「麒麟闘而日月食」（麒麟闘いて日月食す）という記述もある。これに対して『霊憲』では、月食は「闇虚」という言葉を用いて、より事実に即して説明される。

当日之衝、光常不合者、蔽於地也。是謂闇虚。在星則星微。遇月則月食。

（日の衝に当たり、光常に合せざるは、地に蔽わるればなり。是れを闇虚と謂う。星に在りては則ち星微かなり。月に遇えば、則ち月食す。）

張衡は、日の真向かいの位置にある空間は地に覆われており、光が届かないと考えた。その空間、すなわち「闇虚」に月がさしかかると月食が起きるという。地球の影に入ると月が欠け月食になるという天文現象を、張衡は正確に把握し説明していた。地球の影が太陽と逆の方向に生じるという事実を、実際の観測をもとにして構造的に把握していたといえよう。日と月の間に地が位置するという考えは、渾天説だからこそ出てくる発想である。月食の要因に関して、王充は『論衡』説日篇で「無蝕月也。月自損也」（月を蝕する無きなり。月自ら損するなり）、つまり月自身が欠けるのだと述べており、全く異なる見解である。このように、月食の要因については各々異なる考え方を持っており、思想の継承は見られない。『淮南子』の想像上の生き物が月を蝕むという考えから、『論衡』の生き物を排除する見方、そして『霊憲』の「闇虚」へと、次第に現実的な思考に発展したことがわかる。

次に、「魄」に関する『霊憲』の記述を見てみよう。

図　地球照（月の左上部分、宮島一彦氏撮影）

夫月端其形而潔其質。向日稟光。月光生於日之所照、魄生於日之所蔽。当日則光盈、就日則光尽也。

（夫れ月は其の形を端して其の質を潔くす。日に向かいて光を稟く。月光は日の照る所に生じ、魄は日の蔽う所に生ず。日に当たれば則ち光盈ち、日に就けば則ち光尽くるなり。）

この記述から、月が日の光を受けて光るという事実を張衡が認識していたことがわかる。また、日の当たる所が光り、日が覆うところは「魄」であるという。月光と対比させて日の「蔽う所」に生じるということから、この魄は地球照をいうと考えられる。地球照とは、月の、太陽の光が直接当たっていない部分に、地球から反射した光が当たりぼんやりと光ることである（図参照）。たとえば三日月の場合、本来ならば見えないはずの部分が淡く光る現象をいう。日の当たっていない、月の欠けた部分にも実体があるという事実を張衡は正確に理解していたといえる。ここではまた、月が日の向かいにあれば満月となり、日に近づけば新月になることにも言及している。

「魄」という文字は、『淮南子』では魂魄の魄という意味でしか用いられず、『論衡』も魂魄、あるいは魄然（物が破裂するような激しい音）という意味で用いているが、いずれも『霊憲』とは異なる意味であり、月の現象を示すものではない。揚雄が『法言』五百篇の中で「月未望則載魄于西、既望則終魄于東」（月未だ望ならざれば則ち魄を西に戴き、既に望なれば則ち魄を東に終う）と述べ、晋の李軌注で「魄光也」（魄は光なり）とあるのが、『霊憲』に比較的近い用法といえる。ただし、揚雄のいう「魄」は月の明るい部分を指しており、張衡とは指している箇所が異なる。

もう一つ、「両儀」という語について述べる。両儀は思想文献の中で、主に宇宙生成論で用いられる用語である。『易』繋辞上伝には「易有太極、是生両儀、両儀生四象、四象生八卦」（易に太極有り、是れ両儀を生じ、両儀は四象を生じ、四象は八卦を生ず）とあり、八卦が生じる前提として両儀が太極から生じるという。両儀について、孔穎達の疏では天地を意味すると説明される。同様に、両儀を生成の過程で位置づけた例が、『呂氏春秋』仲夏紀・大楽篇や王符『潜夫論』本訓篇にある[13]。また、生成論ではないが、『太玄』玄数では、著について「旁擬両儀、則覩事」（旁ら両儀に擬え、則ち事を覩る）と述べる。一方、『霊憲』では両儀は生成の過程には現われないが、宇宙構造を示す際に用いられる。

天有両儀、以儛道中。其可覩、枢星是也。謂之北極。在南者不著。故聖人弗之名焉。

（天に両儀有り、以て道中に儛う。其の覩るべきは、枢星是れなり。之を北極と謂う。南に在る者は著われず。故に聖人之に名づけず。）

枢星がどの星を指すかについては諸説あり、一般には北極星、あるいは北斗七星の第一星を指すといわれる。いずれにせよ天の北極に近い星であることに違いなく、この記述は天の北極を回転軸として、天が回転するさまを述べていると考えられる。そして回転軸の反対側である天の南極は常に地の下に隠れており、地上に現われないということであろう。つまり両儀とは、天の北極と南極を指しているといえる。同じ両儀という言葉を用いていても、張衡の場合は渾天説の理論に立って、より具体的な構造を説明する用語として用いているのである。なお、両儀の語は『淮南子』や『周髀算経』には見られず、張衡独自の用法といえる。

張衡は太史令という立場に立ち、『渾天儀』を著わしたことからもわかるように、渾天儀を用いて実際の観測を行なった。以上のような、日月に棲む生物や月食に関する記述、魄、両儀の用法を見ていくと、張衡が実際の天文観測を行ない、先人の知識を継承した上で、自身の言葉で天象を表現したことがわかる。『霊憲』の天文理論の特色が表われているといえよう。

おわりに

本章では、張衡の地の概念、天文理論の継承と発展について確認した。最後に論点を改めて整理しておきたい。

張衡の地の形状に対する見解は、鶏卵の比喩が張衡の論ではないと判断される以上、球形とはいえないと考えられる。鶏卵の比喩についても、『荘子』に引用される恵施の説に多様な解釈が可能であるのと同様、地球とも地平ともとらえうる。渾天説を非難した王充も地の形状について言及していないため、渾天説において地が球状とされたと断言することは困難である。

天文理論の記述については、『霊憲』は『周髀算経』や『淮南子』などの記述を継承していた。しかし、張衡は先行の知識を継承した上で実際に天体を観察し、自身の言葉でそれらを独自に表現したことがわかる。特に、『淮南子』とは共通点が多くある一方で、『淮南子』にはない、「魄」（地球照）や「両儀」（北極と南極）といった語を用いて天文現象を説明しており、天文理論の発展をうかがうことができる。

注

（1）張衡の地の形状について特に論じたものに、唐如川「張衡等渾天家的天円地平説」（『科学史集刊』一九六二年第四期）、「対〝張衡等渾天家的天円地平説〟的再認識」（『中国天文学史文集　第五集』、科学出版社、一九八九年）、金祖孟「試評〝張衡地円説〟」（『自然弁証法通訊』一九八五年第五期）、許結『張衡評伝』（中国思想家評伝叢書、南京大学出版社、一九九九年）がある。
（2）堀池信夫『漢魏思想史研究』（明治書院、一九八八年）。
（3）南澤良彦「張衡の宇宙論とその政治的側面」（『東方学』第八十九輯、一九九五年）。
（4）鄭文光「試論渾天説」（『科学通報』第二十一巻第六期、一九七六年）参照。
（5）いずれも『荘子』天下篇。
（6）福永光司『荘子　外篇・雑篇』（新訂中国古典選、朝日新聞社、一九六七年）の五二八頁から五三四頁参照。
（7）許結氏も、「我們只要考慮到恵施作為名家、思想要在説明地的無限大性質、以闡発其相対的（含有一定辯証意味）詭弁観、其地円説是很難成立的」と、恵施が地球観を持っていたという見解は成立しがたいと述べる（注（1）前掲『張衡評伝』二一二頁)。

(8)『淮南子』天文訓の「天円地方」、俶真訓や脩務訓の「天之所覆地之所載」などの記述は蓋天説の特徴を表わしているとされるが、『淮南子』には渾天説の原初形態が述べられているという見解もある。詳しくは第一章参照。

(9)もとは「一」に作るが、諸注で「二」の誤りであると指摘される。文意に従い「二」と改めた。

(10)『周礼』地官・大司徒の鄭玄注にも「凡日景於地、千里而差一寸」という記述がある。また張衡が『淮南子』の影響を受けていることは、張衡の「思玄賦」において『淮南子』の記述が数多く典拠とされていることからもうかがえる。

(11)張衡が占術をどのようにとらえていたのかについては、第六章を参照。

(12)『淮南子』や『霊憲』では日月をそれぞれ「火気之精」と「水気之精」、「猶火」と「猶水」と述べる。

(13)『呂氏春秋』仲夏紀・大楽篇「音楽之所由来者遠矣。生於度量、本於太一。太一出両儀、両儀出陰陽。陰陽変化、一上一下、合而成章」、王符『潜夫論』本訓篇「上古之世、太素之時、元気窈冥、未有形兆、万精合幷、混而為一、莫制莫御。若斯久之、翻然自化、清濁分別、変成陰陽。陰陽有体、実生両儀、天地壹鬱、万物化淳、和気生人、以統理之」。

第四章　渾天説と尚水思想

水は古来人々にとって必要不可欠な要素である。古代文明の多くが大河の畔に形成され、洪水の後の肥沃な大地を活用して発展してきたことは周知のとおりである。中国でも同様に治水が国家の大事とされ、禹の治水伝説は広く語り継がれている。また古代ギリシアでは、イオニア学派の開祖とされるタレス（Thalēs）が水を万物の根源（アルケー、arkhē）であると主張するなど、思想面でも水が言及されてきた。

中国古代においても、水はとりわけ重視された要素であった。『老子』や『管子』水地篇に水を尚ぶ尚水の記述が見られることはよく知られており、郭店楚墓竹簡（以下、郭店楚簡と略称）『太一生水』における水の役割についても近年盛んに研究されている[1]。そこで本章では、これらの研究に依拠しつつ尚水思想の系譜をたどり、『霊憲』に代表される渾天説が水を重視する思想の一端を担っていたことを明らかにしたい。

一　尚水思想の系譜

中国の思想史において、水は諸子文献でとり上げられている。儒家文献では『論語』子罕篇に、孔子が川の畔で「逝者如斯夫。不舎昼夜」（逝く者は斯の如きか。昼夜を舎かず）と述べた記述がある。『孟子』でも、離婁篇上の「民之帰仁也、猶水之就下」（民の仁に帰するや、猶お水の下に就くがごとし）をはじめとするいくつかの記述がある。これらは水の流れや性質を比喩的に用いた例である。兵家の文献にも水に関する記述が見られ、『孫子』虚実篇では軍の陣形を水に喩えて「夫兵形象水。水之形避高而趨下、兵之形避実而撃虚。水因地而制流、兵因敵而制勝」（夫れ兵の形は水に象る。水の形は高きを避けて下きに趨き、兵の形は実を避けて虚を撃つ。水は地に因りて流れを制し、兵は敵に因りて勝ちを制す）と述べ、水が流れ変化するさまを兵の動きにたとえている。

道家系文献では、より具体的に水について述べる。よく知られるように、『老子』には水の性質こそ人の則るべきものであるという思想がある。第八章の記述がその代表例である。

上善若水。水善利万物而不争。処衆人之所悪。故幾於道。
（上善水の若し。水善く万物を利して争わず。衆人の悪む所に処る。故に道に幾し。）

水が低い位置に居り、他のものと衝突することなくしなやかに流れるさまを道に近いものととらえる。また第七十八章では、

天下莫柔弱於水。而攻堅強者、莫之能勝。其無以易之。弱之勝強、柔之勝剛、天下莫不知、莫能行。
（天下に水より柔弱なるもの莫し。而も堅強を攻むる者、之に能く勝るもの莫し。其れ以て之に易わるもの無し。弱の強に勝ち、柔の剛に勝つは、天下知らざる莫きも、能く行なう莫し。）

と、同様に水の柔弱さを讃えている。[2] ただしこれらの用例では、水の柔弱なあり方を貴んでいるのであって、水自体

を重視しているわけではない。

『荘子』天道篇では、「静」を表現する際に水を用いる。

聖人之静也、非曰静也善故静也。万物无足以鐃心者、故静也。水静、則明燭鬚眉、平中準、大匠取法焉。水静猶明。而況精神聖人之心静乎。

（聖人の静や、静や善なるが故に静と曰うにあらざるなり。万物は以て心を鐃すに足る者なし、故に静なり。水は静なれば、則ち明は鬚眉を燭し、平は準に中り、大匠は法を取る。水静なれば猶お明らかなり。而るを況んや精神なる聖人の心の静なるをや。）

水が静かな状態であれば、髭や眉を映す鏡のように明るくなり、水平を確かめる水準器にもなり得ると述べる。水準器としての役割は、後述の『管子』水地篇に見られるような「準なる者」としての水の働きと合致している。準なる者としての水の役割は、ほかに『説文解字』にも言及される。[3]『荘子』徳充符篇の「人莫鑑於流水、而鑑於止水」（人は流水に鑑すること莫くして止水に鑑す）でも、同じく水が流れず静かな状態であれば鏡のようであるという状態を述べる。『荘子』では、さらに刻意篇、田子方篇で水が比喩として用いられるほか、「淵」に関する記述も多く存在する。ただし、これらも水の静かな状態を心の平静さに喩えて貴んでいるのであって、水そのものを重んじているのではない。

『管子』水地篇では、地と水の重要性を次のように説く。

地者万物之本原、諸生之根菀也。美悪賢不肖愚俊之所生也。水者地之血気、如筋脈之通流者也。故曰、「水具材也」。……人皆赴高、己独赴下、卑也。卑也者、道之室、王者之器也。而水以為都居。準也者、五量之宗也。素也者、五色之質也。淡也者、五味之中也。是以、水者万物之準也。諸生之淡也。違非得失之質也。是以、無不満、無不居也。集於天地、而蔵於万物、産於金石、集於諸生。故曰、「水神」。

（地は万物の本原、諸生の根菀なり。美悪賢不肖愚俊の生ずる所なり。水は地の血気、筋脈の通流するが如き者なり。故に曰く、「水は材を具うるなり」と。……人は皆な高きに赴くに、己れ独り下きに赴くは、卑なり。卑なる者は、道の室、王者の器なり。而して水は以て都居と為す。準なる者は、五量の宗なり。素なる者は、五色の質なり。淡なる者は、五味の中なり。是を以て、水は万物の準なり。諸生の淡なり。違非得失の質なり。是を以て、満たざる無く、居らざる無きなり。天地に集まりて、万物に蔵せられ、金石に産し、諸生に集う。故に曰く、「水は神なり」と。）

水は地を血管のように流れ、万物の中に存在するという。水地篇には「人水也。男女精気合、而水流形」（人は水なり。男女の精気合して、水、形を流く）という記述もあり、水が人を含めた万物の生命の源であるととらえられている。これらの視点は、実体としての水そのものに意義を認めるもので、『老子』や『荘子』の尚水思想を発展させた記述となっている。

一方、郭店楚簡の『太一生水』は、「太一生水」（太一水を生ず）という特徴ある書き出しで始まる。

太一生水、水反輔太一、是以成天。天反輔太一、是以成地。天［地復相輔］也、是以成神明。神明復相輔也、是以成陰陽。陰陽復相輔也、是以成四時。四時復相輔也、是以成冷熱。冷熱復相輔也、是以成湿燥。湿燥復相輔也、成歳而［後］止。[4]

（太一水を生じ、水反（かえ）りて太一を輔け、是を以て天を成す。天反りて太一を輔け、是を以て地を成す。天地復た相い輔くるや、是を以て神明を成す。神明復た相い輔くるや、是を以て陰陽を成す。陰陽復た相い輔くるや、是を以て四時を成す。四時復た相い輔くるや、是を以て冷熱を成す。冷熱復た相い輔くるや、是を以て湿燥を成す。湿燥復た相い輔くるや、歳を成して後止む。）

『太一生水』の記述によれば、まず太一が水を生じ、水が太一を輔けることで天が、天が太一を輔けることで地が生成される。天地の生成後は、天地が互いを輔けることで神明が生まれ、その後の生成も次々と互いに輔けることで進められる。生成の順序を簡単に示すと、「太一↓水・天・地↓神明↓陰陽↓四時↓冷熱↓湿燥↓歳」となる。

そもそも宇宙の生成過程は、中国では古くから論じられてきた。前章で挙げたように、『易』繫辞上伝では「太極↓両儀↓四象↓八卦」という二分法的な生成過程が示され、『老子』第四十二章では「道生一、一生二、二生三、三生万物」（道は一を生じ、一は二を生じ、二は三を生じ、三は万物を生ず）と述べる。『太一生水』では、これらをより複雑な生成プロセスへと発展させていることになる。

宇宙生成論に関する文献には、『呂氏春秋』や『潜夫論』、『礼記』礼運篇や『淮南子』原道訓・天文訓・俶真訓・精神訓・本経訓・詮言訓の諸篇、『易緯乾鑿度』や『孝経鉤命訣』といった緯書などが知られ、これらはおおむね陰陽や天地、四時といった用語が共通して用いられるが、水について言及した文献はこの中にはない。[5]

水に関しては、『太一生水』に「是故太一蔵於水、行於時。周而又［始、以已為］万物母」（是の故に太一は水に蔵せられ、時に行る。周りて又始め、以て已に万物の母と為る）という記述もある。ここでは「太一蔵於水」といい、蔵する対象は異なるものの、『管子』水地篇の「蔵於万物」と同じく、「蔵」という語を用いる。蔵には、内に備えるとか隠れるといった意味があり、「太一は水に備わっている」ということを意味する。根源者である太一が水の中に存在しているというのである。これは、水を比喩的に用いていた『老子』や『荘子』に比べ、水自体の根元的な役割を述べるものである。また「行於時。周而又［始］」というのは、水が天地をめぐるという循環性に着目した記述である。ちなみに『呂氏春秋』仲夏紀・大楽篇の「渾渾沌沌、離則復合、合則復離、是謂天常。天地車輪、終則復始、極則復反、莫不咸当」（渾渾沌沌として、離るれば則ち復た合し、合えば則ち復た離る、是れを天常と謂う。天地は車輪のごとく、終われば則ち復た始まり、極まれば則ち復た反り、咸な当たらざる莫し）という記述は、気の離散集合やそれにもとづく天地の循環について言及しているが、このような気の性質は『太一生水』における水の性質と酷似する。[6]『太一生水』において、水は太一からあらゆるものが生じるために不可欠な要素であり、『呂氏春秋』など他の文献でいう気に相当する概念になっているといえよう。先ほどの『管子』の記述は『太一生水』のように形而上的ではなく、より現実的であるが、これも気と同様の役割を果たしていると見られる。気は変化を生ずる触媒でもあり、万物の生命を支えるエネルギーでもある。

『淮南子』には水に関する記述が多く見られるが、特に原道訓で水の重要性を述べている。

天下之物、莫柔弱於水。然而大不可極、深不可測、修極於無窮、遠淪於無涯、息秏減益、通於不訾。上天則為雨露、下地則為潤沢、万物弗得不生、百事不得不成。……有余不足、与天地取与、授万物、而無所前後。是故無所私而無所公、靡濫振蕩、与天地鴻洞。無所左而無所右、蟠委錯紾、与万物始終。是謂至徳。

（天下の物、水より柔弱なるもの莫し。然れども大なること極むべからず、深きこと測るべからず、修きこと無窮を極め、遠きこと無涯に淪り、息耗減益、不訾に通ず。天に上れば則ち雨露と為り、地に下れば則ち潤沢と為りて、万物は生ぜざるを得ず、百事は成らざるを得ず。……有余不足、天地と取与し、万物に授けて、前後する所無し。是の故に、私とする所無くして公とする所無く、靡濫振蕩して、天地と鴻洞たり。左する所無くして右する所無く、蟠委錯紾して、万物と始終す。是れ至徳と謂う。）

書き出しは『老子』第七十八章の「天下莫柔弱於水」を踏襲している。また、天においては雨や露として水が存在し、地においては河や海を潤す存在であることを述べ、天上にも地上にも水が充満する様子を記述する。後半は天地の様々な場面に水が存在し循環することに触れ、『管子』や『太一生水』と同様、万物を構成する要素としての水が描かれる。『老子』や『荘子』の思想を超え、水そのもののはたらきをより重要視しているといえよう。『淮南子』においても、水は気と類似のはたらきを担っていたことがうかがえる。

以上、尚水思想の系譜をたどってみた。水は諸子文献で言及されるが、特に道家系文献では重視される傾向にある。儒家や孫子は水の可変性に言及し、道家系文献では水の柔弱さ、しなやかに流れるさまや「準」としての役割に注目していたが、『管子』や『太一生水』、『淮南子』になるとしだいに循環性、万物の生成における重要な要素という点が注目されていく。水が気と同様の働きとしてとらえられるようになるのである。

二　渾天説における尚水思想

さて、前節に引いた尚水思想の記述で、道家系に属する『管子』水地篇や『太一生水』、『淮南子』の記述は、水のはたらきを気になぞらえたものであった。同様に、『霊憲』においても水を気と同様の性質ととらえる記述が見える。

凡至大者莫如天、至厚者莫如地、至質者曰地而已。至多莫如水、水精為漢。漢周於天、而無列焉。
（凡そ至大なる者は天に如くは莫く、至厚なる者は地に如くは莫く、至質なる者は地を曰うのみ。至多は水に如くは莫く、水精、漢と為る。漢は天に周りて、列すること無し。）

ここでは宇宙の重要な構成要素として、天を最も大きなもの、地を最も厚いものと述べた後、最も多いものとして水を挙げる。水精とは水の精なるもの、清らかで純粋なものを指す。水が天において漢、すなわち天の川になったといい、地では、水は河川を流れ海を満たしていることから、水が天と地をめぐり流れるイメージを彷彿とさせる。水が天と地を繋ぐものとして描かれているということもできよう。ここで水は、天地に充満し変化や循環をつかさどる、気と同様のはたらきを担っている。このような水の役割は『管子』や『太一生水』、『淮南子』と共通する。

また、『霊憲』の別の箇所では「衆星被燿、因水転光」（衆星燿きを被り、水に因りて光を転ず）とあり、星の光にも水が関係すると述べる。星々は光を受け、星が持つ水の要素によって光を反射し、輝いて見えるというのである。水が鏡のように光を反射させるという性質は、前述した『荘子』天道篇の「水静則明燭鬚眉」という記述とも一致する。

火が日に、水が月に喩えられるように、月とともに夜光る星も、月に附随して水に喩えられたのであろう。あるいは天の川が川に喩えられるのと同様の意識が働いたともとれる。これらの記述も、張衡が水を宇宙の主要な要素ととらえていたことをうかがわせる。

張衡の「西京賦」（『文選』巻二所収）にも、水と宇宙の関係が読み取れる箇所がある。

　迺有昆明霊沼、黒水玄阯。……日月於是乎出入、象扶桑与濛汜。
（迺ち昆明の霊沼、黒水の玄阯有り。……日月是に於て出入し、扶桑と濛汜とに象る。）

昆明池は、漢の武帝が長安の西南郊に作った池である。扶桑は『山海経』海外東経に「湯谷上有扶桑。十日所浴。在黒歯北、居水中」（湯谷の上に扶桑あり。十日の浴する所なり。黒歯の北に在り、水中に居る）とあり、『史記』司馬相如伝の正義ではこの箇所を引用して「張揖云、日所出也」（張揖云う、日の出づる所なり）と説明し、日の出る所ととらえた。また蒙汜は、『楚辞』「天問」に「出自湯谷、次于蒙汜」（出づること湯谷よりし、蒙汜に次ぐ）とあり、王逸注に「言日出東方湯谷之中、暮入西極蒙水之涯也」（言うこころは、日は東方の湯谷の中より出で、暮は西極の蒙水の涯に入るなり）と説明されるように、日が沈む西方を指すと考えられていた。日月が昆明池に出入りし、さらにそれが日出づる所の扶桑と日沈む所の濛汜に象るとあることから、宇宙論とはやや異なるものの、昆明池が一つの小宇宙を象っているととらえることができる(7)。神話の色彩が強いが、ここには日月が地の下をめぐるという、渾天説の宇宙論にもとづいた世界観が表現されている。

さらに張衡は、水運渾天象（天球儀）を作った(8)。これは、天の星の動きにあわせて装置が回転する仕組みの天球儀で、回転には水の力を利用する。天の動きを模した装置を水の力で旋回させるこの渾天象は、張衡が、水を天に遍く存在し、作用するものと考えていたことと無関係ではないだろう。ほかにも、水力を利用して機械を動かすという行為が漢代において多方面で行なわれていたことが橋本敬造氏によって指摘されている。[9] 機械を動かす水が、天の動力源としてもとらえられたのではないか。

このほかにも、渾天説と水との関わりがうかがえる記述がある。『渾天儀』のうち、第二章で張衡が著わした部分ではないと判断した箇所にも、水と深く関わる次のような記述がある。[10]

天表裏有水。天之包地、猶殼之裹黄。天地各乗気而立、載水而浮。

（天の表裏に水有り。天の地を包むこと、猶お殻の黄を裹むがごとし。天地各おの気に乗りて立ち、水に載りて浮く。）

球状の天の外側にも内側にも水があり、天地はそれぞれ気に乗り水に載って浮いているという。天地をあわせた世界全体が水に包まれているのである。また、ここでも水が気と同様のはたらきをしていることが注意される。気と水はいずれも特定の形状を持たず、変化や成長を促す。さらに、気は天地をめぐり循環する性質を持つが、水もまた河川から海、そして気体となって天に昇り、雨となって地上に返るという循環性を有する。これらの点から、気の具体的なイメージとしての役割を水が果たしていることがわかる。[11]

また、同じく渾天説にもとづくと考えられる『黄帝（書）』では「天在地外、水在天外。浮天而載地者水也」[12]（天は地の外に在り、水は天の外に在り。天を浮かべ地を載する者は水なり）、郭璞『玄中記』でも「天下之多者水焉。浮天載地[13]」（天下の多き者は水なり。天を浮かべ地を載す）、さらに『物理論』では「所以立天地者水也[14]」（天地を立つる所以の者は水なり）と、天地と水の関係について言及する。これらの記述は、後世の人々が張衡の宇宙論を受け継ぎ、水が天地に遍く存在し、天地を構成する重要な要素ととらえていたことをうかがわせる。

渾天説を批判した王充の語の中にも、宇宙論と水との関係を示唆する箇所がある。『論衡』説日篇に次のようにいう[15]。

或曰、「天北際下地中、日随天而入地、地密鄣隠。故人不見」。然天地夫婦也、合為一体。天在地中、地与天合。天地并気。故能生物。北方陰也、合体并気。故居北方。天運行於地中乎。不則、北方之地低下而不平也。如審運行地中、鑿地一丈、転見水源、天行地中、出入水中乎。

（或るひと曰く、「天の北際は地中に下り、日は天に随いて地に入り、地は密にして鄣隠す。故に人に見えず」と。然れども天地は夫婦なれば、合して一体たり。天は地中に在りて、地と天と合す。天地気を并す。故に能く物を生ず。北方は陰なれば、体を合し気を并す。故に北方に居る。天は地中を運行せんや。不れば則ち、北方の地低下して平ならざるなり。如し審に地中を運行すれば、地を鑿つこと一丈にして、転じて水源を観、天の地中を行るに、水中を出入するか。）

王充は、渾天説を批判する根拠として地下に水が豊富に存在することを挙げ、「太陽が水の中を潜るはずはない」と述べる。これは地と水の関係を念頭においた発言といえる。いずれにしても、中国における宇宙論、とりわけ渾天説においては、水の存在が重要な鍵となっていたことがわかる。

このように、中国古代の思想において、水と宇宙は密接に関係していた。『管子』では水は地を遍くめぐる血管のようなものと述べ、地が万物を生み育むために不可欠な要素であった。『太一生水』では、それは宇宙生成論に用いられ、天地を生ずる手助けをするものとして、根源者である太一から生じる。『淮南子』における水は、天地に偏在し、万物を生ずるために不可欠な要素となっている。このような水の思想が、『霊憲』をはじめとする渾天説の理論に継承されているといえよう。

また、尚水思想と関連して、水と火を二元的に対立させる見方がある。『霊憲』には、天地の対比とともに日月を対比させる記述が複数あり、それぞれ火と水に対応している。たとえば、次のような記述である。

夫日譬猶火、月譬猶水。火則外光、水則含景。
（夫れ日は譬えば猶お火のごとく、月は譬えば猶お水のごとし。火は則ち光を外にし、水は則ち景を含む。）

ここで日は火に、月は水に譬えられるが、自ら光を発する日と、日の光を受けて輝く月の性質をよく言い表わしている。

日月を火水に対応させる方法は、蓋天説を主張した王充も『論衡』説日篇で「夫日者火之精也。月者水之精也」（夫れ日は火の精なり。月は水の精なり）、乱龍篇で「日火也、月水也」（日は火なり、月は水なり）と述べ、『淮南子』でも天文訓の「積陽之熱気生火、火気之精者為日。積陰之寒気為水、水気之精者為月。日月之淫、為精者為星辰」（積陽の熱気は火を生じ、火気の精なる者は日と為る。積陰の寒気は水と為り、水気の精なる者は月と為る。日月の淫、精なる者は星辰と為る）をはじめ、随所に見られる。水と火を対比させるのは中国では伝統的な思想であり、宇宙論においては特に日月と結び付けられた[16]。中でも水火のうち水が月と結びつけられたのは、まず、それらが火や日に比べて暗いということがあろう。火が赤々と輝く一方で、水は、水面は光を反射してきらめくが、奥底は暗く覗けない。そのさまをそれぞれ日と月に喩えたのである。[17]このほか、水と月が結びつけられた理由として、月の満ち欠けの変化や循環が、特定の形状を持たず変化し、遍く循環する水の性質を彷彿とさせたものと推測される。

これら水火を二元的に対比させる思想は、五行説に繋がる見方でもある。現在よく知られる五行の循環は、相生説の「木火土金水」や相勝説の「土木金火水」である。しかし、『尚書』洪範篇には「一曰水、二曰火、三曰木、四曰金、五曰土」（一に曰く水、二に曰く火、三に曰く木、四に曰く金、五に曰く土）とあり、『礼記』月令篇の鄭玄注には「五行自水始。火次之、木次之、金次之、土為後」（五行は水より始む。火は之に次ぎ、木は之に次ぎ、金は之に次ぎ、土は後に為る）とある。『漢書』律暦志上でも「天以一生水、地以二生火、天以三生木、地以四生金、天以五生土」（天は一を以て水を生じ、地は二を以て火を生じ、天は三を以て木を生じ、地は四を以て金を生じ、天は五を以て土を生ず）というように、五行のうちで水と火が第一と第二に挙げられる例がある。中でも張衡が対策[18]で「水者五行之首」（水は五行の首）と述べるように、五行のうち、水は第一に挙げられる最も重要な要素と考えられていた。

『霊憲』は、以上に見てきたような尚水の思想を背景として、渾天説の宇宙論を体系づけたと考えられる。特に『太一生水』に見られるような、水を天地に内在する要素としてとらえ、世界の変化や循環をつかさどる、気と同様のはたらきをもたせる思想を継承していることは注目される。また尚水思想の流れは、その後の渾天説の理論にも受け継がれた。渾天説の重要な思想的基盤だったからこそ、王充も渾天説を批判する際に、日が水の中を進むイメージを提示したのであろう。このほか、日と火、月と水を対比させる点も、漢代以前の伝統的思考を継承するものとして記憶にとどめておく必要があろう。

三　張衡と尚水思想と崑崙山

前節で述べた『霊憲』の尚水思想は、『管子』や『淮南子』、『太一生水』などとの関連を示唆するもので、道家系の思想に類するといえる。これらの関係を踏まえ、本節では張衡と尚水思想、崑崙山との繋がりについて考える。

御手洗勝氏が指摘するとおり、『山海経』の五蔵山経の中で、西次三経の崑崙一帯のみが「天」や「帝」と関わる神秘的な場所と見なされていた[19]。『河図括地象』の「崑崙山為柱。気上通天。崑崙者地之中也[20]」（崑崙山は柱たり。気は上りて天に通ず。崑崙とは地の中なり）では崑崙が「地の中」、つまり大地の中心にあるとされる。類似の記述は『水経』にもみえる。

> 崑崙墟在西北、去嵩高五万里、地之中也。其高万一千里、河水出其東北陬。
> （崑崙の墟は西北に在り。嵩高を去ること五万里、地の中なり。其の高きこと万一千里、河水は其の東北陬より出づ。）

崑崙は西北にあって、それが地の中心に位置すると説かれる。また、河水（黄河）が崑崙山の東北部分を水源として流れ出るさまが描かれる。

『霊憲』にも、崑崙山の位置について次のような記述がある。

崑崙東南有赤県之州。風雨有時、寒暑有節。苟非此土、南則多暑、北則多寒、東則多陰。故聖王不処焉。中州含霊、外制八輔。

（崑崙の東南に赤県の州有り。風雨に時有り、寒暑に節有り。苟くも此の土に非ざれば、南は則ち暑多く、北は則ち寒多く、東は則ち陰多し。故に聖王処らず。中州は霊を含み、外は八輔を制す。）

崑崙山の東南に人の住む「赤県の州」があり、気候が時宜に適っている。一方、南は暑く、北は寒く、東は陰が多い。そのためこれらの土地には聖王がいないという。崑崙が地の中心にあるという言及はないが、崑崙山の東南に中国が属する赤県の州があるのは『水経』と同様である。中国の西北にある崑崙を世界の中心とみなして、赤県の州のみが聖王に守られ、気候の安定した世界であり、それ以外の地域は住むのに適さないという考えが表われている。『水経』には崑崙山が黄河の水源であるという認識があるが、『山海経』西次三経や大荒西経の記述では、さらに赤水や黒水など複数の河川が流れ出で、『山海経』大荒西経には崑崙山の麓に弱水が環（めぐ）るという記述もある。[21]『霊憲』の記述からは崑崙山と水との関係は読み取れないが、これらの記述から崑崙と水には深い繋がりがあることがわかる。

松浦史子氏は「崑崙と水――郭璞『山海経図讃』「崑崙丘」に見る水の宇宙」において、『山海経』の崑崙の記述に対する、郭璞の注釈に注目する。[22]『山海経図讃』「崑崙丘」の次の記述である。

崑崙月精、水之霊府　　崑崙は月の精　水の霊府

惟帝下都、西羌之宇　　これ天帝の下都にして　西羌（えびす）のすみか

嵥然中峙、号曰天柱　　峨々として世界のまなかに聳ゆ　号していう〝天（あま）の柱〟と

〔松浦氏訳〕

ここで松浦氏は、崑崙と「月の精」、「水の霊府」が結びついた、特異なイメージに言及する。このような世界観は『山海経』本文には見られず、郭璞が崑崙に対して、黄河の水源であり、多くの川を湧出させると同時に、水を主管し統括する中心でもあるというイメージを持っていたことを指摘する。

地の中心に聳える崑崙山の役割の一つに、天と地を繋ぐというものがある。たとえば先にも挙げた『河図括地象』の「崑崙山為柱、気上通天」（崑崙山は柱たり。気は上りて天に通ず）の記述にこの考えが現われる。崑崙山が天と地を結ぶ柱の役割を担っており、気が崑崙山を通じて天へと上っていく。『霊憲』には「地有山岳、以宣其気、精種為星。星也者、体生於地、精成於天」（地に山岳有り、以て其の気を宣べ、精種星と為る。星なる者、体は地に生じ、精は天に成る）という星の生成に関する記述があるが、このような崑崙山の役割を考えるならば、この「山岳」も崑崙山を指すとみてよいだろう。崑崙山が天と地を結び、気を広く行き渡らせる場となっているのである。『霊憲』の星の記述では「衆星被燿、因水転光」（衆星燿きを被り、水に因りて光を転ず）ともいい、星が水の要素を有していることがはっきり言及される。地から取り込んだ水が崑崙山を通じて天に拡散するさまを描いているといえる。

『楚辞』「離騒」では、主人公が天上世界へ旅立つ際にまず崑崙山へと向かう。これは崑崙山が天と地を繋ぐ役割を果たしたためと考えられるが、「離騒」を擬して作られた張衡の「思玄賦」にも、崑崙山に関する記述が見える（「思玄賦」について、詳しくは次章を参照）。求める所を探して遠遊に向かう場面である。

発昔夢於木禾兮、穀崑崙之高岡　　昔の夢を木禾（か）に発し、崑崙の高岡（こう）に穀（い）く

〔中略〕

乱弱水之潺湲兮、逗華陰之湍渚　　弱水の潺湲（せんかん）たるを乱（わた）り、華陰の湍渚に逗（とど）む

号馮夷俾清津兮、擢龍舟以済予　　馮夷を号びて津を清ならしめ、龍舟を擢ぎて以て予を済す

〔中略〕

瞻崑崙之巍巍兮、臨縈河之洋洋　　崑崙の巍巍たるを瞻、縈れる河の洋洋たるに臨む

伏霊亀以負坻兮、亙螭龍之飛梁　　霊亀を伏せて坻を負わせ、螭龍の飛梁を亙す

登閬風之曽城兮、搆不死而為牀　　閬風の曽城に登り、不死を搆えて牀と為す

屑瑤蘂以為糇兮、斞白水以為漿　　瑤蘂を屑にして以て糇と為し、白水を斞みて以て漿と為す

直接崑崙の語を用いる以外にも、弱水は先に触れた通り崑崙山の麓をめぐる河川であり、また龍舟は弱水を渡るための舟を指す。「思玄賦」を載せる張衡伝の李賢注によれば、縈河は崑崙から流れ出し、閬風は崑崙山の上にある山の名だという。白水も崑崙山から流れており、崑崙山と水の関わりが見出せると共に、黄帝のもとへ赴く際、天上世界へ向かう際に、まず崑崙山へと赴くさまが描かれる。

以上、崑崙山に関する記述を見ていくと、崑崙山が水を統べる世界の中心という位置づけと共に、天と地を繋ぐ役割を担っていたことがわかる。張衡の『霊憲』にもその片鱗が見え、崑崙山とみられる山岳が天と地を結び、水から精製された星を天に押し拡げるという考えがうかがえる。

四　天・地・水の思想

尚水思想に関する文献の中でも、天地水を並列して挙げる記述は『霊憲』の特徴である。先にも挙げた『霊憲』の

一節を再度引用する。

凡至大者莫如天、至厚者莫如地、至質者曰地而已。至多莫如水、水精為漢。漢周於天、而無列焉。

（凡そ至大なる者は天に如くは莫く、至厚なる者は地に如くは莫く、至質なる者は地を曰うのみ。至多は水に如くは莫く、水精、漢と為る。漢は天に周りて、列すること無し。）

最も大なるものが天、最も厚きものが地であると述べた上で、最も多きものとして水を挙げる。『太一生水』も『霊憲』と同様に天地水の三者を挙げるが、生成は水天地の順になっており、順序が異なる上に、水は天地に先んじて生じ、天地を作る材料として位置づけられ、天地と並列とは言い難い。また、『管子』水地篇では主に地と水の関係について触れ、水が人を構成すると述べるが、天にはさほど言及しておらず、『淮南子』の記述は、水の重要性を強調し天地との関係についても述べているが、天地水を並列しているわけではない。天地水を並列して挙げるという『霊憲』のこの記述は、後に道教の神学において、天と地と水を三官としてとらえる見方と共通するものである。

道教では天・地・水の神々を三官と呼び、天官は人に福を授け、地官は罪を赦し、水官は厄を祓うとされる。三官信仰の始まりは、一般に後漢末の五斗米道の張魯の頃とされる。五斗米道では、信徒に三官手書という誓約書を三通したためさせ、一通は山上に置き、一通は地下に埋め、一通は水に沈めて天地水の三界の神に捧げたという[23]。三官信仰は後に三元（上元節・中元節・下元節）と結びつくなど多様な変化を遂げるが、『霊憲』が書かれたのは五斗米道の成立より早い時期である。天地水の思想的基盤は張魯以前にすでに存在したということが、『霊憲』の記述から確認できる。

張衡が生まれた南陽は楚の文化圏に属し、後漢の光武帝を輩出した地域である。楚や巴蜀と呼ばれる長江流域の江南地域は、中原とは大きく異なる文化的特徴を有していたことが指摘されている。松浦氏は張衡の「南都賦」に、『山海経』に初見の「帝女之桑」という南陽地方の珍しい神が詠まれていることを指摘し、張衡が南陽の神秘的な気風を継承すると考える。[24] 第一節で指摘した『老子』や『太一生水』など道家系に属する文献も、郭店楚墓から出土しており、楚文化圏との関わりが指摘できる。道家系の思想は楚の文化圏において形成されたといわれているため、『霊憲』と道家系文献に共通する尚水思想は、楚の文化を背景として成立したと考えられる。さらには、天地水を並べる思想はこのような崑崙信仰、楚文化圏のもとで醸成されたのではないか。[25] 五斗米道の発祥地とされる巴蜀と楚は、同じ長江流域に根ざした南方の文化であり、共通の思想的背景を有していたのであろう。

おわりに

本章では、中国古代における水を尚ぶ思考、すなわち尚水思想の系譜をたどった。『霊憲』において、水は天地と同列、あるいは天地に次ぐ重要性をもっている。『霊憲』では水は天地を繋ぐものと考えられていた。こうした水のとらえ方は儒家はもちろん、水を比喩的に用いた『老子』や『荘子』とも異なり、むしろ『管子』や『太一生水』、『淮南子』に見られる記述と類似した傾向がある。これらの文献において、水は万物に遍在し、事物の生成と変化を促すという点で、「気」と同様の性質を担うものとされている。水は『霊憲』において、宇宙構造論の重要な要素となっているのである。それは「渾」、すなわち一体となった世界の想定に必要なものでもあったと考えられる。渾天説の「渾」の文字に附与される、水が流れ循環するイメージも、水を重視する思想と無関係ではないだろう。

水を重視する思想は、崑崙山に関する記述にも見える。そして崑崙山は道家思想を醸成した楚文化圏と深い関わりをもつ。崑崙山や楚文化は張衡の思想を考える上で欠かせない要素であるといえよう。

さらに『霊憲』には、天地水を並列して記述するという特徴がある。これは『管子』や『太一生水』、『淮南子』とも異なり、五斗米道の三官信仰に通じる考え方である。天地水の思想的基盤が五斗米道成立以前にすでに存在したということが、『霊憲』の記述から確認できるのである。

張衡は天文観測儀器である渾天儀を制作したことから、観測による正確な天の把握を目指したといえるが、それと同時に、崑崙信仰や楚の文化を背景に、『管子』や『太一生水』、『淮南子』などの思想を発展させ、渾天説という宇宙論を主張したといえる。渾天説の宇宙論については、尚水思想との関係を十分に考慮する必要があるのである。

注

（1）水を貴び、重要視する考えをいう。先行研究では尚水のほかに崇水、頌水なども呼ばれる。『老子』の尚水思想に関して、孟凱「《老子》崇水思想探求」（『上海道教』二〇〇七年第二期）などの論考がある。『管子』に関しては、町田三郎「管子水地篇について」（『集刊東洋学』第三十五号、一九七五年）や金谷治『管子の研究』（岩波書店、一九八七年）、久富木成大「『管子』における頌水思想をめぐって」（『金沢大学教養部論集』人文科学篇第二十九巻第一号、一九九一年）などがある。『太一生水』に関しては、陳鼓応主編『道家文化研究』第十七輯（生活・読書・新知三聯書店、一九九九年）や丁四新主編『楚地出土簡帛文献思想研究』（一）（湖北教育出版社、二〇〇二年）に多くの論考が収録されている。また、水の思想に関しては、蜂屋邦夫「中国における水の思想」（『理想』六一四、一九八四年七月号）や堀池信夫「気と水のコスモロジー」（『道教の生命観と身体観』講座道教、雄山閣、二〇〇〇年）などがある。

（2）他にも、第六章の「谷神不死、是謂玄牝、玄牝之門、是謂天地根、綿々若存。用之不勤」の記述は、谷神を水神と見て、水の生成力を謳っているという見方もある。注（1）所掲の町田三郎「管子水地篇について」一八頁参照。
（3）『説文解字』巻十一には「水準也」とある。
（4）［ ］は欠字を補った箇所。釈文は注（1）所掲の諸論文を参照した。
（5）『礼記』礼運篇「是故夫礼、必本於大一、分而為天地、転而為陰陽、変而為四時、列而為鬼神」。また『淮南子』天文訓には「天墜未形、馮馮翼翼、洞洞灟灟。故曰太昭。道始于虚霩、虚霩生宇宙、宇宙生気。気有涯垠。清陽者薄靡而為天、重濁者凝滞而為地。清妙之合専易、重濁之凝竭難、故天先成而地後定。天地之襲精為陰陽、陰陽之専精為四時、四時之散精為万物」という生成過程がある。『淮南子』は要略に示されるように、篇目自体が道家系の宇宙生成論に基づいて構成されている。『呂氏春秋』、『潜夫論』については第三章注（12）を参照。また、『霊憲』にも宇宙生成に関する記述があり、重層的に生成過程を説明しているが、そこでも直接水については触れていない。『霊憲』の宇宙生成論について、詳しくは堀池信夫『漢魏思想史研究』（明治書院、一九八八年）三二二〜三二六頁を参照。
（6）浅野裕一『古代中国の宇宙論』（岩波書店、二〇〇六年）四八、四九頁でも、気の原義が水蒸気であると指摘し、『国語』周語下の記述を挙げ、水が気として扱われる例について述べる。また、注（2）所掲堀池信夫「気と水のコスモロジー」では、気と水の思想は、一つの地域・地域社会における世界観・身体観の多様性としてとらえられている。
（7）「西京賦」のこの箇所が一つの宇宙を象るという指摘は、小南一郎「西王母と七夕伝承」（同『中国の神話と物語り』岩波書店、一九八四年）六二頁にもある。
（8）『晋志』上には「張平子既作銅渾天儀、於密室中以漏水転之」、「至順帝時、張衡又制渾象、具内外規、南北極、黄赤道、列二十四気、二十八宿中外星官及日月五緯、以漏水転之於殿上室内、星中出没与天相応」とある。
（9）橋本敬造「漢代の機械」（『東方学報』京都第四十六冊、一九七四年）。
（10）ここで引用する箇所は、第二章で後人の手になる注釈と判断した部分である。ただし、この部分が張衡の著わしたものでないにしても、渾天説の支持者によって書かれたことは間違いないと思われる。
（11）水と気の関わりについては『太一生水』や『管子』においても見られ、『管子』の気と水の循環性については、注（1）所掲の久富木成大「『管子』における頌水思想をめぐって」でも指摘されている。
(12)『太平御覧』巻五十八、『晋志』上。後半部分は、『晋志』では「水浮天而載地者也」に作る。
(13)『文選』「海賦」の李善注に引用される。『玄中記』は『芸文類聚』などにも佚文が残る。
(14)『太平御覧』巻五十九。
(15)類似の記述は『晋志』上にもあり、第二章で取り上げた。
(16)ただし、『淮南子』では星辰を日月の気の精なるものから成ると述べているが、『霊憲』では星は天と地によって形成されるという。ここには日月から生じるのか、天地から生じるのかという考え方の違いが見られる。
(17)日についてではあるが、『霊憲』には次のような記述がある。「日之薄地暗其明也。繇暗視明、明無所屈。是以望之若火。方於中天、天地同明。繇明瞻暗、暗還自奪。故望之若水」。ここでは、暗い場所から明るい場所を視れば強い光に感じ、一方、明るい場所から暗い場所を見ると、光の強さが抑えられると述べる。
(18)『後漢書』孝桓帝紀の李賢注や五行志三の劉昭注参照。
(19)御手洗勝「地理的世界の変遷」(『東洋の文化と社会』第六輯、一九五七年)一五頁。たとえば『山海経』西山経に「西南四百里、曰崑崙之丘、是実惟帝之下都」とある。
(20)『太平御覧』巻三十六。
(21)『山海経』大荒西経「其下、有弱水之淵環之」。
(22)松浦史子『漢魏六朝における『山海経』の受容とその展開』(汲古書院、二〇一二年)。初出は『松浦友久博士追悼記念中国古典文学論集』(研文出版、二〇〇六年)。
(23)『三国志』魏書・張魯伝の裴松之注引く『典略』に、「請禱之法、書病人姓名、説服罪之意。作三通、其一上之天、著山上、其一埋之地、其一沈之水。謂之三官手書」とある。
(24)注(20)所掲の松浦史子『漢魏六朝における『山海経』の受容とその展開』二二一頁。
(25)ただし、五斗米道の発祥地は巴蜀であり、三官信仰も巴蜀の氏・羌族の原始宗教に起源があるという見解もある。易夫編

著『道界諸神』（大衆文芸出版社、二〇〇九年）一一三頁参照。

第五章　張衡「思玄賦」の世界観

堀池信夫氏は、漢代を「宇宙的思惟の時代であった」と評する[1]。宇宙的思索を探求した漢代の人々は、各々が天や世界に対してもつ形象を作品に描き出した。張衡もその一人である。本章では張衡の「思玄賦」を取り上げ、漢代の世界観・宇宙観の一端を明らかにするとともに、張衡の世界観の特徴、「思玄賦」作成の意図を論じる。

一　張衡と「思玄賦」

まず、「思玄賦」が書かれた背景について確認しておきたい。張衡が「思玄賦」を完成させたのは、晩年の五十八歳の時である。永和元年（一三六）の当時、張衡は侍中であった。「思玄賦」作成の動機について、張衡伝には次のようにある。

後遷侍中、帝引在帷幄、諷議左右。嘗問衡天下所疾悪者。宦官懼其毀己、皆共目之。衡乃詭対而出。閹豎、恐終為其患、遂共讒之。衡常思図身之事、以為吉凶倚伏、幽微難明。乃作「思玄賦」。以宣寄情志。

（後に侍中に遷り、帝引きて帷幄（いあく）に在らしめ、左右に諷議す。嘗て衡に天下の疾悪なる所の者を問う。宦官其の己を毀（そし）らんことを懼れ、皆共に之を目す。衡乃ち詭対して出づ。閹豎（えんじゅ）、終に其の患を為すことを恐れ、遂に共に之を譏る。衡常に身を図らんとの事を思い、以為えらく、吉凶は倚伏し、幽微にして明らかにし難し、と。乃ち「思玄賦」を作り、以て情志を宣べ寄す。）

張衡が侍中の際に帝から天下の害悪を問われ、宦官が名を挙げられることを恐れて逆に張衡を謗ったことが「思玄賦」作成の動機となっているようである。当時は順帝のもと宦官が権威を振るっており、宦官と対立するのは危険であった。

また、『文選』李善注には次のような記述がある。

順和二帝之時、国政稍微、専恣内豎。平子欲言政事、又為奄豎所讒蔽、意不得志。欲游六合之外、勢既不能、義又不可。但思其玄遠之道而賦之、以申其志耳。系曰、回志朅来従玄謀、獲我所求夫何思。玄而已。『老子』曰、「玄之又玄、衆妙之門」。

（順・和二帝の時、国政稍く微え、内豎に専恣せらる。平子政事を言わんと欲するも、又奄豎の讒蔽する所と為り、意志を得ず。六合の外に游ばんと欲するも、勢として既に能わず、義としても又可ならず。但だ其の玄遠の道を思いて之を賦し、以て其の志を申ぶるのみ。系に曰く、志を回らせ朅来して玄謀に従う、我が求むる所を獲ては夫れ何をか思わん。玄なるのみ。『老子』に曰く、「玄の又玄、衆妙の門」と。）

豎、すなわち宦官が専横する政界において、張衡は政事を進言しようとしても妨害に遭い、ままならない。かといって政界を離れ悠々と過ごしたいと願っても叶わない。その鬱屈とした想いを紛らわせるためにこの賦を作ったというのである。

「思玄賦」は、現実的な世界を離れて「玄を思う」賦としてまとめられた。「玄」は、李善が『老子』第一章を引く通り、有と無を超えた根源を意味する。張衡が好んだという揚雄『太玄』の「玄」も、同じく「道」や「根源」に通ずる概念である。「思玄賦」は、こうした宇宙の根源的な「玄」に思いをめぐらせ、書かれたといえる。

「思玄賦」は張衡伝に全文が引用されるほか、『文選』巻十五にも載る。互いに文字の異同があり、注釈者も異なる。『後漢書』は南朝宋の范曄による撰で、唐の李賢が注を施し、さらに清の王先謙が集解を附した。張衡伝冒頭の集解に「洪亮吉曰、案注最草率。当時不知何人分注。又巻頁独長。蓋注後未加校勘耳」（洪亮吉曰く、案ずるに注最も草率たり。当時何人の注を分くるかを知らず。又巻頁独り長し。蓋し注の後未だ校勘を加えざるのみ、と）とあり、李賢注は長く煩雑で、まだ草稿段階であったと推定されている。また『文選』は南朝梁の蕭統の撰であり、唐の李善による注がある。(2)「思玄賦」には張衡自身による注が「旧注」として附されたとされるが、李善はその「旧注」につき、

　未詳注者姓名。摯虞「流別題」云衡注。詳其義訓、甚多疎略。而注又称愚以為。疑非衡明矣。
（未だ注者の姓名を詳らかにせず。摯虞の「流別題」に衡の注と云う。其の義訓を詳らかにするに、甚だ疎略多し。而して注又た愚以為らくと称す。疑うらくは衡に非ざること明らかなり。）

と注している。つまり、「思玄賦」に付された注はいずれも不完全なものであったということができる。

高橋忠彦氏によれば、「思玄賦」は「鵩鳥の賦」「幽通の賦」の系統を引き、『楚辞』の「離騒」「遠遊」、司馬相如の「大人の賦」の構想をも用いた作品であるという。(3) 実際、「思玄賦」は『楚辞』に代表されるような遠遊文学に属し、遠

く各地を遊行するさまが描かれる。竹治貞夫氏は「楚辞遠遊文学の系譜」で遠遊文学の系統を考察し、「離騒・遠遊・大人賦・思玄賦を以て、その四大雄篇と称することができるであろう」と述べる。(4) また、富永一登氏は「思玄賦」の内容を「離騒」・「遠遊」・「大人賦」と比較し、共通する場面や典故としてこれらの賦を用いる点について言及しつつも、遠遊の目的が大きく異なることを指摘する。「離騒」・「遠遊」・「大人賦」については、次のように述べる。

「離騒」の遠遊は、「美人」を求めて自己の心情を吐露するための彷徨であり、「遠遊篇」は、老荘思想を背景にした仙界に入り込むための遠遊であり、「大人賦」は、武帝に神仙世界を見せるために作られた遠遊であった。(5)

同じ遠遊文学でありながら、遠遊の目的は各々異なる。それが、各作品の特性を作り出しているのである。それでは、「思玄賦」ではどのような目的で遠遊が行なわれたのか。富永氏は、張衡が初めに得ていた「求むる所」を確認し、安住の地に向かうために、全宇宙を通覧しそれらを次々に否定する、「一種の不安を解消するための消去法であった」と述べる。(6)「隠」れて学問の世界に沈潜するという結論を既に得た上で、他を否定する遠遊であったというのである。確かにそのような面はあるが、「思玄賦」の遠遊には、ただの確認作業以上の意味があったのではないか。「思玄賦」の遠遊の目的については、後節で改めて検討したい。

二　「思玄賦」の内容と構成

「思玄賦」は、前章で述べたとおり遠遊文学の系譜に連なり、その集大成ともいえる。遠遊に赴く前、賦の主人公、すなわち作者張衡は、自身が身を正し信念をもって生きてきたが、その徳を認めてくれる主君に恵まれないことを嘆く。八元・八愷が虞舜に出会い、傅説が殷の時代に生まれ高宗に見出されたことを引き合いにし、彼らのような主君のいる時代に生まれなかったことを悲しむ。死ぬまで志を変えないことを誓うも、気づけば時は流れ、何も成し遂げられないままで世を去ってしまうという焦りを感じていた。そこで、周の文王に易筮と亀卜によって占ってもらい、易筮では遁卦を得て「利飛遁以保名」（飛遁して以て名を保つに利あり）[7]と告げられる。また、亀卜では「遇九皐之介鳥兮」（九皐（こう）の介鳥に遇う）という象を得た。[8]

その後、占いが吉であったとして、張衡は旅支度を整え各地を遠遊する。四極、地下世界を経て天上世界へと向かうが、天外を垣間見たところで、天界から下を眺めると故郷が見え、結局は故郷への思いを捨てきれず、もとの住まいに戻って学問に励む道を選ぶ。旅に出たことで当初の迷いから抜け出し、心患うことなく奥深い道に従うこととしたのである。

遠遊の構成は、東→南→西→（中央）→北→地底→天界の順である。特に西から北の描写と、天界の描写の比重が大きい。張衡の遠遊の特徴の一つは、その整然とした構成にあろう。クライマックスに向けて場面が盛り上がるよう、黄帝や西王母を配して天上世界に至る各場面を彩っている。ここで、竹治貞夫氏が「楚辞遠遊文学の系譜」で取り上げた各作品の、遠遊の順序を表にまとめて比較しておこう。

遠遊文学の多くは遠遊を作品のアクセントとして扱っており、世界描写を主としていない。そのため、遠遊の方角も定まっていないものが多く、気の向くままに進んでいく。『楚辞』の「遠遊」のみが、遠遊を題にうたっているとおり、四方上下を自在にめぐる構成となっているが、「思玄賦」の構成はそれ以上に整然としているといえる。また、「思玄賦」で取り上げられる、各々の方位や天上・地下世界に関わりのある事物には、『山海経』や『淮南子』

作　　品	遠遊の順序	備　　考
離騒	任意的（天界を含む）	
惜誦（九章の一篇）	霊界	
悲回風（九章の一篇）	任意的（天地に至る）	
九弁	任意的	崑崙関係の地名は見られない
遠遊	天帝の宮→東→西→南→北→上下→泰初至清の境	崑崙関係の地名は見られない
大人賦（司馬相如）	任意的	崑崙山を経ないで霊界に入るが、終わり近くで崑崙に遊ぶ
大招	東→南→西→北	
惜誓	任意的	
七諫（東方朔）	任意的	
哀時命（荘忌）	任意的（まとまった遠遊叙述とはなっていない）	
九懐（王褒）	任意的	
九歎（劉向）	任意的（初めに崑崙山に登る）	
九思（王逸）	任意的	

表　代表的な遠遊文学における遠遊の順序
（竹治貞夫氏「楚辞遠遊文学の系譜」にもとづく）

墬形訓で用いられる人名・地名が多い。『山海経』も『淮南子』墬形訓も半神話的な地理書であり、中国古代の人々の地理観念を反映している。張衡自身がそうした地理観念に則って遠遊を構成したことは、驚くことではない。中でも西北に位置する崑崙に関する記述は、『山海経』や『淮南子』に描かれる地理観念を背景として、張衡がどのような世界観を持っていたかを考察する上で重要である。

三　崑崙と黄帝、西王母の位置

「思玄賦」の遠遊の構成は整然としているが、その中で唯一、黄帝や西王母に会う箇所には少し違和感がある。西からどこに向かったのかがはっきりしないばかりか、西北方を中心としているものの、具体的な位置をイメージしにくくなっているのである。そこで本節では、「思玄賦」の中で重要な位置づけにあると考えられる、黄帝や西王母と、彼らに関係する崑崙について特に取り上げる。黄帝と西王母は、賦のなかで張衡が教えを請う対象であり、鍵となる人物である。また、崑崙は天界に昇る際の通り道となっている。黄帝や西王母の居所を明らかにすることで、張衡が崑崙をどのようにとらえていたかを検討する。

張衡は、東、南、西を遠遊したのち、黄帝を訪ねていく。

欻神化而蟬蛻兮、朋精粋而為徒　　欻として神化して蟬蛻し、精粋を朋として徒と為す
蹶白門而東馳兮、云台行乎中野　　白門を蹶みて東に馳せ、云に台中野に行く
乱弱水之潺湲兮、逗華陰之湍渚　　弱水の潺湲たるを乱り、華陰の湍渚に逗む
号馮夷俾清津兮、櫂龍舟以済予　　馮夷を号びて津を清ならしめ、龍舟を櫂ぎて以て予を済す

脱皮するように神と化して、白門（西南の門）を越えて西から東方に向かい、中野に赴く。一旦ここで中央に至るように見えるが、はっきりしない。弱水は崑崙のまわりをめぐっており、鳥の羽でさえも浮かばせる力のない、渡るのが困難な川である。『史記』大宛伝の索隠が引く『括地図』は、「崑崙弱水、非乗龍不至」（崑崙の弱水、龍に乗るに非ずんば至らず）といい、龍に乗ることで弱水を越えることができるという。そこで張衡は河神である馮夷を呼び、龍舟に乗って弱水を渡ったのである。こうして、はっきりと崑崙という語は出てこないが、崑崙を思わせる場所にたどり着き、黄帝に会おうとする。

会帝軒之未帰兮、悵相佯而延佇(9)　　帝軒の未だ帰らざるに会い、悵みて相佯として延佇す

呬(10)河林之蓁蓁兮、偉関睢之戒女　　河林の蓁蓁たるに呬（いき）し、関睢（かんしょ）の女を戒めるを偉とす
黄霊詹而訪命兮、摎(11)天道其焉如　　黄霊詹（いた）りて命を訪（はか）り、天道を摎（もと）めて其れ焉くにか如かん

帝軒、黄霊はともに黄帝を指す。張衡が赴いた時、黄帝は不在であった。李賢注によれば、黄帝はこのとき天に昇っていた。黄帝が戻ったところで、張衡は天道を求めるにはどうすればよいかを尋ねている。この後、黄帝の返答が実に五十四句にわたって続くのである。黄帝は、遠く遊覧して名声を広めよと述べた。

黄帝と面会した張衡は北へと向かう。その後、一旦地下に入り、再び地上に現れる。

趨(12)谽谺之洞穴兮、摽(13)通(14)淵之碄碄　　谽谺（がんか）の洞穴に趨き、通淵の碄碄たるを標す
経(15)重陰乎寂寞兮、愍(16)墳羊之潜(17)深　　重陰を経て寂寞たり、墳羊の深きに潜むを愍（あわれ）む
追(18)慌忽於地底兮、軼無形而上浮　　慌忽を地底に追い、無形を軼（す）ぎて上浮す
出(19)右密之闇野兮、不識蹊之所由　　右密の闇野を出で、蹊（みち）の由る所を識らず
速燭龍令執炬兮、過鍾山而中休　　燭龍を速（め）して炬を執らしめ、鍾山を過（よぎ）りて中ごろに休む
瞰瑤谿之赤岸兮、弔祖江之見劉　　瑤谿の赤岸を瞰（み）、祖江の劉（ころ）さるるを弔う

深い洞穴に入り、慌忽（形なきもの）を追って地底を通過し、地上に戻った。地上に戻ってからの周囲の様子は、それまでとは大きく異なっている。暗い原野が広がり、どこに向かってよいのかわからないのである。そこで燭龍にたいまつを持たせ、鍾山を過ぎり休息する。この後すぐに西王母と会うのだが、西王母がいるのは一体どこなのであろ

うか。鍾山は実際の山を指すこともあるが、『淮南子』俶真訓の「譬若鍾山之玉」（譬えば鍾山の玉の若し）の高誘注に「鍾山昆侖也」（鍾山は昆侖なり）とあるように、崑崙の別称として用いられることがあった。ただし、『山海経』海内西経などでは崑崙とは別の山として描かれることもあり、古くは後者が有力であったと考えられるが、いずれにせよ崑崙に近い位置にある。西王母は『山海経』大荒西経では昆侖（崑崙）の丘にいるが、西次三経、海内北経、さらに大荒西経の他の箇所ではいずれも崑崙以外の地と結びつけられている。西次三経では「玉山」、海内北経では「崑崙の虚の北」、大荒西経では「西」と、それぞれ記述は異なるものの、いずれも西、あるいは北に位置する点が共通している。崑崙自体も中国の西北に位置すると考えられていたため、西王母の居所が崑崙に近い地であったことは確かである。

「思玄賦」では、西王母と見えたあと崑崙に赴く次のような記述があるため、張衡は、西王母が崑崙に近い、崑崙とは異なる地にいたと考えていたのであろう。

瞻崑崙之巍巍兮、臨縈河之洋洋　　崑崙の巍巍たるを瞻、縈れる河の洋洋たるに臨む

伏霊亀以負坻兮、亙螭龍之飛梁　　霊亀を伏せて以て坻を負はせ、螭龍の飛梁を亙す

登閬風之曽城兮、搆不死而為牀[20]　　閬風の曽城に登り、不死を搆えて牀と為す

「縈れる河」は、崑崙より流れ出る黄河を指す。張衡は霊亀や螭龍の協力を得て河を渡り、崑崙へとたどり着いた。閬風は『水経注』河水に「崑崙之山三級。下曰樊桐、一名板桐。二曰玄圃、一名閬風。上曰層城、一名天庭。是為太帝之居」（崑崙の山は三級。下を樊桐と曰い、一名板桐。二を玄圃と曰い、一名閬風。上を層城と曰い、一名天庭。是

れ太帝の居たり）とあるように、崑崙の山の一部であり、曽城も『文選』では層城に作っており、崑崙山の上部を指す。

こうして崑崙にたどり着いた張衡は、巫咸に命じて以前見た夢を占わせる。巫咸は、張衡伝所引の「応間」にも「咎単巫咸寔守王家」（咎単・巫咸寔(まこと)に王家を守る）として名が挙げられる。殷の忠臣であり、星座の三家分類の一つに巫咸があることから、天文学に通じていたと考えられる。[21]『山海経』大荒西経には「日月所入有霊山。巫咸、巫即、巫肦、巫彭、巫姑、巫真、巫礼、巫抵、巫謝、巫羅十巫、従此升降、百薬爰在」（日月の入る所に霊山有り、巫咸、巫即、巫肦、巫彭、巫姑、巫真、巫礼、巫抵、巫謝、巫羅の十巫、此れより升降し、百薬爰に在り）という記述があり、崑崙とはいわないが西方の霊山にいることになっている。その後、張衡は神々を集めて天に昇っていく。これは、前章で見た『河図括地象』の「崑崙山為柱、気上通天。崑崙者地之中也」（崑崙山は柱為り、気は上りて天に通ず。崑崙なる者は地の中なり）にあるように、崑崙の天地を繋ぐ柱としての役割を体現している。なお、北方から地下世界を経て崑崙に至るという順序は、張華『博物志』の「崑崙之東北、地転下三千六百里、有八玄幽都」[22]（崑崙の東北、地の下に転ずること三百六十里にして、八玄幽都有り）、『山海経』海内経の「北海之内有山、名曰幽都之山。黒水出焉」（北海の内に山有り、名を幽都の山と曰う。黒水焉より出づ）の記述に通じ、崑崙の北（あるいは東北）に八玄幽都という地下世界があり、幽都からは黒水（『山海経』西次三経や大荒西経で崑崙と結びつく）が流れることから、黒水を通じて崑崙と北方の地下世界（幽都）が繋がっていると考えることができる。

黄帝、西王母に会い崑崙へと至る構成は、張衡のもつ世界観と大きく関わっていると考えられる。黄帝と会うのは崑崙山に似た地であるが、まだ四極を旅する途中の段階である。神化して中野に向かい、弱水を越えるが、この「中野」が四極の中央であるのか、それとも西から北へと向かう途中、すなわち西北の地に当たるのかは判断が難しい。そして黄帝に見えた後、北を経て地下世界に向かう。地底は、ぼんやりと形なき世界であった。これは、未分化の原初形態、始原の世界描写と共通する。さらに地下をくぐりぬけて到達した地は、どこに向かえばいいかわからない、未知の世界であった。そこで、崑崙の近くに住むという西王母と会うことになる。つまり、原初的な地下世界を越えた先は、それまでの遠遊とは異なる、新たな段階に及んでいるといえるのである。黄帝と見えた崑崙のような地とはまた別の、真の崑崙とも呼べる世界である。西王母、巫咸と会った後、張衡は真の崑崙から天上世界へと赴く。

このような二重の世界像は、どこか鄒衍の大九州説に通じるものがある。大九州説は『史記』孟子伝に見え、儒者のいう中国は赤県神州を九州に分けたうちの一つに過ぎず（小九州）、この赤県神州の如きものが世界には全部で九つある（大九州）、というのが大筋である（細部には異論もある）。中国（あるいは赤県神州）の西北に崑崙山があり、そこが世界の中心と考えられていた。崑崙伝説と鄒衍の大九州説の思想史上の関係性については、御手洗勝氏、中鉢雅量氏が指摘している[23]。両氏はそれだけでなく、崑崙伝説、鄒衍の大九州説と渾天説との関係性をも示唆している。渾天説を主張した張衡の世界観に、これらの思想が取り入れられていたとしても不思議ではない。そのような前提で改めて「思玄賦」の構造を考えてみると、賦の前半部分は、小九州に該当する世界を遠遊したと考えられる。黄帝のいる崑崙のような地も、小九州の世界に存在したのである。その後、地下世界を経て到達したのが大九州であり、天へと繋がる真の崑崙だったといえよう。

四　天上世界の描写

張衡は一一五年から一二一年、そして一二六年から一三三年の二度、太史令の職に就いた。太史令は天文や暦法を掌る職で、序章でも述べたとおり、張衡は渾天説を主張し、『渾天儀』や『霊憲』といった天文に関する著作を残しており、その天文に関する知識は特に秀でていた。そうした天文知識をもとに描いたのが「思玄賦」の天上世界である。太史令を経験し、天文に関心を寄せていた張衡は、賦の中でもその知識を生かして星座の世界を作り上げた。

「思玄賦」の星座に関する記述は次のとおりである。

出紫宮之粛粛兮、集大微之閶闔(24)
紫宮の粛粛たるを出で、大微の閶闔たるに集う

命王良掌策駟兮、踰高閣之鏘鏘
王良に命じて駟を策つことを掌らせ、高閣の鏘鏘たるを踰ゆ

建罔車之幕幕兮、獵青林之芒芒
罔車の幕幕たるを建て、青林の芒芒たるに獵す

彎威弧之撥剌兮、射嶓冢之封狼
威弧の撥剌たるを彎(ひ)き、嶓冢の封狼を射る

観壁塁於北落兮、伐河鼓之磅硠
壁塁を北落に観、河鼓の磅硠たるを伐つ

乗天潢之汎汎兮、浮雲漢之湯湯
天潢の汎汎たるに乗り、雲漢の湯湯たるに浮かぶ

倚招揺摂提以低回剹流兮、察二紀五緯之綢繆遹皇(25)
招揺、摂提に倚りて以て低回剹流し、二紀、五緯の綢繆遹皇たるを察す

傍点の箇所が星座名である。地上の中心たる崑崙から天上世界に昇ったため、天の回転の中心たる天の北極から描写が始まる。大微は『文選』にもあるように、太微のことである。前節で引いた『水経注』河水でも崑崙の上に「太帝の居」があると述べているが、それがすなわち天上世界の「紫宮」に当たる。『漢書』李尋伝に「両宮」という語があり、顔師古が張晏の説を引用して「張晏曰、両宮謂紫微・太微」（張晏曰く、両宮は紫微・太微を謂う）と注を附す。

紫宮と太微は、天市と合わせてのちに三垣となるように、古くから代表的な星座と考えられていた。紫宮は天の北極をぐるりと囲むように位置し、太微は天の南方に位置する。紫宮は天帝の居所、太微は外廷に当たり、賦の内容は天帝が居所を出て外廷で神々を集め集わせるさまを表現する。

王良は西方の星座で、戦国時代の名御者である。策はここでは動詞として読んだが、王良が用いたむちを意味する星座の名である。駟は天駟で、『晋書』には「王良五星、在奎北、居河中、天子奉車御官也。其四星曰天駟、旁一星曰王良」（王良五星、奎の北に在り、河中に居り、天子の奉車の御官なり。其の四星を天駟と曰い、旁の一星を王良と曰う）とあり、王良の星座のうち四星が天駟であり、天駟と王良の星を合わせて王良の星座が形成されているという。高閣は閣道のことであろう。閣道は、『晋書』天文志に「閣道六星、在王良前、飛道也。従紫宮至河、神所乗也。一曰閣道星、天子遊別宮之道也」（閣道六星、王良の前に在り、飛道なり。紫宮より河に至る、神の乗る所なり。一に曰く、閣道星は、天子の別宮に遊ぶの道なり）とあり、王良の傍にあって、紫宮から天漢（天の川）を繋いでいる。なお、「天子の別宮に遊ぶの道なり」は、南宋の鄭樵『通志』天文略などにおいて張衡の言として引用されており、興味深い(26)。ここでは、王良が操る馬車に乗り、閣道を進んでいくさまが描かれる。

罔車は、張衡伝の李賢注に畢の星という。他の文献では確認できないが、『開元占経』巻六十二に引く『春秋緯』に「畢罕車、為辺兵。主弋猟」（畢は罕車、辺兵たり。弋猟を主る）とあるのがこれに近いであろう。狩猟を行なうための車と考えられる。青林は、同じく李賢注に天苑のこととある。天苑は鳥獣を飼育する場であり、天子の狩猟場であった。天苑で狩猟を行なう様子が描かれる。

威弧の弧は弧矢、封狼の狼は参の東南に位置する星座である。弧矢（弓矢）で狙われているのが狼星であり、まさに狼を射ようとする場面が描かれる。嶓冢は山の名で、『天原発微』巻三では「天下山分四条、上応二十八宿」（天下の山四条に分かれ、上は二十八宿に応ず）として二十八宿と地上の山を対応させており、嶓冢もその一つである。また、『開元占経』には『二十八宿山経』という天文書が引用されており、二十八宿を山に喩える例もある。李賢注は『河図』を引き、「嶓冢之精、上為狼星」（嶓冢の精、上りて狼星と為る）とする。

壁塁は塁壁陣で、敵の侵入を防ぐ砦である。また、北落は北落師門で、宮城を守る北門を指す。両者は羽林を挟んで近い位置にある。河鼓は牽牛の北にあり、天の鼓である。鼓は軍事に際して命令を伝えるために用いられる。ここでは、北落から塁壁陣を眺め、河鼓を打つという、戦において命令を下す姿が描かれる。

天潢は、天漢（天の川）、あるいは天漢にある渡し場を指す。ここでは雲漢との対比から、天漢を意味すると考えられる。雲漢は李賢注によれば天河であり、やはり天の川を意味する。天の川に浮かび楽しんでいる様子がうかがえる。

招揺、摂提はともに東方にある。『開元占経』巻六十五に引く『黄帝占』には「招揺為矛、摂提大楯」（招揺を矛と為し、摂提を大楯とす）とあり、合わせて大戦を意味するとしている。「低回劉流」は李賢注で回転する様子と述べられ、天を大きくめぐるさまを意味する。二紀は日月、五緯は五惑星を指している。招揺も摂提も、比較的黄道（太陽の通り道）に近い位置にあり、これらの星座に寄りかかって回転し、日月五星が次々にめぐってゆくのを眺めているということである。なお、摂提に関しては、摂提が木星の別称でもあるため、木星を指すという考えがある。しかし、木星に寄りかかって、木星も含めた日月五星を眺めることは考えにくいため、星座を意味すると考えてよいであろう。

「思玄賦」の天上世界の表現は、全体として、天帝に代わって天を駆けめぐり、気ままに狩りや軍事を行なうという壮大な描写であるといえる。日月五星を観察するさまは、太史令であった張衡の本領ともいえる。星々の動きを観察し、特に日月や五星の異変を察知して、地上の出来事を占うのである。

「思玄賦」のように天上世界を悠々と駆けめぐる描写は、他の遠遊文学には見られない。あらゆる星座を熟知した張衡だからこそ、その天文知識を自在に用いて描き得た世界観といえよう。

おわりに――「思玄賦」と張衡

「思玄賦」は遠遊文学の中でも雄編として名高いが、張衡だからこそ描き得た世界観、星座の世界がある。最後に、張衡がいかなる意図をもって「思玄賦」を著わしたかを、宦官との対立とは別の角度から考えたい。

張衡が「思玄賦」を執筆したのは、太史令から侍中に遷って以降のことである。張衡は太史令の職に愛着を感じていた。それは、天文・陰陽・暦算に関心を持つことを考えれば当然のことであろう。二度目に太史令に任じられてからは、「時勢に従わない」と非難する声に答えた「応間」を書きあげていた。

そのような張衡の描く遠遊は、まさに張衡の人生そのものだったのではないか。様々な経験を経て太史令になった自分を、各地をめぐり歩いて、崑崙を通じ天界に赴く形で表現したと考えられる。賦の中では、星座の世界を自由に飛び回るものの、最終的には故郷に帰り、六経を修めることを決意する。これは、太史令としての自分を捨て、政界から距離を置き学問の道を極めんとする、晩年の張衡の意志の表われではないか。天の外を垣間見、宇宙の本質に近づこうとしていた張衡が、結局は外に求めても真の道（玄）を得ることができないと悟り、経書の中で己の求めるものを探究することにしたのである。

張衡が侍中になった経緯は張衡伝で語られないが、侍中であった時期、東観で『東観漢記』の編纂に関わりたいと願い出たものの叶わなかった。また「思玄賦」を著わしてから間もなく、張衡は河間相に転出した。さらにその三年後には、上書して辞職を願い出たが認められなかった。太史令であった時分は、いくつもの上疏を行ない、積極的に政治に関わろうとする意志がうかがえる。しかし、太史令を辞し侍中となって以降の張衡からは、天文を観察して政治に関わるよりも、経書を繙き学問に傾倒する意志が強く感じられる。(27) 故郷に戻り、家を出ずに学問に専念することを望む態度が、「思玄賦」の中で吐露されていたのではないだろうか。

注

（1）堀池信夫『漢魏思想史研究』（明治書院、一九八八年）序論。
（2）『文選』には李善注以外にも五臣注があり、李善注とあわせた六臣注が四部叢刊に採録されている。
（3）高橋忠彦『文選　下』（新釈漢文大系　第八十一巻、明治書院、二〇〇一年）一五四頁。
（4）竹治貞夫「楚辞遠遊文学の系譜」（小尾博士古稀記念事業会編『小尾博士古稀記念中国学論集』汲古書院、一九八三年）三六頁。
（5）富永一登「張衡の「思玄賦」について」（『大阪教育大学紀要』第Ⅰ部門、第三十五巻第一号、一九八六年）一一頁。
（6）注（5）所掲、富永一登「張衡の「思玄賦」について」一一頁。
（7）以下、「思玄賦」の引用は張衡伝（中華書局本）を主とし、『文選』との文字の異同を注で記す。
（8）「思玄賦」も含めた張衡の占術に対する態度については、第六章を参照。
（9）『文選』は「相佯」を「徜徉」に作る。
（10）『文選』は「呬」を「㤹」に作る。
（11）『文選』は「摎」を「樛」に作る。
（12）『文選』は「趨」を「越」に作る。
（13）『文選』は「摽」を「漂」に作る。
（14）『文選』は「淵」を「川」に作る。

(15)『文選』は「陰」を「瘖」に作る。
(16)『文選』は「愍」を「慜」に作る。
(17)『文選』は「潜深」を「深潜」に作る。
(18)『文選』は「潜深」を「深潛」に作る。
(19)『文選』は「右」を「石」に作る。
(20)『文選』は「曽」を「層」に作る。
(21)張衡伝に「咎単巫咸、並殷賢臣也」とある。
(22)『開元占経』巻四。
(23)御手洗勝「地理的世界観の変遷——鄒衍の大九州説に就いて——」(『東洋の文化と社会』第六輯、一九五七年)、中鉢雅量『中国の祭祀と文学』(創文社、一九八九年)。
(24)『文選』は「大」を「太」に作る。
(25)『文選』は「回」を「佪」に作る。
(26)『通志』天文略などに引用される張衡の佚文については、第七章を参照。
(27)太史令であった頃の張衡の政治に対する態度は、南澤良彦「張衡の宇宙論とその政治的側面」(『東方学』第八十九輯、一九九五年)でまとめられている。また、金谷治「張衡の立場——張衡の自然観序章——」(『入矢教授・小川教授退休記念中国文学語学論集』京都大学文学部中国語学中国文学研究室入矢教授小川教授退休記念会、一九七四年、のち金谷治『中国古代の自然観と人間観』平河出版社、一九九七年に再録)にも張衡の自然観と立場についてまとめられている。

第六章　張衡と占術

序章で触れたように、術数学は中国固有の学術であり、天文暦算などの自然科学と占術などの要素を兼ね備えたものであった。数や統計を基礎として、吉凶の判断を下すことを目的とする分野だったと考えられる。漢代には天文占以外にも、占筮や占夢など様々な占術が通行した。また、前漢末から後漢にかけては、予言の要素の強い讖緯思想が流行した時期でもある。種々の神秘的な言説が蔓延した時代であった。

そこで本章では、張衡の文学作品である「思玄賦」と天文学的著作である『霊憲』、また上疏文である「請禁絶図讖疏」(1)などを取り上げ、張衡の占術に対する態度を確認する。「思玄賦」には易による占いの場面があるほか、占夢、占卜など数種類の占いが記述される。『霊憲』にも易に類する占いが見える。本章において、張衡の作品に見られる占術表現について検討し、張衡が占術をどのようにとらえていたかを考察することで、張衡の思想の一端を明らかにしたい。さらに後半では、張衡が讖緯思想をどのようにとらえたのかを追っていく。このことは、術数学と張衡の関係を明らかにする一助にもなると考える。

具体的にはまず、「思玄賦」や『霊憲』に見える占術表現を取り上げ、作品中で占術がどのような位置づけにあるのかを考察する。そして、張衡の讖緯思想に対する見解を整理し、最後に張衡の占術に対する考えをまとめる。

一　「思玄賦」の占術表現

まずは「思玄賦」に見える占術表現について考える。

（1）「思玄賦」の易占

張衡伝と『文選』の注釈を見ていくと、「思玄賦」には『易』にもとづいた占いの箇所がある。それも、ただ語句を引用しただけでなく、『易』の卦を表わす内容を盛り込み、賦全体の中でも意味あるものとして挿入している。そこでまず該当箇所を以下に挙げ、その意義を確認する。

①心猶与[2]而狐疑兮、即岐阯而攄[3]情　心は猶お与えて狐疑し、岐の阯に即(つ)きて情を攄(の)ばす
②文君為我端蓍兮、利飛遁以保名　文君我の為に蓍(し)を端し、飛遁して以て名を保つに利あり
③歴衆山以周流兮、翼迅風以揚声　衆山を歴て以て周流し、迅風を翼(たす)けて以て声を揚ぐ
④二女感於崇岳兮、或氷折而不営　二女崇岳に感じ、或いは氷折して営まず
⑤天蓋高而為沢兮、誰云路之不平　天蓋し高くして沢と為り、誰か路の平らかならずと云わん
⑥勔自強而不息兮、蹈玉階之嶢崢　勔(つと)めて自ら強いて息まず、玉階の嶢崢(ぎょうそう)を蹈む

ここで占いの結果出たのは、遯（遁）卦䷠から咸卦䷞の変卦である。遯卦は艮下乾上、退避や隠遁の意味をも

つ。上九爻が陽から陰に変じるため、占辞は遯卦上九の爻辞をとる。李賢注によるとまず、遯卦上九の爻辞に「肥遯。无不利」（肥遯す。利あらざるなし）とあるのを挙げて、賦の「飛遁」を説明する。文字の異同はあるものの、張衡伝の王先謙集解や『古周易訂詁』の何楷注にいうように、「肥遯」と「飛遁」（飛遯）は同義であろう。③以下では八卦の象を用いて遯卦を説明している。「思玄賦」で用いられる象を以下に挙げる。

艮…山（崇岳）

巽…風・長女

乾…氷・金・玉・天

兌…毀折・沢・少女

これらはすべて、『易』説卦伝に見える象である。張衡はこれらの象を賦に取り込むことで、賦の内容に深みをもたせると共に、卦のもつ意味合いを強調する。これらの卦は、全体を通して遯卦上九の占辞を表現したものである。遯卦の六爻の内から三爻を選び出し、その卦が象徴するものを読みこんでいる。以下順に、どのように三爻を選び出したかを見ていく。

一つ目は艮（☶）である。艮卦は、遯の内卦（初爻〜第三爻）に当たる。艮は山を象徴する。だから賦に「衆山」③や「崇岳」④が出てくるのである。遯を内卦・外卦に分けて出てくる、最も基本的な選び方であるといえる。

次に巽（☴）である。巽卦は遯卦の中で、第二爻から第四爻までを取り出した卦に当たる。このように、一つの卦のうち初爻と上爻を除き、第二、三、四爻もしくは第三、四、五爻を用いて新たな八卦を取ることを互体の象[4]という。互体の象として巽を取りだし、巽が風を象徴することから③の「迅風」を導き出した。また、巽は同時に長女を意味する。これも、八卦を父母六子に配当する『易』説卦伝の考え方である。

乾卦（☰）の選び方には二通りの方法が用いられる。まず、咸卦の第三爻から第五爻までを取りだしたものである。これは④の解釈に用いられ、乾卦が氷を象徴するということから「氷折而不営」（氷折して営まず）を導き出している。さらに、⑤は李賢・李善注に「乾変為兌」（乾変じて兌と為る）と説明されるが、これは遯卦（䷠）から咸卦（䷞）に変じる際の外卦（第四爻〜上爻）が、乾（☰）から兌（☱）に変わったことを指している。乾は天、兌は沢を象徴することから、「天蓋高而為沢」（天蓋し高くして沢と為る）の表現が現われる。[5] ほかにも、兌は少女であるために、長女の巽とあわせて「二女」④と述べたり、乾が金・玉を表わすことから「玉階」⑥という表現を用いる。

以上の取象によって「思玄賦」では、遯卦から咸卦に変じた占いの結果を文学的に表現する。山々を越えて各地を巡り、二人の女性（玉女と宓妃）に心を動かされるが、努力を怠らなければ天への道を進んでいくという、以降の賦の内容を象徴した形となっている。つまり、遠遊を後押しする占辞が出たことになる。

上記の卦を導く際に、張衡は変卦と互体という二種の方法を用いた。これらは漢代象数易の大きな特徴である。同じ遠遊文学であり、張衡が「思玄賦」を作る際大いに参照したと考えられる『楚辞』「離騒」にも占いの場面があるが、その占辞は詩的であり『易』にもとづいたものではない。張衡は、『易』の占辞と賦の世界観を巧みに一体化させたといえよう。

（2）「思玄賦」の亀卜

張衡は先述の易占によって「行くべし」という結果を得たにも関わらず、さらに亀卜によってその吉凶を再度占っている。先の引用に続く部分である。

①懼筮氏之長短兮、鑽東亀以観禎　　筮氏の長短を懼れ、東亀を鑽(や)きて以て禎を観る
②遇九皐之介鳥兮、怨素意之不逞　　九皐の介鳥に遇い、素意の逞しからざるを怨む
③遊塵外而瞥天兮、拠冥翳而哀鳴　　塵外に遊びて天を瞥(み)、冥翳(めいえい)に拠りて哀鳴す
④鵰鶚競於貪婪兮、我修絜以益栄　　鵰鶚(ちょうがく)は貪婪を競い、我絜を修めて以て益ます栄ゆ
⑤子有故於玄鳥兮、帰母氏而後寧　　子玄鳥に故有り、母氏に帰りて後寧(やす)んず

①は、『春秋左氏伝』の中に晋の卜人の言として「筮短亀長。不如従長」（筮は短く亀は長し。長きに従うに如かず）とあるのを受けての言葉であろう。筮竹による占いは短期間の視点であるから、亀甲によって改めて占おうというのである。ここで出たのは、「九皐之介鳥」という象である。九皐について、張衡伝の李賢注は『詩経』小雅・鴻鴈之什・鶴鳴篇の鄭玄注を引き、「喩深遠也」（深遠に喩うるなり）という。『文選』李善注によればこれは「大鳥之卦」であるという。また張衡伝李賢注ではこの占いの結果を「鶴兆」であるとして『易』中孚卦（䷼）を引いて説明する。

解釈は張衡伝李賢注と『文選』李善注で少し異なり、李賢は「勧衡求聖君以仕之也」（衡に聖君を求めて以て之に仕えんことを勧むるなり）と、聖君を探して仕える意に解す。現状から逃れ、聖君を求めることを勧めているということになろう。李善は、『老子』第五十二章の「天下有始、可以為天下母。既得其母、又知其子」（天下に始め有り、以て天下の母と為すべし。既に其の母を得れば、又た其の子を知る）を引き、河上公と韓非子の『解老』を挙げて、母とはすなわち道であると述べる。道に帰することで安寧を得ることができるととらえているのであろう。

殷代に甲骨を用いた占いが多く行なわれ、甲骨文字によって卜辞が刻まれた。『漢書』芸文志・数術略には蓍亀の項目があり、「亀書五十二巻」をはじめとする亀卜に関する書名が並ぶ。亀卜は、通常は単純に吉凶あるいは諾否を判断

するためのものと考えられている。亀卜の占い方について詳しいことは明らかではないが、「思玄賦」では形象に言及することから、ひび割れの形によって細かな判断がされていたであろうことがわかる。また、東亀とは『周礼』春官に「亀人掌六亀之属」（亀人は六亀の属を掌る）とある六亀のうちの一つとして挙げられている。(6) 殷代の亀卜よりも複雑になっているといえよう。

（3）「思玄賦」の占夢

「思玄賦」にはもう一つ、夢占いの場面が出てくる。これは先の二つとは異なる場面、ストーリー後半の天上界に向かう直前の出来事である。

①抨巫咸以占夢兮、(7) 迺貞吉之元符 (8)　巫咸をして以て夢を占わしめば、迺ち貞吉の元符なり
②滋令徳於正中兮、合嘉禾以為敷 (9)　令徳を正中に滋らせ、嘉禾を合わせて以て敷と為す
③既垂穎而顧本兮、爾要思乎故居 (10)　既に穎を垂らして本を顧み、爾故居を思わせんとす
④安和静而随時兮、姑純懿之所廬　安くんぞ和静にして時に随わん、姑く純懿の廬る所なり

これは、遊行を始めた直後に大木のような稲穂を夢に見たことを受けての占いである。(11) 貞吉とは、『易』によく用いられる表現であり、「占って吉がでた」ことを意味する。稲穂が垂れて根元に反り返る様子から、故居に思いを寄せるのがよい、時勢に従って生きるのがよい、という。

占夢は『周礼』春官に占夢の官について記述があり、夢を占うという行為が古くから容認されていたことがわかる。

占夢掌其歳時、観天地之会、弁陰陽之気。以日月星辰、占六夢之吉凶。
（占夢は其れ歳時を掌り、天地の会を観、陰陽の気を弁ず。日月星辰を以て、六夢の吉凶を占う。）

『周礼』では占夢が日月星辰と関わりを持つと述べており、天文官との職掌の関連がうかがえる。「思玄賦」においても、巫咸は星座の知識を以て占夢を行なったのであろう。後漢には王充『論衡』や王符『潜夫論』に夢を批判する記述があるが、彼らの占夢観は、夢の予兆性や占夢自体を認め、ただそれを正しく理解し得ないという状況を批判したものである。湯浅邦弘氏によると占夢の術の衰退は後漢期以降であり、まさに王充や王符が占夢を批判して以降のことである。[12]張衡が生きていた頃も、ちょうど占夢に対する認識の転換期であった。張衡はそんな中、占夢を賦で取り上げていたのである。

二　『霊憲』の占術表現

次に、『霊憲』の占術表現について検討する。『霊憲』では、姮娥が不死の薬を得て月に逃げようとする場面で占術が用いられる。

羿請不死之薬於西王母。姮娥窃之、以奔月。将往、枚筮之於有黄。有黄占之曰、「吉。翩翩帰妹。独将西行逢天晦芒、毋驚毋恐。後且大昌」。姮娥遂託身於月。是為蟾蠩。

（羿は不死の薬を西王母に請う。姮娥之を窃みて、以て月に奔る。将に往かんとし、之を有黄に枚筮す。有黄之を占いて曰く、「吉。翩翩として帰妹。独り将に西行して天の晦芒に逢わんとするも、驚くなかれ恐れるなかれ。後且に大いに昌えんとす」と。姮娥遂に身を月に託す。是れ蟾蠩たり。）

ここにいう帰妹（䷵）は易の卦の一つである。しかし、帰妹の卦辞は「帰妹。征凶。无攸利」（帰妹は、征けば凶。利するところなし）であり、「行くべきではない」とはっきり述べられ文意にそぐわない。

実は『霊憲』と同じエピソードは、王家台秦墓から出土した竹簡に見出すことができる。

「帰妹曰、昔者恒我窃毋死之□」（王家台秦墓竹簡三〇七）

「□□奔月。而攴占□□□」（同二〇一）

この竹簡は『帰蔵』といわれている。『文選』巻十三、謝希逸月賦注所引の『帰蔵』にも「昔常娥以不死之薬犇月」（昔常娥、不死の薬を以て月に犇る）とある。張衡は易だけでなく、易と類似の『帰蔵』をも用いていたことがわかる。[13]

以上、第一節、第二節において張衡の作品に見える占術表現を一つずつ検討してきた。ここからわかることは、張衡にとって占術は進退を定め、求める所を得る際の動機づけとなるものだったということである。張衡は後漢の知識人の例に洩れず、易占や亀卜、占夢といった占術と密接に関わっていたことになる。

三　讖緯に対する態度

讖緯とは、前漢末から流行した緯書の内容を指す言葉である。安居香山氏によれば、讖は天文占いなどの未来予言書、緯は経書を補足する解釈書を意味するという(14)。未来予言という点で讖は占術に近い要素をもつといえる。そこで本節では、張衡が讖緯思想をどうとらえていたかについて検討する。

(1)「請禁絶図讖疏」

張衡は一般に、讖緯を批判した人物として知られる。理由は、張衡が図讖の禁止を要請する上疏を行なったことによる。この上疏文は張衡伝に引用されているが、内容をよく検討してみると、張衡が讖緯思想全てを否定していたわけではないことがわかる。

まず、張衡が上疏に至った背景について、張衡伝は次のように記す。

初光武善讖、及顕宗粛宗、因祖述焉。自中興之後、儒者争学図緯、兼復附以妖言。衡以、図緯虚妄非聖人之法。

(初め光武讖を善くし、顕宗・粛宗に及びては、祖述に因る。中興よりの後、儒者は争いて図緯を学び、兼ねて復た附すに妖言を以てす。衡以(おもえ)らく、図緯は虚妄にして聖人の法に非ず、と。)

張衡は後漢の光武帝以下、皇帝たちが讖に傾倒したこと、その後儒者が争って図緯を学び、人々を惑わすような発言を行なったことを憂えている。そして図緯の蔓延する状況を批判し、図緯は聖人の法ではないという。以下に、上疏の一部を引用する。

臣聞、聖人明審律歴以定吉凶。重之以卜筮、雑之以九宮。経天験道、本尽於此。或観星辰逆順・寒燠所由、或察亀策之占・巫覡之言。其所因者非一術也。立言於前、有徴於後。故智者貴焉謂之讖書。

（臣聞くに、聖人は律歴を明審して以て吉凶を定む。之に重ぬるに卜筮を以てし、之に雑うるに九宮を以てす。天を経とし道を験とすること、本より此れに尽く。或いは星辰の逆順・寒燠の由る所を観、或いは亀策の占・巫覡の言を察す。其の因る所は一術に非ざるなり。言を前に立て、徴を後に有す。故に智者は貴びて之を讖書と謂う。）

冒頭で、聖人は律暦を明らかにすることによって吉凶を定めたと述べ、聖人が認めた占術として卜筮と九宮を挙げる。卜は亀卜、筮は筮竹による易占である。九宮は『易緯乾鑿度』に「太一取其数、以行九宮」（太一は其の数を取り、以て九宮を行る）とあり、八卦を八方に配当し、中央を太一として九の区域に分ける考え方である。鈴木由次郎氏は「太一九宮を行ぐる法は、太極が八卦の間に流通変化する、易のいわゆる陰陽の変化消息の法をあらわしたものである」と述べる[15]。中央の太一が九宮を順にめぐり、その位置に応じて吉凶を判断する。九宮は宋代には洛書となり、朱熹の『易学啓蒙』に図が描かれる。また九宮は九星という名で日本にも伝わり、縦横三列の枡目に一から九までの数を入れ、年月日に応じて配置を入れ替えて、数の配置に応じて吉凶を判断する。後漢当時の詳細な占い方は明らかではないが、八卦を用いるという点で易に関係しており、また時間の変化、つまり暦に対応した占術であったとも考えられる。

伝統的な占術は、星の動きや寒暑の要因を観察するとともに、亀甲や筮竹による占い、巫覡の言葉によって推察するという。巫覡は張衡の「東京賦」にも記述があり、洛陽の追儺の場面に登場する。[16] 張衡は、星や気候の変化を見て先行きを占う行為、また亀甲占いや易占、そして占術に通じた巫覡の言葉を容認し、正当なものであるととらえていた。そして、現象ではなく言葉が先んじるものを讖書と呼んだ、と説明する。

一巻之書互異数事。聖人之言、埶無若是。殆必虚偽之徒、以要世、取資。往者侍中賈逵摘讖、互異三十余事。諸言讖者、皆不能説。至於王莽簒位、漢世大禍。八十篇何為不戒。則知図讖、成於哀平之際也。且河洛六芸篇録已定、後人皮傅、無所容簒。

（一巻の書互いに数事を異にす。聖人の言、埶い是の若きこと無からん。殆ど必ず虚偽の徒、以て世に要め、資を取る。往者、侍中の賈逵讖を摘み、互いに三十余事を異とす。諸もろの讖を言う者は、皆説くこと能わず。王莽の位を簒うに至り、漢の世に大禍あり。八十篇何為れぞ戒めず。則ち図讖の、哀・平の際に成るを知るなり。且つ河・洛・六芸の篇録已に定まり、後人の皮傅、簒を容れる所無し。）

ここでは、図讖は一つの書物の中に矛盾した内容が併存すると述べ、それらは虚偽の記述であるという。また、図讖が哀帝・平帝の時代に成ったものであるという言及は、讖緯思想の始まりについて述べた興味深い記述である。ここで否定する讖は、先程の讖書とは全く異なるものである。

且律暦卦候九宮風角、数有徴効、世莫肯学、而競称不占之書。譬猶画工、悪図犬馬、而好作鬼魅。誠以実事難形、而虚偽不窮也。

（且つ律暦、卦候、九宮、風角は、数しば徴効有るも、世は肯て学ぶこと莫くして、競いて不占の書を称う。譬えば猶お画工、犬馬を図くを悪みて、鬼魅を作るを好むがごとし。誠に以て実事は形れ難く、虚偽は窮まらざるなり）

「不占之書」とは占いの書として効果がないということであろう。よって張衡伝李賢注は「謂競称讖書也」（競いて讖書を称うを謂うなり）という。ここで挙げられた律暦、卦候、九宮、風角に関して、張衡は「数有徴効」（数しば徴効有り）と価値を認めている。律暦と九宮については先述した。卦候は、七十二候に六十四卦を配したものである。風角は占風のことで、天文占書にも項目が立てられることが多い。坂出祥伸氏によれば、占星と占風が同一の人物によって行なわれる例があり、両者は深く関係しているという。また『史記』天官書を引用して、占星・望気・占風がいずれも天文に関する占法であると考えられていたこと、これらの職掌がいずれも天文をつかさどる管制、つまり太史に属するものであったことを指摘する。(17)

「請禁絶図讖疏」の内容を見ていくと、張衡自身の上疏は「讖」を批判するものの、「緯」という文字は一度も出てこない。范曄が著わした張衡伝の本文に現われるのみである。『霊憲』には『易緯乾鑿度』の用語を用いたと思われる箇所がある。(18)これらのことから、張衡が緯書のすべてを否定していたわけではないことがわかる。緯書の「緯」の部分、つまり解釈書としての側面は容認してその世界観を受け容れ、「讖」の部分、すなわち未来予言に関わる面を批判しているのである。「讖」についても、律暦や卜筮、卦候、九宮、風角は古くから伝わる正当な占術ととらえ、本来の

「讖書」であったという。しかし、他の妄言が現われたことで「讖」が混乱し、本来の役割を果たせなくなったと考えているのである。これは、正当でない「讖」を「非聖人之法」（聖人の法にあらず）と否定することで、伝統的な占術を擁護したものといえる。

（2）「思玄賦」の図讖批判

「思玄賦」にも図讖を批判した箇所がある。それは、賦の主人公（張衡自身か）が黄河のほとりで黄帝に出会い教えを請うた際、黄帝の答えの中に現われる。

①夫吉凶之相仍兮、恒反側而靡所[19]　　夫れ吉凶の相い仍（よ）ること、恒に側に反りて所なし

（中略）

②嬴摘讖而戒胡兮、備諸外而発内　　嬴讖を摘（はっ）して胡を戒め、諸の外に備えて内に発す

③或輦賄而違車兮、孕行産而為対　　或いは賄を輦（ひ）きて車を違え、孕めるもの行きて産み対と為す

④慎竈顕[20]於言天兮、占水火而妄誶[21]　　慎竈天を言うこと顕かにし、水火を占いて妄誶（すい）す

ここで張衡は、吉凶は互いに近く、容易に反転するという。これは易の思想と共通する考えである。易では陰爻と陽爻の組み合わせで卦が形成され、陰陽がそれぞれ極まれば互いに変じる。

嬴（秦の始皇帝）は「秦を滅ぼすものは胡である」という予言を信じて北方の胡に備えたが、実際は始皇帝の子、胡亥が政治を乱し、秦を滅ぼす要因を作った[22]。外の「胡」ではなく内の「胡」が秦を滅ぼす要因であったことになる。ま

た、④では魯の大夫梓慎が日食を見て洪水を予言したが、実際は日照りが起こったこと、鄭の大夫裨竈が火を祓うために瓘斝（かんか）と玉瓚（玉製の盃と杓）を請うたが与えられず、「また火事が起こる」と予言したが結局火事は起こらなかったというエピソードを取り上げる。(23) ④は一見すると占術そのものを否定しているように見えるが、必ずしもそうではなく、誤った解釈や自分の利益をもくろむ予言に対して批判を加えているといえる。

「請禁絶図讖疏」にも見られるように、張衡が讖緯思想に対して述べたかったのは、後世の恣意的な解釈によって本来の占術を歪めたり、曲解したりすることの否定であって、占術そのものの否定ではないといえる。

おわりに

本章での考察により、張衡が正統ととらえる占術を重視し、将来を見定める際に重要な役割を持たせていたことがわかる。正統ととらえる占術とは、易をはじめ、亀甲、占夢などを指す。また律暦、卦候、九宮、風角なども正統な占術に含まれたことがわかる。これらに共通するのは、暦や星、数に関する占術であるという点であろう。張衡は太史令であり、宇宙の構造に関心を持ち、天体の動きを詳しく観察していた。つまり張衡は、天体のあり方と占術を密接に関連するものとしてとらえているのである。したがって図讖についても、そのすべてを非難したのではなく、伝統的なものについてはこれを容認していた。すなわち天を理解するためには、実測のみならず占術によっても知ることができるという認識を張衡が有していたといえよう。

注

（1）疏の名称は孫文青『張衡年譜』（商務印書館、一九三五年）に倣った。
（2）『文選』では「予」に作る。
（3）『文選』では「臚」に作る。
（4）互体の象を含む取象の形式については、鈴木由次郎『漢易研究』増補改訂版（明徳出版社、一九七四年）、劉大鈞『周易概論』（斉魯書社、一九八六年）を参照した。
（5）『春秋左氏伝』僖公二十六年にも、同様の「乾変為兌」を用いた表現がある。
（6）『周礼』は周代の官制が書かれているとは限らないが、漢代以前に書かれたと考えられるため、古代の官職に関する手がかりとして取り上げた。以下も同様。
（7）『文選』では「作」に作る。
（8）『文選』では「乃」に作る。
（9）『文選』では「秀」に作る。
（10）『文選』では「亦」に作る。
（11）「思玄賦」に「発昔夢於木禾兮、穀崐崘之高岡」とある。
（12）湯浅邦弘「中国古代の夢と占夢」（『島根大学教育学部紀要（人文・社会科学）』第二十二巻第二号、一九八八年）。このほか占夢については、劉文英『夢的迷信与夢的探索』（中国科学出版社、一九八九年）、西林真紀子「古代中国の夢占いについて」（『大東アジア学論集』第五号、二〇〇五年）などを参照。
（13）『帰蔵』については、近藤浩之「王家台秦墓竹簡『帰蔵』の研究」（郭店楚簡研究会編『楚地出土資料と中国古代文化』汲古書院、二〇〇二年）、川村潮「『帰蔵』の伝承に関する一考察」（『早稲田大学大学院文学研究科紀要』第四分冊第五十二輯、二〇〇六年）を参照。釈文も近藤氏論文に基づく。
（14）安居香山『緯書と中国の神秘思想』（平河出版社、一九八八年）二三頁参照。この他、讖緯思想については安居香山、中村璋八『緯書の基礎的研究』（漢魏文化研究会、一九六六年）、安居香山『緯書の成立とその展開』（国書刊行会、一九七九年）などを参照。

(15) 注（4）所掲、鈴木由次郎『漢易研究』一六三頁参照。

(16) 「東京賦」（『文選』巻第三所収）に、「方相秉鉞、巫覡操茢」とある。

(17) 『史記』天官書に「夫自漢之為天数者、星則唐都、気則王朔、占歳則魏鮮」とある。坂出祥伸「風の観念と風占い――中国古代の疑似科学――」（新田大作編『中国思想研究論集――欧米思想よりの照射』雄山閣出版、一九八六年、のち坂出祥伸『中国古代の占法――技術と呪術の周辺――』研文出版、一九九一年に再録）二三四頁ほか参照。

(18) 『霊憲』で用いられる「太素」や「天元」は、『易緯乾鑿度』にもある。

(19) 『文選』では「仄」に作る。

(20) 『文選』では「以」に作る。

(21) 『文選』では「訊」に作る。

(22) 『史記』秦始皇本紀参照。

(23) 『春秋左氏伝』昭公十八年、昭公二十四年参照。

第七章　張衡佚文の考察

張衡の天文に関する著作として『霊憲』と『渾天儀』がよく知られ、「思玄賦」にも星座に関する記述が含まれている。しかし、後世「張衡云」、あるいは「張衡曰」として引用される天文に関する記述の中には、通常『霊憲』や『渾天儀』には含まれない佚文が存在する。

本章では張衡の天文に関する佚文を整理し、佚文が実際に張衡のものなのかを検討する。さらに、もし張衡のものでないとすれば、いつから、またなぜ張衡の佚文と考えられるようになったのかを考察したい。なお、張衡の著作のうち『霊憲』や『渾天儀』も現存しておらず、他文献から佚文を収集して輯本が作られているが、一部を除き本書でいう「佚文」には含めない。

一　張衡の星・星座・惑星の知識

佚文について触れる前に、張衡が星や星座、惑星をどのようにとらえていたのか、『霊憲』の記述で確認しておこう。まずは星に関する記述である。

星也者、体生於地、精成於天。列居錯峙、各有逌属。

（星なるもの、体は地に生じ、精は天に成る。列居して錯峙（さくじ）し、各おの属する逌（ところ）有り。）

ここで張衡は、星が地と天の双方によって形成されると説く。天地それぞれの要素を兼ね備えているというのである。また、星々は居並び入り乱れ、それぞれ属するところがあるという。属するところというのが、それぞれの星座のことであろう。また、星の光については「衆星被燿、因水転光」（衆星燿を被り、水に因りて光を転ず）と、水が光を反射するように星々が輝くと説明される。

星や星座の数については次のように述べる。

中外之官、常明者百有二十四、可名者三百二十、為星二千五百。而海人之占未存焉。微星之数、蓋万一千五百二十、庶物蠢蠢。

（中外の官、常に明るき者百有二十四、名づくべき者三百二十、星たるもの二千五百。而れども海人の占未だ焉（ここ）に存せず。微星の数、蓋し万一千五百二十、庶物蠢蠢たり。）

現在肉眼で見ることのできる星の数は、一等星から四等星までで約千個、五等星を合わせると約三千個ある。「為星二千五百」の二千五百は目に見える星の数に近く、実際に観測して得た数値の概数であろう。しかし、「微星」である一万千五百二十個の星については、実際に肉眼で見える星の数を大幅に超えている。この数は、『易』繫辞上伝の「二篇之策万有一千五百二十、当万物之数也」（二篇の策万有一千五百二十は、万物の数に当たるなり）をもとに、地上の万物の総数と星の総数とが対応すると考えた結果である。「微星の数」の前に記述のある「常に明るき者」と「名づくべき者」は、実際の観測にもとづいた数と思われる。しかし、最後の「微星の数」になって、『易』にいう万物の総数とリンクし、自然の摂理と『易』の思想とが絡み合うと主張したのであろう。

次に、『霊憲』の具体的な星座の記述を見ていく。原文の星座名には傍点、四神など関連語には傍線を附した。

紫宮為皇極之居。太微為五帝之庭、明堂之房。大角有席、天市有坐。蒼龍連蜷於左、白虎猛拠於右、朱雀奮翼於前、霊亀圏首於後。黄神軒轅、於中。六擾既畜、而狼蚖魚鼈、罔有不具。在野象物、在朝象官、在人象事。於是備矣。

（紫宮は皇極の居たり。太微は五帝の庭、明堂の房たり。大角に席有り、天市に坐有り。蒼龍連蜷して左に於り、白虎猛拠して右に於り、朱雀奮翼して前に於り、霊亀圏首して後ろに於り、黄神軒轅は、中に於る。六擾は既に畜われて、狼蚖魚鼈、有として具わらざるものなし。野に在りては物に象り、朝に在りては官に象り、人に在りては事に象る。是に於て備われり。）

紫宮、太微、天市といった、のちの三垣に相当する星座が揃い、明堂や大角といった星座の名も見える。そのほか、動物や官職、事柄など、星座にはあらゆるものが備わると述べている。実際、中国の星座は地上の事物に対応した名がつけられており、天上世界を築いている。また四神も書かれるものの、北方は玄武ではなく霊亀と呼称する。四方の霊獣だけでなく中央の黄神（軒轅）も併記され、四方と中央という五分類の図式がうかがえる。これは、司馬遷『史記』天官書の五宮分類を継承しているのであろう。『史記』では、天の北極を中心とする部分を中宮、それ以外の部分を四方に分けてそれぞれ東宮、南宮、西宮、北宮と区分する。

衆星列布。其以神著、有五列焉。是有三十五名。一居中央、謂之北斗。動変定占、実司王命。四布於方、各七為二十八宿。日月運行、歴示吉凶、五緯経次、用告禍福。則天心於是見矣。

（衆星列布す。其の神を以て著るもの、五列有り。是れ三十五名有り。一は中央に居り、之を北斗と謂う。動変して占を定め、実に王命を司る。四は方に布し、各おの七ありて二十八宿を為す。日月運行し、歴く吉凶を示し、五緯次を経て、用って禍福を告ぐ。則ち天心是に於て見わる。）

別の箇所では、星々が分布する中で、五列・三十五星座を特に取り上げる。三十五というのは、北斗の七星と二十八宿を合わせた数である。二十八宿は星座だが、北斗は星一つ一つを数え、合計七とする。星と星座の違いはあるが、北斗は中央に位置し一つずつの星が二十八宿の星座と同等の価値を有するということであろうか。ここでも四方と中央という図式が見える。

このように、『霊憲』に見える張衡の星座の記述はそれほど多くないが、四方と中央の五分類の考え方を有していたことがわかる。天を五つに分ける考え方は、『史記』天官書の五宮分類を継承したものであると考えられるが、『漢書』天文志でも『史記』の五宮分類が援用されており、当時通行した分類であったことがわかる。

さらに『霊憲』では、惑星について次のように記述される。

凡文耀麗乎天、其動者七、日月五星是也。周旋右廻、天道者貴順也。近天則遅、遠天則速。行則屈、屈則留回。留回則逆、逆則遅、迫於天也。行遅者覿於東。覿於東者属陽。行速者覿於西。覿於西者属陰。日与月共配合也。摂提、熒惑、地候見晨、附於日也。太白、辰星見昏、附於月也。二陰三陽、参天両地、故男女取則焉。

（凡そ文耀天に麗り、其の動く者七、日月五星是れなり。周旋右廻するは、天道なる者順を貴べばなり。天に近づけば則ち遅、天に遠ざかれば則ち速。行けば則ち屈、屈すれば則ち留回す。留回なれば則ち逆、逆すれば則ち遅、天に迫るなり。行遅き者は東に覿ゆ。東に覿ゆる者は陽に属す。行速き者は西に覿ゆ。西に覿ゆる者は陰に属す。日と月と共に配合するなり。摂提・熒惑・地侯は晨に見え、日に附すなり。太白・辰星は昏に見え、月に附すなり。二陰三陽、参天両地、故に男女取りて焉に則る。）

五星とは木星（摂提、あるいは歳星とも呼ばれる）、火星（熒惑）、土星（地侯、あるいは鎮星、塡星とも呼ばれる）、金星（太白）、水星（辰星）の五つの惑星のことである。張衡は五惑星について、その動きに遅速があること、逆行するということを把握していた。さらに、木星、火星、土星を日と結びつけ、金星、水星を月と結びつけて陰陽思想に関連づけている。地球より太陽に近い位置にある金星と水星の動きが、木星・火星・土星とは異なることから区別したのであろう。(1)

二　張衡の佚文

前章でみた『霊憲』の星や星座、惑星に関する記述は、いずれも星や惑星の性質、個数、運行に関するものであった。それでは、『霊憲』に記述されない張衡の星座や惑星に関する佚文は一体どのような特徴をもっているのであろうか。張衡の佚文は、主に「張衡云」、「張衡曰」として引用され、以下の五十八条ある。番号を附して順に挙げると次の通りである（〔　〕内は該当する星座名）。

南宋・鄭樵『通志』天文略

①張衡云、牽牛織女七月七日相見。〔牽牛・織女〕
②張衡云、虚危等為死喪哭泣之事、亦為邑居廟堂祠祀之事。〔虚・危〕
③張衡云、天子遊別宮之道。〔閣道〕
④張衡云、主積蓄黍稷、以供享祀。〔天廩〕
⑤張衡云、一名積廩。〔積尸〕
⑥張衡云、昴明則獄訟平、暗則刑罰濫。〔昴〕
⑦張衡云、不見則牛暴死。〔芻藁〕
⑧張衡云、主枢機。(2)〔巻舌〕
⑨張衡云、畢為天馬。〔畢〕
⑩張衡云、主国界也。〔天街〕
⑪張衡云、天子兵車舎也。〔五車〕
⑫張衡云、葆旅、野生之可食者。〔觜觿〕
⑬張衡云、天之南門也。(3)〔東井〕
⑭張衡云、河南星不具、則南道不通。北亦如之。〔南北河〕
⑮張衡云、以給貧餒。〔天樽〕
⑯張衡又曰、五諸侯治陰陽、察得失。明而潤、大小斉等、則国之福。又曰、赤則豊、暗則荒。(4)〔五諸侯〕
⑰張衡云、居非其処、則人相食。〔狼〕

⑱張衡云、引満、則天下兵起。(5)〔弧矢〕
⑲張衡云、主祠祀、天目也。〔輿鬼〕
⑳張衡云、柳為朱雀之嗉、天之厨宰也。(6)〔柳〕
㉑張衡云、七星為朱鳥之頸。(7)〔七星〕
㉒張衡云、軒轅如龍之体。(8)〔軒轅〕
㉓張衡云、主東越、穿胸、南越三夷。〔東甌〕
㉔張衡云、軫為冢宰、輔臣也。(9)〔軫〕
㉕張衡云、轄不見、国有大憂。〔轄〕
㉖張衡云、天子之宮庭、五帝之坐、十二諸侯府也。(10)〔太微垣〕
㉗張衡云、以輔弼帝者、其名与夾斗三公同。〔三公内坐〕
㉘張衡云、五帝同明而光、則天下帰心。不然、則失位。〔五帝坐〕
㉙張衡云、今左右中郎将、是也。(11)〔郎将〕
㉚張衡云、主侍従之武臣也。(12)〔虎賁〕
㉛張衡又云、今之尚書郎也。(13)〔郎位〕
㉜張衡云、色斉明而行列相類、則君臣和、法令平。不斉為乖度。〔三台〕
㉝張衡云、二星並為後宮。(14)〔北極五星〕
㉞張衡云、抱極之細星也。為輔臣之位、主賛万機。(15)〔四輔〕
㉟張衡云、天一遍閶闔外。(16)〔天一〕

㊱張衡云、紫微垣十五星、東藩八、西藩七。(17)〔紫微垣〕
㊲張衡曰、八坐大臣之象。(18)〔尚書〕
㊳張衡云、婦官也。主記宮内之事。(19)〔女史〕
㊴張衡云、大帝所居之宮也。(20)〔勾陳〕
㊵張衡云、其占、黄潤光明、万人安。大小均、天瑞降。青黒細微、多所害。揺動移徙、大臣憂。金火守入、兵興。孛彗犯、国乱。〔文昌〕
㊶張衡云、若天子不恭宗廟、不敬鬼神、則魁第一星不明、或変色。若広営宮室、妄鑿山陵、則第二星不明、或変色。若不愛百姓、驟興征役、則第三星不明、或変色。若発号施令、不順四時、不明天道、則第四星不明、或変色。若廃正楽、務揺声、則第五星不明、或変色。若不勤農桑、不務稼穡、峻法濫刑、退賢傷政、則第六星不明、或変色。若不撫四方、不安夷夏、則第七星不明、或変色。〔三公〕
㊷張衡曰、天市明、則市吏急、商人無利。(21)〔天市垣〕
㊸張衡云、帝坐者帝王之坐。帝坐有五、一坐在紫微宮、一坐在大角、一坐在心中、一坐在天市垣、一坐在太微宮、咸云帝坐。(22)〔帝坐〕
㊹張衡云、貫索開有赦、不見即刑獄簡。(23)〔貫索〕
㊺張衡云、七公横列貫索之口、主執法、列善悪之官也。〔七公〕
㊻張衡云、津漢者金之気也。(24)〔天漢〕

「七曜」

㊼張衡云、歳星者東方之精、蒼帝之子。一名摂提、一名重華、一名応星、一名紀星。

㊽張衡云、熒惑為執法之星、其精為風伯之師。或童児歌謡嬉戯。

㊾張衡云、塡星者黄帝之子、女主之象也。一名地候。

㊿張衡云、太白者白帝之子。一名火政、一名官星、一名明堂、一名文表、一名太皡、一名終星、一名天相、一名天浩、一名序星、一名梁星、一名威星、一名大囂、一名大爽。

(51)張衡云、辰星、一名勾星、一名爨星、一名伺星。

明・章潢『図書編』

(52)張衡云、歳星在四仲則行三宿、在四季則行二宿。孟季之年四四一十六、四仲之年三四一十二、而行二十八宿十三年一週天。木星所在国、不可伐而可以伐。人趨舎為盈、退舎為縮、出入不常、其次必有天妖。凡六日行一度、或三日五日行一度、十二月移一宮、十二年一小週天、八十三年一大週天。〔歳星吟〕

(53)張衡云、常以十月入太微垣、受制而出、行宿。所司無道、其出入無常、行一舎。二舎為不祥。東行疾則兵聚于東、西行疾則兵聚于西、南北行亦然。一日半行一度、五十日移一宮、若疾七日半行五度、四十五日移一宮。若遅退三四個月移一宮、二年行小週天、十七九年行一大週天。〔熒惑吟〕

(54)張衡云、常以申元建之。歳失次而辰上一舎。二舎則為水火。失次而下三舎有后戚之変。三年移一宮、五十九年一大週天。〔鎮星吟〕

(55)張衡云、金曰太白也。出辰戌、入丑未。晨出東方二百四十日、而入夕出西方。二百四十日而入三十日而復出。与日同行南北為盈、与日分行南北為縮。出早為日蝕、出晩為天殃、出兵象也。此星附日而行不離、大陽前後二宮、一日

六時止行一度、一月移一宮、二年亦行一小週天、八年行一大週天。〔太白吟〕

㊻張衡云、春見奎婁、夏見冬井、秋見角亢、冬見牽牛。出以辰戌、入以丑未。晨見候於東、夕見候於西。出早為日蝕、出晩為彗星。四時不出、天下大饑、出於房間主地動。一日行一度半、一月過一宮、則六十九日始過一宮、疾則二十日或十七日過一宮、一年一小週天、六十五年一大週天。〔辰星吟〕

清・華希閔『広事類賦』

㊼張衡云、塡星主徳厚、安危、存亡之機。司天下、女主之過。重厚而舒緩、其行最遅、其為変。亦少二十八歳而一周天。

唐・瞿曇悉達『開元占経』

㊽張衡渾儀曰、天市二十二星、帝座前有一耳。（巻六十五）

※このほか、南宋・李季『乾象通鑑』には「張平子通例曰」（平子は張衡の字）という引用が八十二条あるが、本書では取り上げない。

主に『通志』天文略に見える佚文を挙げ、『通志』と重複しない佚文は他の文献から引用した。これらの佚文については呂子方氏も触れているが、氏はこれらを『霊憲』の佚文であるとする[25]。しかし、現在確認できる『霊憲』とは内容が大きく異なっており、根拠に欠ける。

	（？）観象玩占	（南宋）通志	（元）文献通考	（明）図書編	（明）南京都察院志	（明）登壇必究	（清）五礼通考	（清）広事類賦
佚文	7	51	50	39	3	49	7	12
通志と重なる引用	7		50	34	3	49	7	11
その他	—	—	—	5	—	—	—	1

表一　各文献に引用される張衡佚文の数

それぞれ、どこまでが張衡の文かの判断は難しいため、本書では最も短い句で区切ることにする。また、『観象玩占』の佚文は『通志』と重なるものの、文字の異同が多いため注に引用した。①から(51)は『通志』天文略をはじめとする複数の文献に見えるもの、(52)から(56)は『通志』にはないが『図書編』に見えるもの、(57)は『広事類賦』にのみ見えるもの、(58)は『開元占経』にある佚文である。①から(51)の「張衡云」という佚文は、『通志』天文略以外にも『文献通考』や『図書編』、『登壇必究』、『広事類賦』など複数の文献に引用される。**表一**は、代表的な文献にある佚文の数を比較したものである。引用数を見ると『通志』が最も多く、『文献通考』、『登壇必究』が続く。このうち、ほとんどの佚文が『通志』にあるものとほぼ一致する。一致しない『図書編』の五例は、「歳星吟」など五惑星に関する記述である。

『開元占経』にある佚文(58)は、『渾儀』にあると記述されるが、『開元占経』巻一にまとまって引用される『渾天儀』には含まれない。そもそも『開元占経』巻一では『渾天儀』を「張衡渾儀註」、「渾儀図注」として引用するため、書名も微妙に異なる。

各文献のうち、『開元占経』のみが唐代の成立である。しかし、佚文は他と異なるものであり、区別して考える必要がある。①から(51)の、複数の文献に引用される佚文について考えると、『観象玩占』は成立年代が明確でないため、佚文を引用する文献の中で『観象玩占』を除いて最も早期の文献は南宋の鄭樵『通志』（紹興三十一年（一一六一）に完成）である。『通志』以後張衡の佚文は各書に引用されるが、基本的には『通志』天文略と共通する佚文である。つまり後世の張衡の佚文は、おおむね『通志』に引用される一系統であるといえる。『通志』以降の文献は、『通志』あるいは『通志』に類する文献から引用されたものと考えられるため、本書では『通志』の佚文を中心に検討し、㊾以降は本書ではひとまず検討の対象外とする。

『通志』は南宋の鄭樵がまとめたもので、歴代の史書を元にして成立した。しかし、同様の張衡佚文は南宋以前の唐・開元年間にまとめられた『開元占経』には見当たらない。『開元占経』が張衡の『霊憲』や『渾天儀』を冒頭に引用しているにも関わらず、である。唐代の文献に見当たらない佚文が宋代以降に引用されているのは、一体なぜなのであろうか。

三　張衡佚文と『晋志』、『史記正義』

『通志』所載の張衡佚文の内容は、大別すると⑴星座の星数や属性の説明、⑵占辞、⑶その他に類別できる。⑴は三十六例、⑵は十二例、⑶のうち属性と占辞の両方であるものが一例あり、いずれにも属さないものは二例ある。属性に分類し占辞に含めなかった佚文についても、張衡の佚文とした文のすぐ後に占辞が続く場合が十八例以上あり、これらの占辞も張衡の佚文として扱える可能性があるため、実際には占辞に関する佚文は数字よりも多いといえよう。

これまで知られている張衡の天文書、『霊憲』と『渾天儀』には、天文占に関する箇所は全く見られない。これらが本当に張衡の佚文であるとすれば、張衡が天文占に関する記述を残していたことを明らかにする貴重な資料となるだろう。

これらの佚文の記述が一体いつ頃まで遡れるのかについて、正史の天文志や他の天文書の記述と比較してみると、内容が類似する記述がいくつか確認できる。そこで次に、張衡佚文と関わる記述を張衡の佚文と比較する。

張衡の佚文に類する記述は、『晋志』や『史記正義』の中に見える。[26]『史記正義』は、文字の異同が多く同種の文かどうか怪しいものも含めると二十九例、『晋志』は十例が関連する記述である（表二）。ただし、これらの記述には「張衡」の名は全く出てこない。それぞれの佚文を分類していくつか挙げれば、次の通りである。[27]

（1）『晋志』、『史記正義』ともに記述があるもの…九例（うち一例が『晋志』にはなく『隋志』にのみ見える）

例：③閣道六星、在王良前、飛道也。従紫宮至河神所乗也。一曰主道里。張衡云、天子遊別宮之道。一曰王良旗、一曰紫宮旗。亦所以為旌表而不欲其動揺。一星不具、則輦道不通。動揺則宮掖之内兵起。

【史記正義】閣道六星、在王良北、飛閣之道。天子欲遊別宮之道。占、一星不見、則輦路不通。動揺則宮掖之内起兵也。

【晋志】閣道六星、在王良前、飛道也。従紫宮至河神所乗也。一曰閣道星。天子游別宮之道也。

⑥張衡云、昴明則獄訟平、暗則刑罰濫。六星与大星等、大水、有白衣会。七星黄、兵大起、動揺、有大臣下獄。大而尽動、若跳躍者辺兵大起。一星不見、皆憂兵之象也。

【史記正義】昴七星、為髦頭。胡星亦為獄事。明天下獄訟平、暗為刑罰濫。六星明与大星等、大水。且至其兵大起、揺動若跳躍者、胡兵大起。一星不見、皆兵之。

	通志	史記正義	晋志（隋志）
張衡佚文と関連する記述	51	29（うち△3）	11（うち△3）

表二　張衡佚文と関連する記述の数

【晋志】昴明則天下牢獄平。昴六星皆明与大星等、大水。七星皆黄、兵大起。一星亡、為兵喪、揺動、有大臣下獄、及有白衣之会。大而数尽動、若跳躍者、胡兵大起。

（2）『晋志』にはあるが『史記正義』にないもの…二例

例：④天稟四星、在昴南。一曰天廥。張衡云、主積蓄黍稷、以供享祀。春秋所謂御稟也。

【史記正義】なし

【晋志】天稟四星、在昴南。一曰天廥。主蓄黍稷、以供饗祀。春秋所謂御稟、此之象也。

⑮樽三星、在五諸侯南、主盛饘粥、以給酒食之正也。張衡云、以給貧餒。明則豊、暗則荒。或言、暗吉。

【史記正義】なし

【晋志】五諸侯南三星曰天樽、主盛饘粥、以給貧餒。

（3）『史記正義』にはあるが『晋志』にないもの…二十例

例：①臣謹按、張衡云、牽牛織女七月七日相見者、即此也。

【史記正義】自昔伝、牽牛織女七月七日相見、此星也。

【晋志】なし

⑫隋志云、觜觿為三軍之候、行軍之蔵府。主葆旅収斂。万物明、則軍儲盈、将得勢。動而明、盗賊群行。葆旅

起動移将有逐者。張衡云、葆旅、野生之可食者。金火来守、国易政、兵起、災生。

【史記正義】 觜觿為虎首、主収歛葆旅事也。葆旅、野生之可食者。占、金木来守、国易政、災起也。

【晋志】 觜觿三星、為三軍之候、行軍之蔵府。主葆旅収斂。万物明、則軍儲盈、将得勢。(「張衡云」以下の文なし)

㊷天市垣二十二星、在房心東北、主権衡、主聚衆。一曰天旗庭、主斬戮之事也。市中星衆潤沢、則歳実、星稀則歳虚。熒惑守之、戮不忠之臣。又曰、若怒角守之者、臣殺主。彗星出、為徙市易都。客星入之、兵大起、出之、有貴喪。張衡曰、天市明、則市吏急、商人無利。忽忽暗則反是。

【史記正義】 天市二十三星、在房心東北、主国市聚交易之所、一曰天旗。明則市吏急、商人無利。忽然不明、反是。市中星衆則歳実、稀則歳虚。熒惑犯、戮不忠之臣。彗星出、当徙市易都。客星入、兵大起、出之、有貴喪也。

【晋志】 天市垣二十二星、在房心東北、主権衡、主聚衆。一曰天旗庭、主斬戮之事也。市中星衆潤沢、則歳実。熒惑守之、戮不忠之臣。彗星除之、為徙市易都。客星入之、兵大起、出之、有貴喪。(「張衡云」以下の文なし)

※『図書編』は、張衡の佚文を引用するとともに「石氏曰、天市星明、則市吏急、商人無利。不明、則市吏弱、商人多利」も引用する。『開元占経』でも同様の占辞を「石氏曰」として引用。

(4)『晋志』、『史記正義』ともに記述がないもの…二十例

例：⑤太陵中一星曰積尸。明則死人如山。張衡云、一名積廩。積尸明而大、或其傍星多、則天下多死喪、或兵起。

【史記正義】 なし

【晋志】太陵中一星曰積尸。明則死人如山。（「張衡云」以下の文なし）

㉓東甌五星、在翼之南。蛮夷星也。張衡云、主東越、穿胸、南越三夷。金火守之、其地有兵、芒角動移、兵内叛。

【史記正義】なし

【晋志】翼南五星曰東区。蛮夷星也。（「張衡云」以下の文なし）

このように前後の文も含めて見てみると、『通志』の記述は『晋志』よりも『史記正義』に近いこと、しかし『史記正義』にない内容で『晋志』と重なる箇所もあることなどがわかる。張衡以外の記述も含めて見ていくと、『史記正義』の内容のうち『通志』にはない文がいくつかあるが、『晋志』の内容は、多少の文字の異同を無視するとほぼ全文が『通志』と重なるものであった。

以上のように、張衡の佚文はその内容が一部『晋志』や『史記正義』と重なることが確認できた。ただし『晋志』や『史記正義』には張衡の名は見えない。これらの佚文は、唐代にはまだ張衡のものと考えられていなかった可能性が考えられる。

四　張衡佚文の検討

『晋志』や『史記正義』に類似の記述が存在することから、少なくとも佚文の一部は唐代まで記述自体が遡れることは確認できた。しかし、『晋志』や『史記正義』には張衡の記述であるとは書かれていない。それでは一体なぜ、どのような根拠によって後世これらの佚文が張衡のものであるとされたのか。李淳風の『乙巳占』巻一には『霊憲』が、瞿曇悉達『開元占経』巻一には張衡の『霊憲』と『渾天儀』がまとまって引用されており、唐代には『霊憲』と『渾天儀』は存在していたと考えられる。そのため佚文についても、南宋まで張衡の著作が残っており、直接張衡の著作から引用された可能性も考えられる。しかし、それではなぜ『乙巳占』や『開元占経』などにこれらの箇所が引用されなかったのかという疑問が残る。また、『史記正義』や『晋志』には張衡の佚文が一部引用されているとはいえ張衡の名は見えず、佚文がすべて引用される訳でもないため、これらに引用されない佚文の来源をどこに求めれば良いかという疑問もある。『史記正義』については、水澤利忠編『史記正義の研究』でも述べられる通り、元々単注本であった『史記正義』が現在の『史記』に合注される過程で大幅に削られているため、本来は現在確認できるよりも全体量が多かったと考えられている。[28] もし刪削された注の中に張衡佚文も含まれたとすれば、張衡佚文が『史記正義』に全て揃っていた可能性も考えられる。

これらの佚文が張衡のものと考えられた要因を探るため、同様の佚文が他の書名で引用される例について検討したい。

惑星に関する記述[47]〜[51]について、張衡の佚文と同じ内容が『史記正義』では「天官云」、あるいは「天官占云」という形で引用される。「天官占」は『隋書』経籍志にある『天官星占』のことであろう。『隋書』経籍志では「天官星占十巻、陳卓撰」、また「梁有天官星占、二十巻、呉襲撰」とある。『通志』芸文略にも陳卓撰の『天官星占』の記録があり、呉襲撰の『天官星占』は『開元占経』に引用される。陳卓は三国呉・晋の太史令、呉襲については詳しいことは明らかではないが、いずれにせよ、「天官占」には張衡との関係は確認できない。

次に、『星経』との関連を見てみよう。張衡佚文は『広事類賦』の中で、主に『星経』の引用の中に現出する（『広事類賦』中の張衡佚文十二例のうち、『星経』の引用とされるものは八例）。『星経』は『隋書』経籍志に撰者未詳の「星経二巻」、また「石氏星経七巻、陳卓記」、さらに「星経七巻、郭歴撰」があり、『通志』芸文略に「星経五巻、陶弘景撰」が、また『郡斎読書志』、『宋志』芸文志、『文献通考』などには甘公、石申の『星経』の書名が記録されている。『星経』自体がどのような書物かはっきりしないため、ここでは詳しくは触れないが、いずれにしろ張衡との関係は見えない。

さらに、張衡の佚文と同じ句が、『楚辞』「離騒」の洪興祖注や『漢書疏証』の中では、「大象賦注」あるいは「天文大象賦注」として引用される。またこれと関連して、『太平御覧』巻六に引用される「大象列星図」にも、張衡の佚文と重なる記述がみられる。

書名に「大象」とつく賦は、「天文大象賦」、「大象賦」、「大象列星図」など書目中にいくつか確認できるが、現在はおおむね隋の李播の作と考えられている。しかし、「天文大象賦」は張衡の作とする説があり、明・張傅の『漢魏六朝百三名家集』の中の、張衡の文を集めた『張河間集』には、同じ賦が「週天大象賦」というタイトルで採録され、呂子方氏も「張衡《天象賦》考証」の中で張衡の著作であると述べる[29]。また、『宋史』芸文志や『郡斎読書志』では張衡の作と考えられていることから、宋・元の頃には、「天文大象賦」やその注が張衡のものであるという考えが流行したことがわかる。

そこで「天文大象賦」の注と張衡の佚文を比較してみると、文字の異同は多少あるものの、『通志』に引用される佚文五十一例のうち、七例を除きほぼ同一の記述が確認できた。佚文の九割弱に「天文大象賦」注との類似が見えており、両者の関係が深いことがわかる。「天文大象賦」がかつて張衡の作と考えられていたことから、その注に存在する記述までもが張衡の記述であると考えられるようになったのではないか。しかし、「天文大象賦」の注の中には『晋志』からの引用もあるため、注が唐代以降に書かれたことは明らかであり、そもそも注が張衡のものという記録はない。「天文大象賦」の注から張衡の佚文だとされたのであれば、実際にはこれら張衡の佚文とされるものは張衡のものではないといえる。

ただし、『晋志』や『史記正義』、『開元占経』などを見ても明らかなように、中国の天文書は、独自の記録だけで成り立っているものはほとんどなく、大方それ以前の文献を参照し、取捨選択の上整理されたものである。「天文大象賦」の注にしても、『晋書』と書名を明記した引用以外に、『晋志』や『史記正義』などと共通の内容がある。そうであれば、今回取り上げた張衡佚文の内容も、「天文大象賦」注以前の文献を参照したとも考えられ、あるいは実際に張衡の著作から引用されたという可能性も完全には否定できない。たとえば牽牛・織女に関する①の佚文は、『史記正義』では「昔より伝う」といい、「天文大象賦」では「世に伝う」とあって、古くから伝わっていたことを示している。このように、起源を考えていくと古い時代まで遡ることをうかがわせる記述もあり、張衡が全く関係していないと断言することも困難である。しかし、現在これらを張衡の佚文とする証拠はない。

おわりに

本章で検討したことをまとめると次の通りである。

『霊憲』や「思玄賦」の星座の記述から、張衡が中央と四方の五つの分類を踏まえていたことがわかる。『通志』天文略にも張衡の星座に関する佚文が引用され、同種の記述が一部『晋志』や『史記正義』にも存在するが、『晋志』『史記正義』には張衡の名はない。そして『通志』に引用される張衡の佚文と同じ内容が、文字の異同は多少あるものの「天文大象賦」（「周天大象賦」）の注にも見える。「天文大象賦」は『宋史』芸文志などで張衡の作とされており、宋・元代には張衡が作ったと考えられていた。そのため、注の内容が張衡のものと考えられ、『通志』等に「張衡云」という形で引用されたのではないか。つまり、実際にはこれらは張衡の佚文ではなく、後世張衡のものと考えられるようになったのであろう。

本章で取り上げた張衡佚文のように、中国の星座に関する記述は文献ごとに相互に関連しあっている。しかし、それぞれの文献で独自の記述も存在しており、継承と発展を繰り返して中国の天文に関する知識が形成されていくのである。天文に関する記述がどのように継承、発展していくのかを検討することは、中国天文学の実態を明らかにすることに繫がる。今後の課題としたい。

注

（1）逆行とは、惑星が周囲の恒星とは反対向きに運行することをいう。惑星は普段は恒星と同じ方向に順行しているが、地球から見ると外惑星（火星、木星、土星）が逆行しているように見えることがある。

（2）中華書局本『通志』では、続く「曲而静則賢人用。直而動則讒人得志。巻舌移出漢、則天下多妄言。旁星繁則死人如丘山」も張衡の言と見なす。

（3）中華書局本『通志』では、続く「黄道所経、為天之亭候、主水衡事、法令所取平也。王者用法平、則井明而端列」も張衡の言と見なす。

（4）『観象玩占』では「張衡曰、五諸侯赤則豊、暗則歉」（巻三十二）とある。

（5）『観象玩占』では「弧矢、引満、則君臣則謀、天下兵悉起」（巻三十二）とある。

（6）中華書局本『通志』では、続く「主尚食和滋味」も張衡の言と見なす。

（7）中華書局本『通志』では、続く「一名天都、主衣裳文繡」も張衡の言と見なす。

（8）『観象玩占』では「張衡曰、軒轅為龍之体」（巻三十三）とある。また、中華書局本『通志』では、続く「主雷雨之神、後宮之象焉。陰陽交合、盛為雷、激為電、和為雨、怒為風、乱為霧、凝為霜、散為露、聚為雲、立為虹蜺、離為背璚、分為抱珥。此十四変、皆軒轅主之。其星欲小而黄明則吉、移徙則国人流迸、東西角張而振、后敗。水火金守之、女主悪也」も張衡の言と見なす。

（9）中華書局本『通志』では、続く「主車騎。明大則車騎用」も張衡の言と見なす。

（10）中華書局本『通志』では、続く「其外蕃九卿也」も張衡の言と見なす。

（11）中華書局本『通志』では、続く「大明芒角、将怒不可当也」も張衡の言と見なす。

（12）中華書局本『通志』では、続く「与車騎同占」も張衡の言と見なす。

（13）『観象玩占』にも同文がある。また中華書局本『通志』では、続く「欲其大小相均、光潤有常、吉」も張衡の言と見なす。

（14）『観象玩占』では「張衡云、星並為后宮」（巻二十三）とある。また中華書局本『通志』では、続く「北極五星明大則吉、変動則憂」も張衡の言と見なす。

（15）『観象玩占』では「張衡曰、四輔為輔臣之位。主賛万機」（巻二十三）とある。また、『広事類賦』では「張衡霊憲」として引用。中華書局本『通志』では、続く「小而明吉。大明及芒角、臣逼君。暗則官不理」も張衡の言と見なす。

（16）中華書局本『通志』では、続く「其占、明而有光則陰陽和合、万物成、人主吉。不然反是」も張衡の言と見なす。

（17）中華書局本『通志』では、続く「其東蕃近閶闔門第一星為左枢、第二星為上宰、第三星為少宰、第四星為上輔、第五星為少輔、第六星為上衛、第七星為少衛、第八星為少丞。其西蕃近閶闔門第一星為右枢、第二星為少尉、第三星為上輔、第四星為少輔、第五星為上衛、第六星為少衛、第七星為上丞。皆以明大有常則吉、若盛明則内輔盛也。宮垣直而明、天子将兵、開則兵起。西蕃正南開如門象、名閶闔門、有流星自門而出四野者、当有中使銜命、視其所適分野而論之也」も張衡の言と見なす。

（18）中華書局本『通志』では、続く「其占与四輔不殊」も張衡の言と見なす。

(19)『観象玩占』では「張衡曰、婦官、主記宮」(巻二十三)とある。
(20)中華書局本『通志』では、続く「亦将軍之象也」も張衡の言と見なす。
(21)中華書局本『通志』では、続く「忽忽暗則反是」も張衡の言と見なす。
(22)『観象玩占』では「張衡曰、帝座者帝王之位也。帝座有立、一在北極、一在紫微、一在太微、一在天市、一在大角、一在心中央、皆王者之所居。」(巻二十五)、『広事類賦』では「張衡曰、帝座有五、一座紫微宮、一座大角、一座心中、一座天市垣、一座太微宮」とある。中華書局本『通志』では、「帝坐者帝王之坐」のみを張衡の言と見なす。
(23)中華書局本『通志』では、続く「若閉口及星入牢中、有繫死者」も張衡の言と見なす。
(24)中華書局本『通志』では、続く「其占曰水、漢中星多則水、少則旱」も張衡の言と見なす。
(25)呂子方「《霊憲》輯佚校注」(同『中国科学技術史論文集』上、四川人民出版社、一九八三年)。
(26)『史記正義』は単独では現存せず、三注合刻本として現在に伝わる。『史記正義』については、水澤利忠編『史記正義の研究』(汲古書院、一九九四年)が詳しい。また、『晋志』と『史記正義』の内容の類似については、田中良明「『史記』天官書に於ける『史記正義』」(『人文科学』第十六号、二〇一一年)にも指摘がある。さらに田中氏は『史記正義』の独自性についても指摘する。
(27)○の番号は、先に挙げた佚文の番号と対応しており、最初に挙げているのは、前後も含めた『通志』天文略に見える張衡の佚文である。続いて『史記正義』の該当箇所、『晋志』の該当箇所を挙げる。「張衡云」の箇所を□で囲み、二重の傍線が先述の佚文である。(1)では、三書共通の箇所に傍線を、二書共通の箇所には波線を附した。(2)(3)では、文字が類似しているか、文字の順番が異なっている箇所に破線を附した。
(28)注(26)所掲水澤利忠編『史記正義の研究』三九頁参照。
(29)呂子方「張衡《天象賦》考証」(『中国科学技術史論文集』上、四川人民出版社、一九八三年)。また、他の文献では「張衡周天大象賦」として引用されることもある。

（附表）張衡の佚文対照表（『通志』天文略、『晋志』（『隋志』）、『史記正義』、「天文大象賦」注）

『通志』天文略に引用される佚文は、本文中で挙げたものと同様。『晋志』に該当箇所がない場合にのみ『隋志』から引用した。

南宋・鄭樵『通志』天文略	『晋志』（『隋志』）	『史記正義』	「天文大象賦」注
①張衡云、牽牛織女七月七日相見。〔牽牛・織女〕		自昔伝、牽牛織女七月七日相見、此星也。	世伝、牛女七夕相会、即此星也。
②張衡云、虚危等為死喪哭泣之事、亦為邑居廟堂祠祀之事。〔虚・危〕	虚…邑居廟堂祭祀祝禱事、又主死喪哭泣。／危…主死喪哭泣。	虚主死喪哭泣事、又為邑居廟堂祭祀禱祝之事。	虚為死喪哭泣之事。
③張衡云、天子遊別宮之道。〔閣道〕	天子游別宮之道也。	天子欲遊別宮之道。	天子遊行宮。
④張衡云、主積蓄黍稷、以供享祀。〔天廩〕	主蓄黍稷、以供饗祀。		積黍稷、以供祭祀。
⑤張衡云、一名積廩。〔積尸〕			
⑥張衡云、昴明則獄訟平、暗則刑罰濫。〔昴〕	昴明則天下牢獄平。	明天下獄訟平、暗為刑罰濫。	明則獄訟平。
⑦張衡云、不見則牛暴死。〔芻藁〕		不見則牛馬暴死。	占、不見則牛馬暴死。
⑧張衡云、主枢機。〔巻舌〕			
⑨張衡云、畢為天馬。〔畢〕			
⑩張衡云、主国界也。〔天街〕		主国界也。／主国界也。	主国界。

南宋・鄭樵『通志』天文略	『晋志』（『隋志』）	『史記正義』	「天文大象賦」注
⑪張衡云、天子兵車舎也。〔五車〕		天子五兵車舎也。	主天子、五兵、五帝之車舎也。
⑫張衡云、葆旅、野生之可食者。〔觜觿〕		葆旅、野生之可食者。	葆旅野生之物、可食也。
⑬張衡云、天之南門也。〔東井〕	天之南門。		天之南門也。
⑭張衡云、河南星不具、則南道不通。北亦如之。〔南北河〕		南星不見、則南道不通。北亦如之。	占、以南星失、南道不通。
⑮張衡云、以給貧餒。〔天樽〕	以給貧餒。		以給貧餒。
⑯張衡又曰、五諸侯治陰陽、察得失。明而潤、大小斉等、則国之福。又曰、赤則豊、暗則荒。〔五諸侯〕		理陰陽、察得失。	又曰、理陰陽、察得失。……占、明大光潤均斉則吉。而安不然、則上下猜疑也。
⑰張衡云、居非其処、則人相食。〔狼〕		占、非其処、則人相食。	占、移動、則人相食。
⑱張衡云、引満、則天下兵起。〔弧矢〕		引満、則天下尽兵。	引満、天下之兵尽起。
⑲張衡云、主祠祀、天目也。〔輿鬼〕	天目也、主視明察。	主祠事、天目也。	鬼為天目。……主祠祀。
⑳張衡云、柳為朱雀之嗉、天之厨宰也。〔柳〕	天之厨宰也。	為朱鳥咮天之厨宰。／為朱鳥咮天之厨宰。	柳為朱雀咮、主雷雨、天之厨宰也。
㉑張衡云、七星為朱鳥之頸。〔七星〕		七星為頸。	七星為頸、主衣裳文繡。

南宋・鄭樵『通志』天文略	『晋志』（『隋志』）	『史記正義』	「天文大象賦」注
㉒張衡云、軒轅如龍之体。〔軒轅〕	軒轅黄帝之神、黄龍之体。	黄龍之体。	（騰蛇之状。）
㉓張衡云、主東越、穿胸、南越三夷。〔東甌〕			主東越、穿胸、南越三夷之地。
㉔張衡云、軫為冢宰輔臣也。〔軫〕	主冢宰輔臣也。	主冢宰輔臣。	軫主輔臣也。
㉕張衡云、轄不見、国有大憂。〔轄〕			其占明大、有兵起車無轄、則国有憂。
㉖張衡云、天子之宮庭、五帝之坐、十二諸侯府也。〔太微垣〕	天子庭也、五帝之坐也、十二諸侯府也。	天子之宮庭、五帝之坐、十二諸侯之府也。	天子之宮庭、五帝之坐、十二諸侯之府。
㉗張衡云、以輔弼帝者、其名与夾斗三公同。〔三公内坐〕			主輔佐天子也。占与夾北斗三公同。
㉘張衡云、五帝同明而光、則天下帰心。不然、則失位。〔五帝坐〕		五座明而光、則天子得天地之心。不然、則失位。	（五帝坐明、則天子得天地之心。）
㉙張衡云、今左右中郎将、是也。〔郎将〕		今之左右中郎将。	今之左右中郎将也。
㉚張衡云、主侍従之武臣也。〔虎賁〕			主侍衛之武臣也。
㉛張衡又云、今之尚書郎也。〔郎位〕	或曰、今之尚書也。※隋書のみ	是今之尚書郎。	今之尚書郎。

南宋・鄭樵『通志』天文略	『晋志』（『隋志』）	『史記正義』	「天文大象賦」注
㉜張衡云、色斉明而行列相類、則君臣和、法令平。不斉為乖度。〔三台〕			其占、色斉明而行列相類、則君臣和、法令平。不斉則乖戻。
㉝張衡云、二星並為後宮。〔北極五星〕			余二星為後宮属也。
㉞張衡云、抱極之細星也。為輔臣之位、主賛万機。〔四輔〕			抱北極之枢星。此謂輔臣之位、正賛於万機。
㉟張衡云、天一遍閶闔外。〔天一〕		天一一星彊閶闔外。	なし（張衡佚文に続く占辞はあり）
㊱張衡云、紫微垣十五星、東藩八、西藩七。〔紫微垣〕			紫微垣十五星、……東垣八星、西垣七星。
㊲張衡曰、八坐大臣之象。〔尚書〕			八座大臣之象。
㊳張衡云、婦官也。主記宮内之事。〔女史〕			婦人之官。掌記宮中之事。
㊴張衡云、大帝所居之宮也。〔勾陳〕			大帝所居之宮。
㊵張衡云、其占、黄潤光明、万人安。大小均、天瑞降。青黒細微、多所害。揺動移徙、大臣憂。金火守入、兵興。孛彗犯、国乱。〔文昌〕			占、光色黄潤、則万民安。

南宋・鄭樵『通志』天文略	『晋志』（『隋志』）	『史記正義』	「天文大象賦」注
㊶張衡云、若天子不恭宗廟、不敬鬼神、則魁第一星不明、或変色。若広営宮室、妄鑿山陵、則第二星不明、或変色。若不愛百姓、驟興征役、則第三星不明、或変色。若発号施令、不順四時、不明天道、則第四星不明、或変色。若廃正楽、務揺声、則第五星不明、或変色。若不勤農桑、不務稼穡、峻法濫刑、退賢傷政、則第六星不明、或変色。若不撫四方、不安夷夏、則第七星不明、或変色。〔三公〕			
㊷張衡曰、天市明、則市吏急、商人無利。〔天市垣〕		明則市吏急、商人無利。	市垣明、則市吏急、商人無利息。
㊸張衡云、帝坐者帝王之坐。帝坐有五、一坐在紫微宮、一坐在大角、一坐在心中、一坐在天市垣、一坐在太微宮、咸云帝坐。〔帝坐〕			帝坐一星、在天一中。為帝王位。帝有五坐、一在紫微宮、為国之本。一在大角、為司天地時令。一在太微、為主政。一在心中、為理天下。一在天市垣、為司人民交易。
㊹張衡云、貫索開有赦、不見即刑獄簡。〔貫索〕		開則有赦。	占、見則訟事煩、不見則刑訟簡。……口、開有赦、人主憂。

南宋・鄭樵『通志』天文略	『晋志』（『隋志』）	『史記正義』	「天文大象賦」注
㊺張衡云、七公横列貫索之口、主執法、列善悪之官也。〔七公〕			（主国法。）
㊻張衡云、津漢者金之気也。〔天漢〕			
「七曜」			
㊼張衡云、歳星者東方之精、蒼帝之子。一名摂提、一名重華、一名応星、一名紀星。		天官云、歳星者東方木之精、蒼帝之象也。	歳星者東方之木精、蒼帝之子。一名紀星、一名摂提、一名重華、一名応星。
㊽張衡云、熒惑為執法之星、其精為風伯之師。或童児歌謡嬉戯。		天官占云、熒惑為執法之星。	火為執法之星。……其精或為風伯、或為児童歌謡。
㊾張衡云、塡星者黄帝之子、女主之象也。一名地侯。			土星者中央、黄帝之子、女主之象。一名地侯。
㊿張衡云、太白者白帝之子。一名火政、一名官星、一名明堂、一名文表、一名太皞、一名終星、一名天相、一名天浩、一名序星、一名梁星、一名威星、一名大囂、一名大爽。		天官占云、太白者西方金之精、白帝之子。	太白西方金之精、白帝之子。一名殷星、一名梁星、一名長庚、一名曙星、一名白威。
51張衡云、辰星、一名勾星、一名爨星、一名伺星。		一名鈎星、一名爨星、一名伺祠。	辰星者北方之精、黒帝之子。一名勾星、一名爨星。

第八章　『海中占』関連文献に関する基礎的考察

張衡の『霊憲』には、星や星座の数に関する次のような記述がある。

中外之官、常明者百有二十四、可名者三百二十、為星二千五百。而海人之占未存焉。微星之数、蓋万一千五百二十。

（中外の官、常に明るき者百有二十四、名づくべき者三百二十、星たるもの二千五百。而れども海人の占未だ焉に存せず。微星の数、蓋し万一千五百二十。）

天の北極を中心とする中官と、その周りの外官と呼ばれる星座を数えると、常に明るい星座は一二四、名前をつけることのできる星座は三二〇、星の数は二五〇〇であるという。しかし、そこには「海人之占」の星の数は含まれておらず、微かな光の星の数は、一一五二〇ある、と説明される。一一五二〇が『易』繫辞上伝にある万物の総数と合致することは前章で述べた。しかし、このうちの「海人之占」とは何を指すのであろうか。

『霊憲』の「海人之占未存焉」の記述がこれまでどのように解釈されてきたかを見てみると、『霊憲』を現代語訳した橋本敬造氏は「『海人の星占い』はまだ存在していなかった」と訳し、注で「「海人之占」については、不詳。『隋書』「経籍志」には、『海中星占』一巻、『星図海中占』一巻などがリストされている。おそらくは、戦国時代からの石申、甘氏、巫咸の三系統とは異なる星図であろう（したがって、全体の星数は増加する）」と述べる。[1]また、『続古文苑』巻二十において清の孫星衍が輯校した『霊憲』では、「海人之占未存焉」に、

案漢志海中星占験十二巻、隋志海中星占一巻、星図海中占一巻。

（案ずるに、漢志に海中星占験十二巻、隋志に海中星占一巻、星図海中占一巻と。）

と注する。このうち『漢書』芸文志の「海中星占験十二巻」は、南宋・王応麟の『漢芸文志考証』巻九でも「即張衡所謂海人之占也」[2]（即ち張衡の所謂る海人の占なり）と説明される。『玉海』天文篇でも、『後漢書』天文志の劉昭注が引く「海中占」や、『隋書』経籍志の「海中星占一巻」、「星図海中占一巻」が、すなわち張衡の「海人之占」であると指摘されている。

このように「海人之占」は、『漢書』芸文志や『隋書』経籍志に記載のある、書名に「海中」とある文献を指すという解釈がある。[3]しかし、実際にこれらの文献の内容を検討した上で『霊憲』の記述の意味を考察した研究は見当たらない。

そこで本章では、書名に「海中」を含む一連の文献（以下、総称して「海中」諸文献と呼ぶ）の特質を考察してみたい。具体的には、目録に見られる「海中」諸文献を整理した上で、『海中占』の「海中」に対する認識の変化を時代ごとに確認する。そして、「海中」諸文献のうち佚文が多く残る『海中占』の内容を検討し、特徴を明らかにする。「海中」諸文献がいかなる書であったかを検討することで、今後『霊憲』の「海人之占」の意味を検討する手掛かりともなるだろう。

一　目録中の「海中」諸文献

まず、各書目にある「海中」諸文献の書名を整理する。関連する書名は複数存在する（表一参照）。

『漢書』芸文志の天文類には、「海中星占験十二巻」をはじめ、「海中五星経雑事二十二巻」、「海中五星順逆二十八巻」、「海中二十八宿国分二十八巻」、「海中二十八宿臣分二十八巻」、「海中日月彗虹雑占十八巻」と、冒頭に「海中」とつく文献が六種ある。これらはすべて天文占に関する文献のようで、「五星」は水星・金星・火星・木星・土星の五惑星を指し、「二十八宿」は星座のうち天の赤道に沿って並び、日月や惑星の位置を示す指標となるものである。中国ではこれら二十八宿を、分野説にもとづきそれぞれ春秋戦国時代の諸国に割り当て、その星座に日月や五星がさしかかると、該当する国の異変を伝えると考えた(4)。書名のうち「二十八宿国分」とはそのことを指すのであろう。また、二十八宿に関わる文献がいずれも二十八巻あるのが、一つの宿につき一巻にまとめられ

書　目	書　名
『漢書』芸文志（天文類）	海中星占験十二巻 海中五星経雑事二十二巻 海中五星順逆二十八巻 海中二十八宿国分二十八巻 海中二十八宿臣分二十八巻 海中日月彗虹雑占十八巻
『隋書』経籍志 （子部・天文類）	海中星占一巻 星図海中占一巻
（子部・五行類）	海中仙人占災祥書三巻 海中仙人占体瞤及雑吉凶書三巻 海中仙人占吉凶要略二巻
『通志』芸文略 （天文類・雑星占）	海中星占一巻 星図海中占一巻
（五行類・雑占）	海中仙人占体瞤及雑吉凶書三巻
（五行類・陰陽）	海中仙人占災祥書三巻
『宋史』芸文志（五行類）	海中占十巻
『国史経籍志』 （子類・天文家・星占）	海中星占一巻 星図海中占一巻
（子類・五行家・雑占）	海中仙人占體瞤及雑吉凶書三巻
（五行類・陰陽）	海中仙人占災祥書三巻

表一　各書目に見える「海中」諸文献

たためと推測すると、一つの宿ごとに数多くの占辞を備えていたと考えられる。

『漢書』芸文志の天文類に記載される文献は全部で二十二家（『漢書』芸文志本文の説明では二十一家）、四一九巻（『漢書』芸文志本文の説明では四四五巻）ある。二十二種のうち書名に「海中」を含む文献が六種あって、天文類全体の四分の一強を占めている。「海中」諸文献の記載の前には、「漢五星彗客行事占験八巻」など書名に「漢」を含む文献が六種（うち冒頭に「漢」とつくのは五種）並んでおり、書名に「漢」を含む文献群と「海中」を含む文献群とが、各々一つのまとまりをもつと考える事もできる。むしろ、書名に「漢」を含む諸文献は「漢五星彗客行事占験」が八巻、「漢日旁気行事占験」が三巻など巻数が少ないのに対し、「海中」諸文献はいずれも巻数が多く、二十八宿に対応する文献もあるなど、比較的整った印象を受ける。目録だけで判断することは難しいが、「海中」諸文献は、「漢」の星占とは異なる一つの体系を有していたと考えられるのである。『漢書』の天文類の説明には「天文者、序二十八宿、歩五星日月、以紀吉凶之象、聖王所以参政也」（天文は、二十八宿を序し、五星日月を歩し、以て吉凶の象を紀し、聖王の政に参する所以なり）とあるものの、書名の中に二十八宿とあるのは「海中」諸文献のみであり、その点からも『漢書』芸文志の中で「海中」諸文献が占める位置は大きいと考えられる。

『隋書』経籍志には書名に「海中」を含む文献が五種ある。子部・天文類に「海中星占一巻」と「星図海中占一巻」、同じく五行類に「海中仙人占災祥書三巻」、「海中仙人占体�及雑吉凶書三巻」、「海中仙人占吉凶要略二巻」である。(5)『漢書』の「海中星占験」と『隋書』の「海中星占」は書名が類似しているものの、他の文献は全く異なる書名である。天文類だけでなく五行類に属する文献もあり、それらにいずれも「仙人占」とつくのも『隋書』に特徴的である。このうち「海中仙人占体瞤及雑吉凶書三巻」と「海中仙人占吉凶要略二巻」は前後に占夢書が並ぶことから、占夢に関係する可能性もある。また巻数を比較すると、『漢書』芸文志記載の「海中」関連書が合計一三六巻あるのに対し、『隋書』経籍志記載の関連書はすべてあわせても十巻、中でも天文類に属するのは二巻分しかない。『隋書』経籍志には天文占関係の文献が九十八部（『隋書』経籍志本文の説明では九十七部）、六七七巻（『隋書』経籍志本文の説明には六七五巻とある）あり、『漢書』芸文志と比べ全体量が増加している。『漢書』成立の後漢・章帝期から『隋書』成立の初唐の間に、天文学をめぐる状況が変化し、天文類に属する文献が増加している一方で、「海中」諸文献が激減したことがわかるだろう。さらに『漢書』にはない五行類の文献も出現することから、「海中」諸文献は激減しただけでなく、その性質をも変化させたといえる。

このほか、『通志』芸文略および『国史経籍志』には「海中星占一巻」と「星図海中占一巻」、「海中仙人占体瞤及雑吉凶書三巻」、「海中仙人占災祥書三巻」の記載があり、『宋史』芸文志・五行類には、他の書目にはない「海中占十巻」の記述がある。これらは書名を挙げてはいるものの、実際に当時これらの文献が存在したかどうかは定かではないが、分類がより細かくなっているため、各々の文献がどのような内容ととらえられたのかを知る参考になるだろう。

次に、表には挙げていないが、天文占書中に出てくる書名を確認する。唐・李淳風『乙巳占』の巻一には「古占書目」があり、『海中占』の名が見える。ここに「古占書目」の一覧を掲げる。

黄帝　巫咸咸石氏　甘氏　劉向洪範　五行大伝　五経緯図　天鏡占　白虎通占　海中占　京房易祆占　易伝対異
占　陳卓占　郄萌占　韓楊占　祖暅天文録占　孫僧化大象集占　劉表荊州占　列宿占　五官占　易緯春秋佐易期
占　尚書緯　詩緯　礼緯　張衡霊憲(6)

唐・李鳳『天文要録』の巻一には「図採例書名目録」がある。そのうちの一つとして、「海中占廿巻　道仙撰」とあ

る。撰者に関する記述は他の文献には見られずこの一カ所のみであるが、道仙が何者かは不明である。(7)

書目に掲載された「海中」諸文献は以上の通りである。天文占書では唐代から『海中占』と呼ばれているものの、書目では『宋史』芸文志に至ってようやく『海中占』という書名が現出する。「海中占」という語自体が文献中に見られるのは、『後漢志』劉昭注に始まる。『開元占経』などの天文占書にも「海中占」として引用されることから、もともと系統別に存在した文献が、『後漢志』劉昭注や『開元占経』などの天文占書において『海中占』と略称されて一つにまとめられていったか、あるいは関連文献が時代を経て散逸し、残存する文献がまとめられて『海中占』と名づけられ、それを『後漢志』劉昭注や天文占書が引用したのであろう。

また、これとは別に、『四庫全書総目提要』子部・術数類存目一には「海上占候一巻」という書物が見え、「不著撰人名氏。所記潮汐風雨晴晦日月虹霧之類、皆有定験。乃為泛海占視者而設。故以海上為名」（撰人の名氏を著わさず。記す所の潮汐・風雨・晴晦・日月・虹霧の類、皆な定験有り。乃ち海に泛びて占視する者の為にして設く。故に海上を以て名と為す）と説明される。提要によれば、日月は含まれるものの、占星術というよりもむしろ気象に関わる占術書であったことがわかる。『海上占候』の内容については明らかではないが、南宋の李季『乾象通鑑』には「海上占」、あるいは「海上占」として多数の引用があり、『海上占候』の佚文である可能性が考えられる。この『海上占候』は海上で占いをする人のために書かれたというが、「海中」諸文献との関係は不明である。関係があるとすれば、書名では『漢書』の「海中日月彗虹雑占」が近いだろうか。

以上のような「海中」諸文献は現存せず、これまで研究対象となることも稀であった。「海中占曰」、「海中曰」で始まる佚文の輯佚に関しても、新美寛編、鈴木隆一補『本邦残存典籍による輯佚資料集成』で行なわれているものの、日本に残る『天文要録』と『天地瑞祥志』に引用される佚文に限られている。(8)『海中占』は『開元占経』や『観象玩占』、

『天文要録』の三書に数多く引用されており、これらの佚文を総合的に整理する必要があろう。そこで『海中占』の輯佚を行ない、本書に附した。以下、整理した佚文の内容にもとづき、「海中」諸文献の特徴を探る。

二　「海中」諸文献の「海中」に対する認識

「海中」諸文献には各々書名の相違はあるものの、全て「海中」という語を含むという点で共通している。この場合、内容にも何らかの共通点があると考えられる。そこで次に、「海中」諸文献に共通する「海中」の意味について検討する。「海中」諸文献に共通する「海中」とは、一体何を指すのであろうか。「海中」については、これまでにいくつかの解釈がある。そこで本節では、先人の見解を順を追って確認する。

（1）　海上交通・南方の海上に関する見解

明・方以智は『物理小識』南極諸星図で次のように述べる。

昔満剌加国処赤道下。南北二極、此地皆可測。……智按唐志有行海中、見南極老人星下大星無数。朱子亦嘗引此矣。今隘者且疑海石飛鳥金魚附臼為怪。何其不達耶。智又按、漢書芸文志載海中星占一巻。得無即此等星耶。当時或姑置之而不伝。以疑未決耳。

（昔満剌加国赤道下に処る。南北二極、此の地皆な測るべし。……智按ずるに、唐志に、海中を行き、南極老人星の下に大星無数なるを見る有り。朱子も亦た嘗て此れを引く。今隘なる者且に海石飛鳥金魚附臼を疑いて怪と為す。何ぞ其れ達せざるや。智又た按ずるに、漢書芸文志に海中星占一巻を載す。即ち此等の星無きを得んや。当時或いは姑く之を置きて伝えず。疑を以て未だ決せざるのみ。）

満剌加国とはマラッカのことで、赤道直下に位置する。方以智は、「海中星占」には南方で見える星座が含まれていたと推測している。

明末清初の屈大均は『広東新語』南越之星において、方以智の説を引用した上でさらにいう。

南越之星多於天下。唐時有人行瓊海、以八月、時見南極老人星下有大星無数。皆古所未名。……均按、瓊州於芒種日、以星候秧枷。犂尾星出則秧死。猪尾星出則秧黄。此二星亦老人星下、古所未名者。

（南越の星天下より多し。唐の時、人の瓊海(けいかい)に行く有り、八月を以て、時に南極の老人星の下に大星無数に有るを見る。皆な古の未だ名づけざる所なり。……均按ずるに、瓊州は芒種日に於て、星を以て秧の枷(なえ)を候(うかが)う。犂尾星出づれば則ち秧死す。猪尾星出づれば則ち秧黄なり。此の二星も亦た老人星の下、古の未だ名づけざる所の者なり。）

瓊州は今の海南省海口市で、中国の中で南方に位置する。中国南方では秧の生育を占うのに天文書に言及のない星座を用いており、これも「古の未だ名づけざる所」の星座であるという。

清の游芸『天経或問』経星伏見では「漢有海中星占、亦載南極諸星」（漢に海中星占有り、亦た南極の諸星を載す）といい、清の淩揚藻『蠡勺編』の老人星の項でも同様に南方の星座であるとする。明から清にかけて、「海中」は南方を意味したという見解が広く支持を得た。

具体的に南方とはいわないものの、顧実は『漢書芸文志講疏』で「海中」諸文献について、「以上海中占験書不少、蓋漢以前海通之徴」[9]（以上、海中占験の書少なからざるは、蓋し漢以前海通ずるの徴なり）のように、「海中」諸文献の存在を海上交通が発展していた証拠と述べる。顧実の見解に関連して、安居香山『緯書の成立とその展開』では「海中星占験などは、航海のための天文占的讖」であるという見解が述べられ、「海中」諸文献を航海と関わる讖書ととらえている。[10]これらの海上交通に関する見解では、中国以外の国というよりも、中国の人々が航海する際に用いたと考えられているようである。

呂子方氏は、戦後においてほぼ唯一「海中」諸文献について詳細に検討した人物であるが、「海中」は南方を指すと同時に航海術が発達していた証拠であると主張する。[11]呂子方氏は『海中占』の佚文を他の天文書と比較し、同じ天文現象にも関わらず他の天文書と占辞が異なっており、中には対立する占辞もあることを指摘して、『海中占』が中国以外の南方の地の占術書であると結論づける。

このほか、清の沈欽韓『漢書疏証』では、『海中星占験』という書名に関して、

海中混茫、比平地難験。著海中者、言其術精。算法亦有海島算経。
（海中は混茫にして、平地に比べて験じ難し。海中を著わすとは、其の術の精しきを言う。算法にも亦た海島算経有り。）

と説明する。南方とも海上交通の発達とも直接は述べないが、海上での観測を前提として「海中」と名付けられた根

拠を説明する。『海島算経』をも引き合いにして、足場が不安定なためにより判断の難しい海上での占星であるため、占術が詳しく精密であったと述べる。

以上のように、明以降、「海中」が南方を指すという解釈、航海に関わるという解釈が長く支持され、バリエーションを増やした。

（2）中国を指す

清の顧炎武は『日知録』巻三十・海中五星二十八宿で、

海中者、中国也。故天文志曰、「甲乙海外、日月不占」。蓋天象所臨者広、而二十八宿専中国、故曰海中二十八宿。

（海中とは、中国なり。故に天文志に曰く、「甲乙海外、日月占わず」と。蓋し天象の望む所は広く、而して二十八宿は中国を専らにす、故に海中二十八宿と曰う。）

と述べ、「海中」が中国を指すと説明する。張舜徽もこれに同意して、

按、顧説是也。昔人言海中、猶今日言海内耳。天象実臨全宇、而中土諸書所言、惟在禹城。故上列五書、皆冠之以海中二字。不解此旨者、多以為従大海中仰観天象。至謂海中占験書不少、乃漢以前海通之徴、繆矣。[12]

（按ずるに、顧の説是れなり。昔人の海中と言うは、猶お今日海内と言うがごときのみ。天象実に全宇に臨むも、中土の諸書に言う所は、惟だ禹城に在り。故に上列の五書（訳者注・『漢書』芸文志に載る「海中」諸文献）は、皆

之に冠するに海中の二字を以てす。此の旨を解せざる者、多く以為えらく大海中より天象を仰ぎ観ると。海中占験の書少なからざるは、乃ち漢以前海通ずるの徴と謂うに至るは、繆なり。）

と述べる。張舜徽は、海中が今の海内、すなわち中国と同じであると考え、顧実が『漢書芸文志講疏』で主張した「海通之徴」（海通ずるの徴）という解釈を批判している。

中国を指すとは、「四海」に囲まれているという観念から、中国を「四海の内」、すなわち「海内」であるとする考えにもとづく。夷狄の住む領域を四海と呼び、実際には中国からでは海にほぼ到達しえない北方や西方にも海を想定したのである。(13) この観念は『山海経』の篇名にも表われている。『山海経』は妖怪や神々を描き、想像が多分に入り混じった地理書であるが、篇名は四方と中央の五山経に始まり、海外、海内、大荒をそれぞれ四方に分けた構成であり、山々のある地域を中心とし、海内、海外、大荒と三重に広がる世界構造となっている。これは、中国古代の人々の観念上の地理構成を表現したものといえるだろう。しかし、管見の限りでは、海内と海中が通用していたという証拠は確認できない。

（3）　三神山との関係

唐代の薩守真『天地瑞祥志』巻一では、先の解釈とは異なる説が述べられる。

蓬萊士、得海浮之文、著海中占。
（蓬萊の士、海に浮かぶの文を得、海中占を著わす。）

蓬莱の士とは三神山の一つである蓬莱にいる仙人、もしくは方士を指すと考えられ、彼らが海に浮かんでいた文を手に入れ、『海中占』を著わしたという。『天地瑞祥志』は薩守真によって六六六年にまとめられたというが、日本にしか現存しておらず、新羅で書かれたのではないかという説もある。[14] どこで書かれたか明らかではない資料であり、他の文献でも蓬莱との関係についての言及は確認できないが、ここで「海中」と三神山との関係について詳しく検討してみたい。その際、「海中」だけではなく、『隋書』経籍志・五行類に見られる「海中仙人」という語について考える。「海中仙人」について検討する際に手掛かりとなるのは、同じく「〇〇仙人」と名のつく、『隋書』経籍志・天文類の「婆羅門竭伽仙人天文説三十巻」と五行類の「竭伽仙人占夢書一巻」であろう。『隋書経籍志詳攷』によれば、竭伽仙人とは竭伽仙（Gargaḥ）を指し、古代インドの仙人であるという。[15] また、「婆羅門」とあることから、インドのバラモン教やヒンドゥー教の司祭階級に関係すると考えられる。つまり「竭伽仙人」という語はインドとの関係を示唆するということになろう。

そこで試みに、「海中仙人」についても同様に、特定の地域、人物等を示すと考えることにする。「海中」と「仙人」とを結びつける資料は、早くは『史記』に見える。まず『史記』秦始皇本紀を見てみよう。

斉人徐市等上書言、海中有三神山、名曰蓬萊・方丈・瀛洲。僊人居之。

（斉人徐市ら書を上りて言う、海中に三神山有り、名を蓬萊・方丈・瀛洲と曰う。僊人之に居る。）

同じく封禅書では、三神山についてより詳細に述べる。

自威宣燕昭使人入海、求蓬萊・方丈・瀛洲。此三神山者、其伝在勃海中、去人不遠、患且至、則船風引而去。蓋嘗有至者。諸僊人及不死之薬皆在焉。其物禽獣尽白、而黄金銀為宮闕。未至望之如雲、及到、三神山反居水下、臨之風輒引去。終莫能至云。世主莫不甘心焉。

（威・宣・燕昭より、人をして海に入りて、蓬萊・方丈・瀛洲を求めしむ。此の三神山は、其の伝に、勃海中に在り、人を去ること遠からず、且に至らんとすれば、則ち船風に引かれて去るを患う。蓋し嘗て至れる者有り。諸もろの僊人及び不死の薬皆焉に在り。其の物禽獣尽く白くして、黄金・銀を宮闕と為す。未だ至らずして之を望めば雲の如く、到るに及びて、三神山反って水下に居り、之に臨めば風輒ち引き去る。終に能く至るもの莫しと云う。世主焉に甘心せざるもの莫し。）

ここに出てくる僊人は、仙人とほぼ同様の意味である。[16] ほかにも、『史記』淮南衡山列伝や『漢書』郊祀志上、『山海経』に似た記述がある。

『史記』に描かれるように、蓬萊、方丈、瀛洲という三つの神山が海に存在し、海中にあるようにも見え、そこには仙人がおり不死の薬があったという。まさに、「海中」と「仙人」という二つの条件を備えた場所といえる。そうであれば、書名に「海中仙人」を含む文献は、『天地瑞祥志』が蓬萊に言及するように、渤海中の三神山に居るという仙人に仮託し、権威を高めようとした占星術書であったのではないか。つまり三神山の伝承が盛んな斉や燕の方士によってまとめられたと推測されるのである。ただし、書名に「仙人」の語が含まれるのは五行類に属する文献に限られており、天文類と五行類の文献の相違についても考慮する必要がある。しかし、少なくとも『天地瑞祥志』が書かれた初唐には、「仙人」とつかない他の「海中」関連の文献も、同様に三神山と関係すると考えられ、「海中」が蓬萊と関わりを持つという見解が存在したのである。

三　『海中星占』、『海中占』の佚文

次に、「海中」の意味についてはー旦置いておき、佚文の内容から「海中」諸文献の特徴を考える。「海中」諸文献のうち佚文が残るのは『海中星占』と『海中占』のみで、『海中星占』に関する佚文も一箇条が複数の文献に引用されるに過ぎない。『海中星占』の佚文は、たとえば唐・封演の『封氏聞見記』巻四、金鶏の項に記載がある。前後の文もあわせて掲載すると以下の通りである。

武成帝即位、大赦天下。其日設金鶏。宋孝王不識其義、問于光禄大夫司馬膺之曰、「赦建金鶏、其義何也」。答曰、「按海中星占『天鶏星動、必当有赦』。由是赦以鶏為候」。

（武成帝即位し、天下に大赦す。其の日金鶏を設く。宋孝王其の義を識らず、光禄大夫司馬膺之に問うて曰く、「赦に金鶏を建つ、其の義は何ぞや」と。答えて曰く、「按ずるに海中星占に『天鶏星動けば、必ず当に赦有るべし』と。是に由りて赦するに鶏を以て候と為す」と。）

武成帝（五三七～五六八）は、北斉の第四代皇帝である。大赦を行なう際金の鶏を作ったのは『海中星占』の占辞にもとづくという。類似する逸話は『唐六典』巻十六や『談苑』巻四、『太平御覧』引『三国典略』など複数の文献に存在するが、内容はほぼ同様であり、『海中星占』に関してはこの逸話だけが語り継がれたようである。大赦の際に金鶏

を建てる行為がいつから行なわれたかについて、同じく『封氏聞見記』金鶏の項の続きに記述がある。それによると、魏晋以前にあったという話はなく、後魏（三八六〜五三四）から始まったという説や後涼の創始者呂光（三八六〜三九九）が始めたという説を挙げる。いずれにせよ南北朝期に始まったものと考えられている。それが本当だとすれば、金鶏を建てる根拠となった『海中星占』も南北朝期に流布していたことになる。なお『開元占経』によると、天鶏星は甘氏中官の一つであるほか、東方七宿の一つである尾宿の別名でもあり、石氏中官の一つである匏瓜（ほうか）の別名でもある。しかし、そのいずれにも「海中」諸文献は引用されず、赦に関する占辞もない。

一方、『海中占』の佚文は多く見られるが、そのほとんどが『開元占経』、『観象玩占』、『天文要録』の三書に引用される。これらの文献については第二部第一章で触れたが、前二書は天文や気象、風角占などに関する記述を集めた文献であり、『天文要録』は天文占に特化している。『海中占』の書名が目録中に現われるのは『宋史』芸文志まで下り、佚文も唐代以降の資料にしか残っていないことから、唐代以前の「海中」諸文献の内容を直接うかがうことは難しいが、それでも「海中」諸文献の内容を知る一つの手掛かりとなろう。『海中占』の佚文は、『開元占経』に四七五例、『観象玩占』に一七八例、『天文要録』に一七九例ある(17)。このうち『開元占経』と『観象玩占』の佚文は重複が多く、約一三七例に及ぶ。これは『観象玩占』が『開元占経』を参照したためと考えられるが、二書の佚文の間には文字の異同が多く確認できる。

『海中占』の佚文はこのほか、『後漢書』天文志・劉昭注、『乙巳占』、『天地瑞祥志』、『景祐乾象新書』、『乾象通鑑』、『宋史』天文志、『武備志』占度載、『管蠡匯占』などに引用される。このうち『景祐乾象新書』と『乾象通鑑』について附言しておく。『景祐乾象新書』では、続修四庫全書本と北平図書館本の両方に『海中占』が引用されていることが確認できた。ただし、北平図書館本は『観象玩占』と佚文がほぼ共通するのに対し、続修四庫全書本には『開元占経』

や『観象玩占』にない佚文も含まれる。『景祐乾象新書』（続修四庫全書本）と『乾象通鑑』に引用される『海中占』は、『乾象通鑑』が『景祐乾象新書』を参照したというだけあって、ほぼ同文である場合が多い[18]。しかし『乾象通鑑』独自の佚文も存在し、『海中占』の原本から採ったのか、別の文献から転載したのかについては今後検討の必要がある。なお、第一節で触れた「海上通占」や「海上占」は『景祐乾象新書』や他の文献では確認できず、『乾象通鑑』のみに見える書名である。『乾象通鑑』編纂の過程で新たに引用されたのであろう。

四　『海中占』の占辞の特徴

さて、『海中占』の占辞を確認して、いくつか気づいた点を指摘する。考察には、『海中占』を最も多く引用する『開元占経』を中心に用い、『開元占経』と他の天文占書との引用の比較も行なう。

（1）「其国有憂」

まず、『海中占』には「月犯○、其国有憂」（月○を犯せば、其の国に憂い有り）という形式の占辞が多く見られる。○には五惑星や二十八宿が入るが、『開元占経』の月と二十八宿に関する項目のうち、ほぼ半数に『海中占』のこの占辞が引用される。「其国有憂」という占辞は漠然としており、それ故に汎用性があって用いられやすかったようで、『海中占』を引用しない項目でも、『荊州占』や『郗萌占』、「班固天文志」、「陳卓」、『河図帝覧嬉』から同様の占辞を引いており、二十八宿のほぼ全て（類似のものも含めると二十五宿）にこの占辞がある。中でも『河図帝覧嬉』では、「月犯列宿、其国有憂」（月列宿を犯せば、其の国に憂い有り）と、列宿（二十八宿）すべてに当てはまる占辞を載せる[19]。これは『海中占』独自の占辞という訳ではなく、一般的な文句だったようであるが、『開元占経』で『海中占』が最も多く引用されているというのは特徴といってもよかろう。

また、二十八宿に関する占辞からは『漢書』芸文志著録の「海中二十八宿国分二十八巻」との関係がうかがえる。「月犯角、其国有憂」(『開元占経』巻十三)をはじめ、月が二十八宿を犯すという記述があり、その後「其の国に憂い有り」という占辞が続く。また、「月乗暈角、其国大水風雨」(月角に乗りて暈すれば、其の国に大水風雨あり)、「太白守婁星、其国小旱、万物不成」(太白婁星を守れば、其の国に小旱あり、万物成らず)など、「其国」という表現が頻出する。[20] また『天文要録』には、「太白乗右角、其分野外兵並連起。不出一年」(太白右角に乗れば、其の分野に外兵並び連なりて起こる。一年を出でず)など「其分野」という語も複数現われる。[21] これは、各々の星座や星が各国と対応するという分野説にもとづくもので、「海中二十八宿国分」に記載された占辞であると考えられる。

(2) 五惑星共通の占辞

異なる星座で似た占辞を持つ例は他でも確認できる。『開元占経』は五惑星と、二十八宿・他の星座との位置関係に関する項目が多いが、そのうちのいくつかは五惑星共通の占辞を有する(表二参照、ただし惑星ごとに多少文字の異同がある)。特に、二十八宿の場合は星座ごとにそれぞれ『海中占』の占辞を複数引用しており、共通しているのはその一部でしかないが、二十八宿以外の星座の項目では『海中占』の当該占辞のみが引用される例もある。たとえば稷星(天稷)について見てみると、

164　歳星犯守天稷、有旱災、五穀不登、歳大饑。一曰、五穀出。　　［巻二十九］

	五星	歳星	熒惑	塡星	太白	辰星
○○守左右角、其色黄白、小旱、民小厲。（逆行（即）旱。還立雨。）		○	○		○	
○○守（須）女、〔有嫁娶事〕。		○			○	
○○守婁、〔大赦〕。		○	○			
○○守輿鬼、出其南水、出其北旱。	▲	○	○	▲	○	○
○○守翼、〔北、五穀不成〕。		○				○
○○守大角、臣謀主者有兵起（急）、人主憂。王者誡慎左右、期不出百八十日、遠一年。		○	○	○	○	○
○○（犯）守候星、陰陽不和、五穀傷、人（民）大飢、有兵起。		○	○	○	○	○
○○守犯天関、道絶。天下相疑、有関梁之令。		○	○		○	○
○○入守羽林、有兵起。若逆行変色、成勾巳、天下大兵、関梁不通、不出其年。		○	○	○	○	○
○○守土司空、其国以土起兵。若有土功之事、天下旱。		○	○	○	○	○
○○守参旗、兵大起、弓弩用、士將出行。一曰、弓矢貴。		○		○	○	○
○○（犯）守天稷、有旱災、五穀不登、歳大饑。一曰、五穀散出。	▲	○	○		▲	○
○○犯守亀星、天下有水旱之災。守陽、則旱。守陰、則水。		▲	○	○		○
○○入杵星、若守之、天下有急発米之事、不出其年。		○	○	○		○
○○犯心、王者絶嗣。犯太子、太子不利、犯庶子、庶子不利。		○	○		▲	
○○犯天津、関道絶不通、有兵起。若関吏有憂。		○	○		○	○
○○犯（守）天牢、王者以獄為弊、貴人多繫者。		○	○	○		

表二　五惑星共通の占辞（▲は文字の異同・増減あり）

243　熒惑犯守天稷、有旱災、五穀不登、歳大飢饉。一曰、五穀散出。　〔巻三十七〕

352　太白犯天稷、有旱災、五穀不登、歳大飢、五穀散出。　〔巻五十二〕

380　辰星守天稷、有旱災、五穀不登、歳大饑。一曰、五穀散出。　〔巻五十九〕

（番号は本書の附「『海中占』の輯佚」の番号に対応。以下同様。）

五惑星のうち塡（鎮）星には該当する占辞はないが、残りの四惑星でほぼ共通する内容となっている。また『観象玩占』では、

㉚　五星犯守天稷……有大旱、穀不成、大飢。　〔巻三十三〕

と、五惑星をまとめて表記する。『開元占経』の各項目（「○○犯守天稷」）では他の天文書の占辞

は引用されず、『海中占』が唯一となっている。

背景として二つの可能性が考えられる。まず、一つの惑星の占辞を他の惑星に汎用し、占辞を増加させたという可能性である。田中良明氏は「北斗星占小考」で、漢末から六朝にかけて、「天文占に於いて、あらゆる偶発的な事態に備えた、無数の天文占辞が用意された」と述べる。(22) 無数の占辞を作り出す過程で、占辞の少ない、あるいは占辞のない項目に、他の惑星に関する占辞を転用したのではないか。

もう一つは、もともと『観象玩占』において見られるような五惑星ひとまとめの占辞だったものを、各項目に合致するように分割したという可能性である。『観象玩占』や『天文要録』には「五星」としてまとめられた占辞がいくつかある。『観象玩占』は『開元占経』より成立が遅れるが、『海中占』の原型を残している可能性も否定できない。『開元占経』は、惑星と星座の組み合わせ一つ一つに、それぞれ対応する占辞を記述しようという試みが見受けられる。あらゆる現象に対応できるよう思考錯誤し、惑星ごとに占辞を分割した結果、五惑星共通の占辞が並ぶこととなったと見ることもできよう。

いずれにせよ五惑星共通の占辞は、普段あまり注目されない、すなわち占辞が少ない星座に対して特に行なわれた操作であろう。同様の現象は惑星に限らない。流星と客星、彗星の間でも、占辞が重複する例がある。

（3）　天文占書ごとの引用の相違

天文占書ごとの引用に注目すると、『開元占経』と『観象玩占』は三家のうち石氏の星座のみに『海中占』が引用されるという特徴がある。『天文要録』では甘氏、巫咸の星座でも関係なく引用されており、『海中占』がもともと石氏の星座しかなかったというわけではないようである。唯一、『開元占経』でも巫咸の長垣に関する『海中占』の占辞があるが、引用されるのは「歳星犯紫微宮」の項目であり、紫微宮は石氏の星座である。紫微宮の別名、あるいは紫微宮の星の一つを指すか、誤写であろう。これは、『開元占経』と『天文要録』がそれぞれ参照した『海中占』のテキストの相違を示すのではないか。

もう一点、『天文要録』にのみ見られる特徴がある。『天文要録』に引用される佚文には、時代を特定しうる固有名詞が現われるのである。「客星留陵舎居尾九星、経一旬、不出五年、穆帝崩」（客星尾の九星に留陵舎居し、一旬を経れば、五年を出でずして、穆帝崩ず）、「太白守運觜星、経八十日、不出三年、愍帝印発死」（太白觜星を守運し、八十日を経れば、三年を出でずして、愍帝印発し死す）、「流星色赤、光貫天席中、不出二年、光武帝失位」（流星色赤く、光天席中を貫けば、二年を出でずして、光武帝位を失う）の三条である。[23]光武帝は後漢の初代皇帝（前六～五七）、愍帝は西晋の第四代皇帝（三〇〇～三一七）、穆帝は東晋の穆帝（三四四～三六一）を指すと考えられるため、『海中占』には少なくとも四世紀頃の占辞が含まれていることになる。これらは『漢書』成立以後にあたるため、『漢書』芸文志に載る「海中」諸文献にはない、後から増補された占辞といえよう。ただし、『天文要録』以外にはこれらの人名は見られない。

五　「海中」の検討

「海中」諸文献の佚文の内容を踏まえ、第二節で整理した「海中」に対する先人の見解を検討する。

「海中」諸文献は、満刺加国（マラッカ、現在のマレーシア）や南越（中国南部からベトナムにかけての地域）などから見える南方の星座に関係するという解釈があった。国は異なるが、後漢にはすでにインドや西域から仏教が伝来していたといわれ、その際には仏典もともに伝わっていたであろうから、仏典の中に異国の星座体系が紹介されていたと考えることもできなくはない。「海中」諸文献には二十八宿に関する文献が複数存在するが、二十八宿や、それに類似する二十七宿は古くからインドやギリシアにもあり、後世にはインドの二十八宿と中国の二十八宿の対応が為されている。書名に「二十八宿」があるからといって、中国の文献とは限らないのである。ただし、インドから占星術書が最初に中国に伝えられたのは、矢野道雄氏によれば呉の竺律炎・支謙が翻訳した『摩登伽経』であるという。書物の流入より前に口伝である程度の知識が伝わっていたとしても、『漢書』芸文志の「海中」諸文献のように、早期にまとまった形で他国の占星術が紹介されていたと考えるのは難しい。

また、「海中」が南半球の星座であるという見解が打ち出されるのは明代以降のことである。方以智のいう「唐志」は『旧唐書』天文志上や『新唐書』天文志のことであり、『旧唐書』が書かれた後晋には、中国から見えない南方の星についての言及があったことがわかる。さらに、明の永楽帝の時代に鄭和が南方への大航海を行なった際には、南方の航路に精通しない中国の船員は、ムスリムの航法を用いて南の星の高度を測り、緯度を測定して航海したという(24)。しかし、後晋や明よりはるかに遡る漢代にすでに天の南極附近の星についての理解があり、それについて記述された文献が存在したと考えるのは難しいであろう。

さらに、占辞を見ると『海中占』は中国を中心としているということができる。たとえば「月暈東井、胡兵起」（月東井に暈すれば、胡兵起こる）、「太白守軫、兵車四夷兵大起」（太白軫を守れば、兵車四夷の兵大いに起こる）、「太白守北落、天下有兵。夷狄入塞、来侵中国、将士出」（太白北落を守れば、天下に兵有り。夷狄塞に入り、中国に来侵し、将士出づ）、「彗星出牽牛、四夷兵起、辺境為乱。来侵中国、人主有憂。期一年、中二年、遠三年」（彗星牽牛に出づれば、四夷の兵起こり、辺境乱を為す。中国に来侵し、人主憂い有り。期は一年、中ごろは二年、遠きは三年）、「彗星出南河、蛮越兵起、辺域有憂。若関吏有罪者」（彗星南河に出づれば、蛮越の兵起こり、辺域に憂い有り。若しくは関吏に罪せらる者有り）、「東北胡為寇、呉楚兵大起」（東北胡は寇と為り、呉楚の兵大いに起こる）などの占辞は、中国の夷狄に対する呼称が含まれている。[25] 中国において『海中占』が成立した証拠となるであろう。前節の（1）で指摘した分野説との関わりも、中国内部で書かれた天文書であることを裏づけるものである。

呂子方氏は『海中占』の占辞を他の天文書と比較し、同じ天文現象について対立する占辞があることを指摘した。しかし実際に佚文を確認してみると、対立する占辞はごく一部であり、他の天文書同士でも異なる占辞は数多く確認できる。呂子方氏は『海中占』以外の天文書を「大陸派」と位置付け比較対象としているが、『開元占経』には数多くの天文書、緯書が引用されており、全て一括りにするには種類が多すぎる。これを根拠に南方の海上を意味するというのは早計ではないか。

航海に関係するという見解もあったが、占辞から推察するに航海とはほとんど関係がない。『海中占』の佚文に現われる占辞は、国の存亡や貴人の大事に関するもの、水害や日照り、飢饉など人々の生活に関わるもの、戦や出兵に関するものが中心である。これは他の天文書とも概ね共通する傾向であり、航海する人々に直接関係するような占辞は見当たらないのである。

以上に挙げた特徴から、『海中占』は中国内部で著わされた文献であるということができよう。このことからすれば、第二節（2）で取り上げた、「海中」が中国を指すという解釈もあながち間違ってはいないが、「海中」が海内の意味で用いられたかどうかはっきりしないため、検討の余地がある。

蓬萊を含む三神山との関係については『天地瑞祥志』に指摘があるが、言及が唐代と最も古く、より本来の意味に近いと考えられる。『漢書』と『隋書』それぞれに引用される「海中」諸文献の書名・巻数が大きく異なることから、この間に大きな変化があったと推測できるが、三神山の逸話は『史記』にすでに見えており、伝統的に「海中」と「三神山」は結びついていた。

もう一つの事例を見てみよう。北魏末の張子信（生卒年不詳）は、暦数などの学芸に精通した人物であるが、『隋志』中に次のような記述がある。

至後魏末、清河張子信、学芸博通、尤精暦数。因避葛栄乱、隠於海島中、積三十許年、専以渾儀測候日月五星差変之数、以算歩之、始悟日月交道、有表裏遅速、五星見伏、有感召向背。

（後魏末に至り、清河の張子信、学芸に博く通じ、尤も暦数に精し。葛栄の乱を避くるに因って、海島中に隠れ、積すること三十許年、専ら渾儀を以て日月五星の差変の数を測候し、算を以て之を歩し、始めて日月の交道に表裏遅速有り、五星の見伏に感召向背有るを悟る。）

張子信が葛栄の乱を避けるために「海島」に三十数年隠れ住んだというのである。海島が具体的にどこを指すのかは明らかではないが、恐らく山東半島附近の島を指すのであろう。ともかく張子信は海島で渾天儀による観測を行ない、天文学上の三つの知識を発見した[26]。これは張子信個人の功績ともいえるが、「海島」が天文観測儀器を保有し天文知識の発達した地域であったために、現地の知識を得て、より大きな発見を行ない得たと考えることもできる。「海島」と「海中」が同じ地域を指すとすれば、「海中」諸文献もまた、天文学の発達した地域で生み出された文献であるということができよう。

天文占書に引用される他の天文書は、「郗萌曰」や「京房曰」、「陳卓曰」など人名によるもののほか、『荊州占』など地名を冠した文献もある。また、敦煌文書には『西秦占』や『西秦五州占』があり、五惑星をそれぞれ西秦の五州と対応させ、各々の事象を占う。[27]このように地名によって名づけられた文献があることから、「海中」諸文献も、具体的な地名ではないものの、三神山に関わる斉や燕の地域性によって名づけられたと考えられる。

斉は、戦国期に学問が非常に発達し、稷下の学が興った地域である。斉や燕のある山東半島は学問の発達した地域であった。『漢書』に挙げられた「海中」諸文献は、このような学問の発達した地域にあって、いわば一つの学派ともいうべき地位を築いたのではないか。

時代ごとの「海中」に対する認識の変化は、各々の時代に得た知識を古くからあった「海中」諸文献に同定する作業だったと考えられる。特に、南方の星座が含まれるという明代の見解は、当時の知識人によって求められた知識であった。ある理論・知識がより古くから中国に存在したと主張する行為は、中国においてしばしば見られる。術数書を例にすれば、書目中の李淳風の著作、劉基の著作が時代を経るに従って増加する傾向がある。これは、新たな著作あるいは著者不明の著作に、過去の著名な人物の名を冠することで権威づけしようとする操作である。より古いもの、より伝統的なものが尊ばれる土壌が中国に根強く存在するために、このような作業が行なわれるのであろう。同様に、外国から未知の知識が流入した際に、「実はその知識は過去に中国でも知られていた」と主張することもしばしばある。南方の星座の知識というのが正にそれであろう。「海中」の意味づけを確認することで、「海中」諸文献に求められた時代ごとの役割の変遷を垣間見ることができる。

おわりに

「海」と一口にいっても、その意味するところは実際の海以上に多種多様である。観念としての「海中」も、四海に囲まれた中国、中国の外に広がる海に浮かぶ島、或いは海面の下を指す可能性もある。このことが「海中」諸文献の実態をいっそう曖昧にしたといえる。そこで本章では、これまで様々な解釈のあった「海中」諸文献について基礎的な検討を行なった。「海中」諸文献は、内容から考えると中国内部でまとめられた文献であり、『天地瑞祥志』の記述や『隋書』経籍志の書名からは、特に渤海中の三神山に関わる斉や燕の方士との関係が推測される。

しかし、『漢書』芸文志と『隋書』経籍志の間で、書名や巻数の違いから改変あるいは変遷の跡がうかがえる。これは、『晋書』武帝紀に「禁星気讖緯学」（星気讖緯の学を禁ず）とあるように、占星術書が讖緯思想文献と共にしばしば禁じられたことも背景にあると考えられる。様々な状況の変化によって幾度もの改変を経て、最終的に現在残る佚文になったのであろう。

古代の天文書そのものは残存せず、主にそれらを集めた天文占書の形式で見ることができる。天文占書は項目ごとに分類され、一つ一つの天文書がばらばらの状態で引用されており、各天文書の本来の姿とは異なっている。しかしそれでも、佚文を確認することでしか天文書本来の内容に迫ることはできない。各天文書の相違はこれまでそれほど問題にされなかったが、本章において佚文しか残らない古代天文書の特徴を検討したことは、星座に関わる古代天文学の状況を研究する一つの契機となるだろう。

注

（1）藪内清責任編集『科学の名著2　中国天文学・数学集』（朝日出版社、一九八〇年）三五七、三六一頁。

（2）王応麟『漢芸文志考証』（『二十五史補編』第二冊所収、台湾開明書店、一九六七年）三九頁。

（3）このほか、『中国哲学史資料選輯』両漢之部（中国社会科学院哲学研究所中国哲学史研究室編、中華書局、一七六〇年）による中国語訳では、「航海人占的還不算在内」とし、航海をする人々の占いに関する星座のことと解釈している。また、明・茅元儀の『武備志』占度載には、「唐誌云、使者大相元言、交州望極纔高二十余度。八月、海中望老人星下、列星燦然明大者甚衆。古所未識、乃渾天家以為常没地中者也。大率去南二十度以上之星則見。蓋霊憲所謂海人之占未存者也」とあり、異なる見解も見られるが、これらの見解については本書では直接は論じない。

（4）どの星座がどの国と対応するかは、各々の文献によって異なる。具体的には、橋本敬造『中国占星術の世界』（東方選書、東方書店、一九九三年）六四頁の表四ほか参照。

（5）このうち「海中仙人占災祥書三巻」は二カ所に同じ書名が見られる。一方は衍文であろう。

（6）十万巻楼叢書本による。天津図書館本（続修四庫全書所収）では配列や文字の異同がある。ここに一覧を挙げる。

　黄帝　巫咸　石氏　甘氏　劉向洪範　天鏡占　五行大伝　五経緯図　白虎通占　京房易妖占　海中占　易伝対異占　陳卓　列宿占　五官占　郗萌　韓楊　祖暅天文録　易緯　詩緯　礼緯　尚書緯　孫僧化大象集　劉表荊州占　張衡霊憲経　春秋佐易期占

（7）『続高僧伝』巻二十五に「隋蜀部灌口竹林寺釈道仙伝二十二」があり、道仙という僧侶がいたことがわかる。ただし、彼は粛梁（五〇二～五五七）、北周（五五六～五五七）の頃の人物であり「海中」諸文献の成立より遅く、天文に関心があったという記述も遺されていないため、この人物が『海中占』を著わしたとは考え難い。

（8）新美寛編、鈴木隆一補『本邦残存典籍による輯佚資料集成』（京都大学人文科学研究所、一九六八年）。

（9）顧実『漢書芸文志講疏』（東南大学叢書、台湾商務印書館、一九七六年）二一〇頁。

（10）安居香山『緯書の成立とその展開』（国書刊行会、一九七九年）二七八頁。

（11）呂子方「漢代海上占星術」（同『中国科学技術史論文集』下（四川人民出版社、一九八四年）所収）。

（12）張舜徽『漢書芸文志通釈』（湖北教育出版社、一九九〇年）二六〇、二六一頁。

（13）渡辺信一郎『中国古代の王権と天下秩序――日中比較史の視点から』（校倉書房、二〇〇三年）や、杉村伸二「東アジア海上交流と古代中国の「海」観念」（『アジア文化交流研究』第一号、二〇〇六年）を参照。
（14）水口幹記『日本古代漢籍受容の史的研究』（汲古書院、二〇〇五年）一九一～二〇〇頁参照。
（15）興膳宏、川合康三『隋書経籍志詳攷』（汲古書院、一九九五年）六〇三、六〇四頁。
（16）「僊」と「仙」は語源が異なり、本来は区別する必要があるという見解もあるが、本書では特に区別しない。「僊人」と「仙人」の相違について、詳しくは山田利明「神仙道」（『道教』第一巻、平河出版社、一九八三年）三三五、三三六頁、福永光司『道教思想史研究』（岩波書店、一九八七年）二六一頁、大形徹『不老不死――仙人の誕生と神仙術』（講談社現代新書、講談社、一九九二年）第二章などを参照。
（17）「一曰」や「又曰」と続く場合、空欄を挟んで続く場合があり、同じ文献でもテキストによって占辞の数が前後する場合があるため、大凡の数である。
（18）『景祐乾象新書』、『乾象通鑑』については、田中良明「北宋楊惟徳等撰『景祐乾象新書』諸本管見」（『東洋研究』第一九三号、二〇一四年）、同「『乾象通鑑』初探」（『東洋研究』第一九九号、二〇一六年）が詳しい。
（19）『開元占経』巻十三。
（20）『天文要録』巻十一、巻二十六。
（21）『天文要録』巻十一。
（22）田中良明「北斗星占小考」（『東洋研究』第一八八号、二〇一三年）。
（23）それぞれ『天文要録』巻十六、巻三十、巻四十八。
（24）橋本敬造「鄭和の航海」（『東方学報』京都第三十九冊、一九六八年）、大連海運学院航海史研究室『新編鄭和航海図集』（人民交通出版社、一九八八年）、宮崎正勝『鄭和の南海大遠征』（中公新書、中央公論社、一九九七年）第九章などを参照。
（25）それぞれ『開元占経』巻十五、巻五十、巻五十二、巻八十九、『観象玩占』巻十二。ただし、『観象玩占』から引用した占辞の中で、「東北」は人文研本は「東北」に作り、文意が明確でないため、そのまま「東北」とした。
（26）張子信の具体的な功績については、杜石然主編『中国古代科学家伝記』上集（科学出版社、一九九二年）、陳美東『中国科

学技術史　天文学巻』（科学出版社、二〇〇三年）などに詳述される。

（27）P.3288、S.2729V、P.2632、S.5614に含まれる。黄正建『敦煌占卜文書与唐五代占卜研究』（学苑出版社、二〇〇一年）四一～四九頁、王晶波『敦煌占卜文献与社会生活』（甘粛省教育出版社、二〇一三年）一六五～一八七頁、張余勝『敦煌占卜文献叙録』（蘭州大学出版社、二〇一四年）六五～七一頁など参照。

附　『海中占』の輯佚

〔凡　例〕

一、各佚文は、「海中占曰」、あるいは「海中曰」として引用された佚文を挙げた。また、「海中占曰」という引用の後、「一曰」、「又曰」と続く引用も含めた。ただし、「一曰」、「又曰」に続く引用は、必ずしも『海中占』からの引用とは特定し難いものもある。そこで本書では、「一曰」、「又曰」に続く引用は、それと分かるように「一曰」、「又曰」、あるいは「(一曰)」、「(又曰)」と明記した。

一、原文は可能な限り正字体を用いた。

一、各佚文は、佚文が最も多く引用され、現在最も用いられることの多い『開元占経』の引用順に基づいて配列した。具体的には、日→月→五星（歳星、熒惑、塡星、太白、辰星）→二十八宿→石氏中官→石氏外官→甘氏中官→甘氏外官→巫咸中外官→流星→雑星→客星→妖星→彗星→風、雨、雲気などの順である。そのため、『開元占経』以外の文献の佚文は必ずしも引用された順には配列していない。また、『開元占経』では「月蝕」に関連する占辞を、本書での「月占二」と「月占六」の二カ所で引用しており、分類が不十分である。しかし、これらはあえてそのままの順序で引用した。

一、各項目ごとに、『開元占経』、『観象玩占』、『天文要録』、その他の文献の順で関連する佚文を配列する。『開元占経』の佚文には順に1、2、3、…と、『観象玩占』の佚文には①、②、③…と、『天文要録』の佚文には(1)、(2)、(3)…とそれぞれ順に番号を附した。また、その他の文献には冒頭に「・」を附け区別する。

一、それぞれの底本や参照テキストは次の通りである。

『開元占経』(1)…唐・瞿曇悉達撰。

（底本）四庫全書文淵閣本

他に、次の二本と校勘を行ない、文字の異同を注に記す。

恒徳堂刊本（関西大学図書館内藤文庫蔵）…「恒本」と略称する

大徳堂本（『中国科学技術典籍通彙』第五冊所収）…「大本」と略称する

『観象玩占』(2)…著者未詳。清華大学図書館蔵明抄本（『続修四庫全書』子部術数類1049所収）

『天問要録』…唐・李鳳撰。

（底本）京都大学人文科学研究所所蔵本

京都大学人文科学研究所所蔵抄本は前田育徳会尊経閣文庫本の転写本であるため、尊経閣文庫蔵本との比較を行ない、文字の異同があれば適宜修正した。

『後漢書』天文志…南朝梁・劉昭の注。中華書局校訂本

『天地瑞祥志』…唐・薩守真撰。京都大学人文科学研究所所蔵本

『乙巳占』…唐・李淳風撰。

（底本）陸心源校刊十万巻楼叢書本（百部叢書集成所収）

適宜、次のテキストと校合した。

天津図書館蔵清抄本（『続修四庫全書』子部術数類1049所収）…「天本」と略称する

『宋史』天文志…元・脱脱撰。中華書局校訂本

『武備志』…明・茅元儀輯。北京図書館蔵明天啓刻本（『四庫禁燬書叢刊』子部25所収）

『韜略世法』…明・著者不詳。明崇禎刻本

『管蠡匯占』…清・周人甲撰。清道光刻本（『四庫未収書輯刊』肆輯27所収）

また、各々の佚文の末尾に［　］で出典の巻数を付した。

一、『天文要録』巻十には、「右十六牒殷巫咸齊甘徳海中占」「右十二牒周應邵海中占」「右十一牒春秋緯海中占」「右十六牒魏石申海中占」という分類で占辞が引用されるが、『海中占』の佚文であるか否かは判断できないため、本書では取り上げなかった。

一、紙面の都合により原注は省略した。また、「又曰」や「一曰」などの異同、省略については注記しなかった箇所がある。

一、基本的に佚文は、「海中占曰」→天文現象→占辞という構成であるが、『観象玩占』を中心に、天文現象→「海中占曰」→占辞の順序で引用される場合がある（例：『観象玩占』巻三「月與熒惑合、其宿國主死。海中占曰、其國不可以爲貴人傷有内兵」）。その場合は、「天文現象……占辞」の形で引用した（例：「月與熒惑合……其國不可以爲貴人傷有内兵」）。

一、区切りは、底本で段落が改まる箇所、空格、あるいは別の文献の引用の直前までとした。そのため、一つの佚文に複数の占辞が含まれているものもある。

一、星座名は□で囲み、区別しやすくした。また、異なる文献で類似する佚文がある場合は傍線を附した。

一、別体字、あるいは同じ意味を有すると判断でき、繰り返し現出する文字の異同については、個々に注記しないこ

とする。別体字以外で注記を省略する文字は次の通り。

・鬬と閂　・五穀と五谷　・衆と聚　・飢と饑　・傍と旁
・蝕と食　・熹と喜　・蟲と虫　・鈎と勾　・糧と粮
・於と于　・原と源　・牀と床
・惑星の名称（歳星と木（星）、熒惑と火（星）、塡星と鎭星と土（星）、太白と金（星）、辰星と水（星））

一、複数の文献の佚文に類似の記述が見られる場合（同じ引用と判断できる場合）は、佚文を並べた上でそれぞれ傍線を附した。

一、複数の分類にまたがる佚文は、原則として先の分類の方で取り上げた。

一、明らかに孫引きであると分かる引用は、取り上げなかった。（例・陳喬樅『詩緯集証』巻一「案占經歳星占引海中占曰……」など）

〔本　文〕

地占

1　主好聽[a]讒言、廢置大臣、女子爲政、刑法誅殺、不以道理、則地圻。[b]〔巻4〕

①　主信讒、女子爲政、刑殺不當、則地拆。〔巻49〕

a大本は「听」に作る。（一字の文字の異同についてはもとの字を明記しないこととする。以下同様）　b大本は「折」に作る。

日占

2　日鬪月蝕、主病脹[a]、偏枯口舌、咽喉心腹[b]。［巻6］

3　日蝕心度[c]、兵喪竝發、王者以赦除咎。［巻10］

4　日蝕軫、王侯壽絶、王者以赦除咎則安。一曰、其國有憂、必有喪事。［巻10］

②　日在軫食……侯王將相有殃。［巻19］

　a 恆本は「眼」に作る。b この一文、大本には引用なし。c「日蝕心度」は大本にはなく「日在心蝕」に引用される。

月占一

5　月生爪牙、人主偏[a]、左右遇賊[b]、有刺客、各在中分。［巻11］

6　月大而體小者、旱。有氣色非常、皆爲皇后陰謀事[c]。［巻11］

7　月出復沒、天下亂[d]。［巻11］

8　月生正偃、天下有兵[e]合[f]、無兵主人凶。［巻11］

9　月兩弦中間、月光盛而衆多。或二三、或四五、及至十月竝見、皆爲天下分裂、天子失政、政在諸侯自立[g]。［巻11］

⑴　月生五日蝕、將軍背君命、大戰流血、主大負失宮。［巻5］

⑵　月四日中、陽國失地、臣殺其君爲王、不出三年。［巻5］

⑶　月生三日而覆中衝、有土之君憂。［巻5］

⑷　月生於左右、藏馬而五色雲覆於四面、兩國兵盡奔來大戰、主人負、客勝。［巻5］

(5)　月生經四辰、其色白黑、亭薄、乍天下淫亂興。［巻5］

　a大本は「備」に作る。b大本は「愚」に作る。c恆本は「皇后」の後に「有」の字あり。d大本では
この後「月入八日北向陰國亡地」「月不盡八日南向陽國失地」あり。e「兵」、大本は「兵兵」に作る。f
「合」、大本は「合則」に作る。g大本ではこの後「爲君諸月旁氣皆與日占大同」とあり。

月占二——月與五星

10　月與歳星同光、卽有飢亡[a]。［巻12］

　a大本は「蝕」に作る。

11　月與熒惑合、其國太子死、貴人復傷、凶。不可有爲、若有內兵。［巻12］

③　月與熒惑合……其國不可以爲、貴人傷、有內兵。［巻3］

④　月掩熒或……其國人傷、不可起兵。［巻3］

・　月與熒惑合、其宿同亂起兵。［『韜略世法』巻上[c]］

　a大本は「天」に作る。b大本は「君」に作る。c「熒惑八月中有兵以戰不勝」の注として引用。

(6)　月犯蝕塡星、下賤陵上、期六十日。［巻5］

(7)　月奄犯塡星在軫宿、其國有喪。［巻5］

12　太白出月右、陰國有謀。出左、陽國有謀。月挾太白、諸侯將相謀不軌。[a] 太白出月下、芒相燿、君死、民飢。〔巻12〕

⑤　太白出月右、陰國有謀、出月左、陽國有謀。月扶太白、諸侯將相不侵。〔巻3〕

a 大本は「親」に作る。

13　月與辰星相遇、所合宿雨水、敗。[a]〔巻12〕

(8)　月犯辰星、其國有擾、兵起、不出三年。〔巻5〕

(9)　月犯蝕辰星暈、臣試主天下大戰、分亡失國。〔巻5〕

a「雨水敗」、恒本は「大水災」に作る。

14　月貫五星、天子坐之。[a]〔巻12〕

(10)　五星入月中、而出其君死、不出君臣死、大將相攻擊。若月貫五星、天子以生發死。若月蝕犯列星、其國亡、兵起、諸侯多被兵殃、天下民人憂。若列星貫月、陰國可伐、不出三年、其國內亂、大將死。若星入月中、其國君有憂、臣勝其君、令不行。〔巻5〕

a 大本は「惡」に作る。

15　歲星蝕月、有大喪、女主死、臣弑君、易位。[a]〔巻12〕

a「君易位」、大本は「其君而易主」に作る。

16　熒惑入月中、臣以戰不勝、內臣死[a]。［巻12］

17　熒惑入月中、及近月七寸之內、主人[b]惡之。一曰、讒臣在傍、主用邪。［巻12］

⑥　熒惑入月、及七寸已內……以戰不勝。［巻3］

18　熒惑觸[c]月、上角爲相、下角爲將、中央爲主[d]。［巻12］

19　月蝕熒惑、有白衣之事[e]。又曰、其國內敗[f]、五年大兵。［巻12］

　a「內臣」、大本は「臣內」に作る。　b「主人」、恒本は「人主」に作る。　c大本は「出」に作る。　d「爲主」、大本は「爲君主也」に作る。　e大本は「會」に作る。　f「敗五年」、大本は「五年之間有」に作る。

20　太白入月中[a]、有殺[b]、不及九年、國以兵亡。［巻12］

⑦　太白入月中……不及九年、國分兵亡。［巻3］

21　太白居月中無光、名曰月蝕太白、臣弑其主、勝、皆期三年。［巻12］

・　太白居月中無光、名月蝕太白、強國君死。［『韜略世法』巻上[c]］

　a大本は「日」に作る。　b恒本は「布」に作る。　c「月犯太白」の注として引用。

22　辰星貫月、不出四年、有殃、內禍[a]匿謀。［巻12］

　a大本は「柄」に作る。

月占三――月與列星、二十八宿

23　星入月中、其國君有憂。一曰、不出三年、臣勝其主。［巻13］

(11)　星出月陰、其國有勝。星出月下芒、君死、民飢。［巻5］

a「君」、大本にはなし。

24　月犯角、其國有憂。［巻13］

⑧　月犯角……其國有憂。［巻8］

25　月出角南、國家多暴獄、治病驕恣。［巻13］

⑨　月出左角南、國君驕恣、多暴獄。［巻8］

(12)　月乘暈角、其國大水風雨。［巻11］

(13)　月犯乘兩角、其國貴人有擾、期二年。［巻11］

(14)　月暈角亢、其分野民飢、角虫多死、期一年。［巻11］

a「角」、大本は「右角」に、恒本は「左角」に作る。

b「治病」、大本は「君病」に、恒本は「君」に作る。

26　月犯亢、亡地、其國有憂。［巻13］

⑩　月犯亢……其國亡地。［巻8］

a「地」、大本、恒本は「地若」に作る。

27　月犯氐左星、郎中左將誅死[a]。犯右星、郎中右將誅死。皆期三年[b]。［巻13］

⑪　月犯氐左星、左中郎將誅。犯右星、右中郎將誅。［巻9］

28　月蝕氐、氐星翳、一將死之[c]、國有誅者。［巻13］

a「死」の後、大本には「若」の字あり。b恒本は「二」に作る。c大本は「其」に作る。

29　房上第一星上相、次星次相、下第一星上將、次星次將也。［巻13］

(15)　月冬三月入天庫[a]中、百姓多飢死、不出二年。［巻14］

(16)　月行大陰、民流亡、天下兵悉起、內淫泆流大臣千里、不出三年。［巻14］

a「天庫」、或いは「天倉」の誤りか。

30　月犯心中央星、人主惡之[a]。犯其前星、太子惡之、及失位。犯其後星、庶子惡之、皆應以善事。［巻13］

⑫　月犯心中星、天子惡之、宮中有亂。［巻10］

31　月犯心[b]、有亂臣[c]、天下有亡國。蝕心、國內亂、有大賊[d]。［巻13］

32　月犯心中央星、人主敗、國有賊[e]、人爲亂[f]。［巻13］

33　月貫心一年[g]、國君死、不則臣伐主[h]。［巻13］

⑬　月在心食……國有兵喪。一曰、庶子有災、太子失位。［巻10］

a「其」、大本にはなし。b恒本は「星」に作る。c大本は「惡」に作る。d「大賊」、大本は「大賊作亂」に、恒本は「文人賊」に作る。e「有」、大本は「天下多盜」に作る。f「人爲」、大本は「位」に作る。　g「一年」、大本は「一年主」に、恒本は「三年」に作る。　h「君死不則臣伐主」、恒本は「內亂」に作る。

(17)　月逆鬲尾第五星、其分野且內亂、君死。［巻16］

34　月犯箕、女主有憂。［巻13］

35　月犯危、其國有憂。［巻13］

⑭　月犯危……國有憂。一曰、兵在外、將死。［巻13］

36　月犯營室、其國有憂。［巻13］

37　月犯東壁、其國有憂。［巻13］

38　月蝕東壁、其國有閉門事。［巻13］

(18)　月蝕陵東辟、其國有憂、門閇事。大臣戮亡、有文章執者、不出一年。［巻24］

39　月蝕奎星、必有大戰[a]、軍乏食[b]。［巻13］

⑮　月在奎……大將兵起、大臣有黜者。一曰、兵乏粮。一曰、聚斂之臣有黜者。［巻14］

a「戰」の後、恒本には「死」の字あり。b この一文、大本にはなし。

40　月犯婁、國有憂。［巻13］

⑯　月犯婁……國有憂。［巻14］

41　月蝕婁星、軍不戰、在外罷。［巻13］

(19)　月蝕婁、大將軍不戰、在外罷。［巻26］

42　月犯胃、其國有憂。［巻13］

43　月犯乘胃、小國起兵、倉庫虛。一曰、軍不戰、民多病、傷有令。［巻13］

a「倉」、大本にはなし。

44　月蝕昴、諸侯黜、門戸臣有事、天下飢。［巻13］

(20)　月入昴中、經五辰、諸侯黜門戸、臣有烈、民人飢。［巻28］

a 大本は「出」に作る。b「飢」、大本は「亂饑」に作る。

45　月犯畢南、陽國有憂。一曰、賊臣誅、不然邊有兵。［巻13］

(21)　月犯畢南、陽國有擾、賊臣誅君、邊將起、期二年。［巻29］

a「國」、大本にはなし。b 恒本は「直」に作る。c「有兵」、大本は「外有兵起」に作る。

46 月犯觜觿、小戰。又曰、小將吏多死。[a]〔卷13〕

a この一文、大本にはなし。

47 月犯參、其國有憂。又曰、國有兵事。〔卷13〕

⑰ 月食參伐……國有憂。〔卷16〕

48 月犯參右肩、右將戰死。犯左肩、左將戰死。〔卷13〕

49 月蝕參伐、兵大起。〔卷13〕

(22) 月蝕參伐、兵大起。〔卷31〕

(23) 月入乘參、其　將軍死、有憂。〔卷31〕

50 月犯七星、輕車戰。〔卷13〕

⑱ 月犯七星……輕車戰。〔卷18〕

51 月蝕七星[a]、國相更政。〔卷13〕

⑲ 月在星食虧太陰……其國更改、兵在外戰。〔卷18〕

a 大本は「在」に作る。

52 月犯翼、其國有[a]憂。[b]一曰、相傳令。[c]一曰、外夷有兵。[d]〔卷13〕

a「其國有」、大本は「太常官」に作る。 b「憂」の後、大本には「一曰其分兵起有喪」あり。 c大本は「命」に作る。 d「外夷有兵」、大本は「蠻夷兵起蜚虫死」に、恒本は「外國有兵」に作る。

53　月犯軫、兵車用、近期二年、遠期三年。［巻13］

月占四――月與星

54　月入攝提、聖人受制。一曰、謀臣在側。［巻14］

・　月入攝提、聖人受制、謀臣在側。［『乙巳占』巻2］

55　月入天市中、近臣有[a]抵罪者。［巻14］

⑳　月入天市……近臣有坐罪者。一曰、女主憂、兵起、大臣有戮於市者。一曰、粟貴。［巻21］

56　月犯軒轅大星、女主當之。［巻14］

・　月犯女主[b]、女主當之、應以善事卽亡[c]。［『天地瑞祥志』巻7］

57　[d]月[e]犯南門左右扉[f]、將相有[g]免墮者[h]、期不出三年、左右扉者、執法也[i]。［巻14］

・　月犯太微垣、輔臣惡之、又君弱臣强、四方兵不制。犯執法……將相有免者、期三年。［『宋史』天文志二］

58　月犯黃帝座、有亂[j]臣、人主惡之[k]。［巻14］

・　月犯帝坐、人主惡之。［『宋史』天文志二］

a「有」、恒本にはなし。 b「主」、大本はもと「生」に作り、右に「主」と訂正。 c「亡」、もと「已」に作り、右に「亡」と訂正。 d「月」の前、大本には「月犯太微廷臣弑其主」あり。 e「月」、恒本にはなし。f「扉」の後、大本には「執法大臣憂」あり。g「將有」、大本は「相死或有」に作る。h「者期」、大本は「者少期」に作る。i「左右扉者執法也」、大本では注に作る。j大本は「反」に作る。k「之」、大本は「之凶」に作る。

(24)　月守留天雞、其國北血、將軍薨。［巻17］

(25)　月入器府中、名臣失封、女后位耗。［巻49］

月占五——月暈

59　月暈歲星、其主病[a]。重暈、囚死或大[b]水。五暈、人主有病喪[c]。［巻15］

a「病」の後、大本には「五谷傷大水」あり。b「大」、大本にはなし。c「病喪」、大本は「災或喪」に作る。また、その後「一曰天下有子之憂」あり。

60　月暈熒惑[a]、三復之、國貴人憂。［巻15］

61　月暈熒惑、五復之、主出走[b]。［巻15］

a「熒惑」、大本は「赤星」に作る。b「走」の後、大本には「暈而又犯之將軍以憂下」あり。

62　月暈塡星、相死、若皇后死、不則亡地[a]。［巻15］

a「地」の後、大本には「國有土工」あり。

63　月暈太白、五復之、主死。［巻15］

(26)　月暈太白蝕經五辰、其國有奸臣、大將謀其主、不出七十日。［巻5］

64　月暈辰星、在春大旱、在夏主死、在秋大水、在冬大喪。[a]［巻15］

㉑　月暈水星、在春大旱、在夏主死、在秋火水、在冬火喪。［巻3］

a「在冬」、大本は「在各冬」に作る。

㉒　月暈角宿……民飢多風雨。［巻8］

65　月暈角亢、歳民饑。[a]［巻15］

66　月暈角亢、歳凶民飢。[b]［巻15］

a「歳民饑」、大本は「歳民有饑或大風雨」に、恒本は「民饑」に作る。b「飢」の後、大本には「其下大戰大臣喪」あり。

67　月暈凾心、人主有殃。又曰、大旱。［巻15］

㉓　月暈于心……人主有殃。一曰、大旱。［巻10］

68　月暈凾心、中有赤雲、若白雲、大如杵、而貫月、大人當之、不然兵起。［巻15］

69
月暈室、大城圍屠[a]。［巻15］

㉔
月暈營室……兵有屠城。［巻13］

a「大」、恒本は「兵起」に作る。

70
月暈東壁、有大土功事。［巻15］

㉕
月暈于壁……國有亂。［巻13］

(27)
月暈參、弓弩貴、其國戰。［巻31］

71
月暈東井、胡兵起[a]。［巻15］

㉖
月暈于井……胡兵起。［巻17］

a恒本は「邊」に作る。

72
月暈鬼、大旱。［巻15］

㉗
月暈于鬼……大旱。［巻17］

(28)
月暈五車二重、其國有賢臣、出德令。以正月、四月、十月暈五車陰、雨多水、期五十日。以十一、十二月暈五車、

五穀貴。［巻41］

(29)　月暈南北、或二重、三公有喪、諸侯國益地。［巻41］

(30)　月暈北斗、有喪、則流民千里、穀貴。［巻44］

月占六――月蝕

73　月蝕於奎、大將軍有謀。[a]［巻17］

　a「謀」の後、大本は「軍乏食大將戰死」に作る。

74　月蝕婁、其國有王事。[a]［巻17］

　a「王事」、大本は「土工事人主憂宮中亂民飢有兵」に、恒本は「三事」に作る。

75　月蝕於[a]參、兵在外、大將死、其國有憂、天下更令。［巻17］

　a「於」、大本にはなし。

・其國改政、兵在外戰、主法之官憂斥。［大本、[a]巻17］

　a「月在七星」に関する。

76　月蝕、王者以救、除咎則安。又曰、月蝕、清刑、明罰、勅法。［巻17］

(31)　月蝕中央、其君有優、天下客軍大勝、益地。［巻5］

五星占一

77　五星不當[a]歷列宿、絕列星[b]。有分國貴人有獄。抵列舍、其國有喪。以五色占其吉凶。黃爲喜、赤爲兵、白爲喪、蒼爲憂、黑爲水。［巻18］

78　五星有三角者、兵息。有五角者、則兵行。以角多戰也。［巻18］

79　五星若合、是謂易行、有德受[c]慶、改立天子、乃奄有四方、子孫蕃昌。無德受罰[d]、離其國家、滅[e]其宗廟、百姓離去滿[f]四方。［巻19］

80　五星皆大、其事亦大[g]。五星皆小、其事亦小[g]。［巻19］

81　五星合亢[h]、爲五穀頻不成。［巻19］

a「不當」、大本にはなし。b「列星」、大本は「列宿星」に作る。c大本、もと「憂」に作るも、「受」に改める。d大本、もと「罰」に作るも、「使」に改める。e大本、恒本は「滅」に作る。f大本、「去滿」をもと「去遍滿」に作るも、「遍」を「對」に改める。g「亦」、大本にはなし。h恒本は「元」に作る。

82　三星合、其[a]國外有兵喪、人民數[b]改立侯王[c]。［巻19］

83　熒惑塡星辰星近[d]角[e]合鬭、女子爲天下害、大臣殺主[f]。［巻19］

a「其」の前、大本は「是謂驚位」とあり。b大本は「飢」に作る。c「侯王」、大本は「侯與王」に作る。d大本は「芒」に作る。e恒本は「舍」に作る。f大本は「弑」に作る。

84　二星相近者、其殃大、相遠者、其殃小、無傷[a]。[巻19]
85　熒惑與木星合、爲內亂、大臣謀主[a]。[巻20]
86　熒惑木星鬬、有夷狄[b]之害、有殺大將。[巻20]
87　熒惑貫歲星、殺小將。[巻20]
88　太白出歲星[c]北、客利。歲星出太白北、主人利。[巻20]
㉘　太白出歲星北、客勝、歲星出太白北、主人勝。[巻5]
㉙　金出木北、客利。木出金北、主人利。太白犯歲星、若環繞之、竝無光、有賊、戰破、軍殺將。一曰、太白環繞歲星、有亡。主太白、主歲星、后憂。[巻5]
89　塡星與熒惑合、女子爲天下害。[巻21]
90　與熒惑合[d]、金從火、有兵罷[e]。火從金、兵大起[f]。[巻21]
91　熒惑太白合、野有破軍、將死[g]。[巻21]
92　熒惑太白中上出[h]、破軍殺將、客勝。[巻21]
93　辰星與[i]塡星合、在虛中、秋水出。[巻22]
94　辰星與太白合東方、天下兵大起、盛而不戰、裂地相賂爲利[j]。[巻22]

aこの一文、大本にはなし。b「夷狄」、恒本は「寇賊」に作る。c「星」、恒本にはなし。d「與熒惑合金」、大本は「熒惑與太白合」に作る。e恒本は「罪」に作る。f恒本は「不」に作る。g「將死」、大本は「死將」に作る。ｈ「熒惑太白」、大本は「熒惑入太白」に作る。ｉ「辰星」、大本は「浼辰」に作る。ｊ恒本は「和」に作る。

五星占二――五星與星

(32)　離星中星坎星屬兩角合鬬、女后天下爲破、大臣殺天子、不出二年。［巻11］

(33)　五星逆行須女、陵舍不止、一運三變、其國小人昌、君子王位、不出二年。［巻20］

(34)　五星逆行參、失度留止衝中者、有兵革起。［巻31］

(35)　五星守陵輿鬼、出其南、多旱。出北、水、天下飢、不出三年。［巻32］

(36)　五星犯鬲七星逆行、其國有奸臣。［巻35］

㉚　五星犯守天稷……有大旱、穀不成、大飢。［巻33］

歳星占

95　歳星色黄、得地。［巻23］

96　歳星色蒼黄、吉。赤芒澤、有子孫喜、立王。黄、得地。白、有兵。黑[a]、有德令。［巻23］

97　主好陰謀、侵凌諸侯、急兵革、則歳星逆行[b]。［巻23］

ａ「黑」、大本、恒本は「青黑」に作る。ｂ「星逆」、大本は「星必逆」に作る。

98　歳星守左右角、其色黄白、小旱、民小厲[a]。其逆行、卽旱。其還、立雨、羅如故。［巻24］

㉛　木守左角、其色黄白、小旱。逆行卽旱。還則雨。［巻8］

99　（又占曰）歳星犯[b]左右角、逆行爲旱、五穀不收。［巻24］

100　（又占曰）歳星守角、一南一北、宜黍與稷。［巻24］

(37)　歳星守右角、經七日以上、一離一坎、穀貴、陽臣陰臣倶謀誅其君。［巻11］

・　守左角、色黄白、小旱。逆行則旱。還則雨。乘右角、兵起、大將死。一曰、爲水。乘左角、法官誅。一曰、爲旱。食角、天下女子多死。淩左右角、國有憂。一曰、木出入留舍守角、其歳大熟。［『管蠡匯占』巻4］

a 恒本は「病」に作る。　b 大本、恒本は「守」に作る。

101　歳星守亢、爲地動。［巻24］

㉜　木守亢……地動。［巻8］

102　（又占曰）歳星守亢北、貴人多移徙、貴人爲妖[a]祥、多疾[b]。一曰、大人流亡。［巻24］

㉝　木守亢北、貴爲妖祥、多疾病、大人亡。［巻8］

103　（又占曰）歳星守亢、王者有德令、禾稼熟。［巻24］

104　（又曰）封侯有小疾、國君受弔、飛蟲六畜、生非其類、爲妖、有小賊、民多流亡、期百五十日、若一年。［巻24］

105　（又曰）居亢[c]、歳旱。［巻24］

a 恒本は「婦」に作る。　b「多疾」、恒本は「爲病」に作る。　c「居亢歳」、恒本は「若歳亢」に作る。

106　歳星居氐、五穀以旱傷。［巻24］

㉞　木居氐……五穀以旱傷。［巻9］

107　歳星守犯氐、成鈎已環繞之、其國饑、人君失時、政令不行。[a]［巻24］

㉟　木守氐……有旱。［巻9］

・　有旱。一曰、守之三十日、地有立王者。逆行守之、后妃憂。一曰、君不居其宮。［『管蠡匯占』巻4］

　a　「時政」、大本は「政時」に作る。

108　歳星守房、他國有獻馬者、魚鹽十倍。[a]［巻24］

　a　「魚鹽十倍」、大本は「魚鹽大貴十倍」に作る。

109　歳星守鈎鈐、天下饑三年。［巻24］

110　歳星犯心天子星、[a] 王者絶嗣。犯太子、太子不利、[b] 犯庶子、庶子不利。［巻24］

㊱　木犯心中星、王者絶嗣。［巻10］

111　歳星居心、多旱、[c] 五穀以旱傷。［巻24］

112　（又占曰）歳星合心、[d] 玄色不明、有喪。［巻24］

㊲　木居心……[e] 色赤、五穀以旱傷。其明潤、王者有福、人和、歳豐、賢人進用。色黒不明、有喪。［巻10］

113　歳星留逆犯守乘陵[f] 心者、王宮内賊亂、[g] 臣下有謀易主者、[h] 天子權在宗家得勢大臣。[i]［巻24］

㊳　木逆行犯守心、君不重明堂、賊臣謀逆主、宮內亂、天子易權在臣之得勢者。［巻10］

a「星」、大本にはなく、恒本は「憂」に作る。b「利」、大本は「得代」に作る。c「多旱」、恒本は「臣强」に作る。d「合心玄」、恒本は「舍心光」に作る。e「犯」、恒本にはなし。f大本は「凌」に作る。g「賊」、恒本にはなし。h「有謀易主者」、大本は「有謀易主」に、恒本は「謀主」に作る。i「天子權在宗家得勢大臣」、恒本にはなし。また、大本にはこの後「又日大旱」とあり。

114　歲星出入留舍尾、五十日不下、天下一國有大臣亡者。［巻24］

(38)　歲星出入留舍尾、五十日不下、天下七國有大臣亡者。［巻16］

a「天下一」、恒本は「其」に作る。

(39)　歲星乘暈箕星四重、其國不出五年、大水、失地五百里、民流亡散。［巻17］

115　歲星入南斗中、死者甚衆。［巻25］

㊴　木入南斗……人多死者。［巻11］

116　歲星居南斗、五穀以旱傷。［巻25］

㊵　歲星居南斗……五穀以旱傷、其北不利小兒。一曰、牛多死、其肉殺人。居其西、歲多飢傷、民多死。［巻11］

117　歲星舍牽牛、殺、虎狼入國。一曰、守牛西、虎狼多入邑中者。［巻25］

118　歳星守牽牛、臣謀君、羅貴、三月乃復。[b]〔巻25〕

㊶　木星守牛、臣謀君、米貴、三月乃復。〔巻11〕

a「殺」、大本にはなく、恒本は「有」に作る。　b恒本は「止」に作る。

119　歳星守須女、有嫁娶、布帛之事。[a]〔巻25〕

㊷　歳星守女……留守二十日、天下有嫁娶事、布帛貴。〔巻12〕

(40)　歳星舎居須女、經七運一夕、其國東方不利。〔巻20〕

(41)　歳星犯守陵須女二星、經八十日、君將有兩心。〔巻20〕

a恒本は「幣」に作る。

120　歳星犯虛而守之、王者以凶改服、有白衣之會、不出六十日、天下饑。[a]又民流千里、[b]君臣離散。〔巻25〕

㊸　木犯虛遂留守之……王者改服、有白衣會、不出六十日、天下大飢、民流千里、君臣離散。歳與鎮同。守虛、陰陽失序、水旱不時。〔巻12〕

㊹　木中犯乘凌虛……其東、民飢、且病多暴死。居其南、宮中雨血、宰相坐之。居其西、其月不雨。居其北、其下有亂。〔巻12〕

a「饑又」、大本は「大饑」に、恒本は「饑又曰」に作る。　b「千里」、恒本は「徒」に作る。

121　歳星守危、國有兵憂。一曰、兵竝起。[a]〔巻25〕

a恒本は「大」に作る。

122　歳星舍營室東、民多徙去[a]。處其北、民有憂。［巻25］

123　歳星守營室、三日以上[b]、王者去正殿[c]、居省室、布恩德[d]、赦有罪、則無咎[e]。［巻25］

㊺　歳星守室……王者去正殿、居則宮室施恩宥、過則无咎。［巻13］

a恒本は「亡」に作る。b恒本は「八」に作る。c恒本は「宮」に作る。d「布」、大本は「宜施」に作る。e恒本は「災」に作る。

(42)　歳星舍東辟北、民憂、期二旬。［巻24］

124　歳星潤澤出奎、有善令[a]。變色入奎[b]、有僞令來者[c]。若出奎、有僞令、出使者。［巻26］

125　歳星處奎中[d]、小赦[e]。［巻26］

126　歳星舍奎處其南[f]、春食賤。處其東、羅乍賤乍貴[g]、民移徙不安[h]。處其西[i]、四月五月食貴。處其北、民憂[j]。［巻26］

㊻　木處奎南、春羅貴。處其東、乍賤乍貴、民移徙不安。處其西、四月五月羅貴。處其北、民憂。［巻14］

127　歳星守奎、執法吏多死[k]。［巻26］

128　歳星守奎、逆行、旱、五穀耗[l]。其順行、色潤澤、卽歳大熟[m]。［巻26］

129　歳星守奎南、馬賤[n]。一曰、牛賤。［巻26］

㊼　木守奎南、馬牛賤。［巻14］

a「奎有」、大本は「奎君有」に作る。b「令變」、大本は「令若變」に作る。c恒本は「德」に作る。d「星處」、大本は「星出處」に作る。e大本は「有」に作る。f「舍奎處」、大本は「處奎守」に作る。g「乍賤乍貴」、大本は「乍貴乍賤」に作る。h「移徙」、大本は「徙移」に作る。i大本は「奎」に作る。j大本は、別の箇所にも「歳星處奎南春米貴處其東乍賤乍貴民移徙不安處其西四五月米貴處其北民憂」とあり。k「死」の後、大本には「五穀耗傷旱此逆行也」とあり。l「穀耗」、大本は「穀虛耗」に、恒本は「穀折耗」に作る。m「卽歳大熟」、大本は「歳大豐」に作る。n「賤一曰」、大本にはなし。

130　歳星入居婁中[a]、小赦。［巻26］

131　歳星處婁南、春食賤、牛馬繒帛賤。處其北、八月兵起、七十二日罷、遠期三[b]年。［巻26］

㊽　木來留婁……處其東、粟賤。處其西、牛馬布帛賤。［巻14］

(43)　歳星處婁東、羅貴。處南、食賤、牛馬繒帛賤。處北、有奪地之君。［巻26］

132　歳星舍婁胃、去婁、舍奎、有赦。［巻26］

133　歳星守婁中、又暈之、大赦、期九十日。［巻26］

134　歳星逆行守婁甚[c]、其君牢吏獄、斷[d]不以時、人多怨訟、若有赦令。［巻26］

(44)　歳星守婁北、兵起、期二年。［巻26］

a「中小」、大本は「中有小」に作る。b大本は「二」に作る。c「甚」、大本にはなし。d「獄斷」、大本は「斷獄」に作る。

135
歳星守胃、歳大熟。一曰、五穀大熟。[a]［巻26］
a 大本は「入」に作る。

136
(45) 歳星呑昴星、將軍死。其年旱、霜、五穀傷。［巻28］
(46) 歳星入運亭畢、王者出入遊獵、失節、兵奸起、印逆天子。［巻29］

137
歳星犯守[a]觜觿、不出一旬、[b]必有偵候之事。農夫不耕、天子皇后俱崩、期甲辰日。［巻26］
㊾ 木犯觜……有覘候之事、農不得耕、君后俱忌之。一曰、五穀不成、國大飢、天下大疫。［巻16］
(47) 歳星出入留舍居觜中、經六十日不下、禾豆半傷。經九十日不下、侯王見攻。經三百日不下、客軍大敗、主人吏勝、不出五年。［巻30］
(48) 歳星暈觜、有背[c]冠、天下多乳死、女主有憂、後宮奸人起。［巻30］
a「守」、大本にはなし。b「一旬」、恒本は「旬日」に作る。c「背」、或いは「皆」か。

138
歳星守參、多盜賊、高田貴、下田賤、其年樹木多爛。[a]［巻26］
㊿ 歳星守參……多盜賊、高田貴、下田賊、其年草木多腐。一曰、晩稼不成。［巻16］
(49) 歳星留舍居參伐、經五十日、其分野多盜賊、高田貴、下田田賤、樹木多爛、士卒不安憂。［巻31］

139　歳星守參、后夫人當之。一曰、天下有兵驚。一曰、旱、人民多病。[b]［巻26］

(50)　歳星守暈參、一夕三運、後宮有伏兵。候、天子不出、半周。［巻31］

　a「多爛」、大本は「草多腐爛」に作る。また、大本はこの後「一曰晩禾不成」とあり。　bこの一文、恒本にはなし。

140　歳星守輿鬼、[a]角動、有殺主者。色黑、誅死不成。［巻27］

141　木守鬼、出其北、旱。出其南、雨、[b]水、五穀熟。[c]［巻27］

㉛　木守鬼、出其北、旱。出其南、多雨水。五谷熟。出其左右、貴親坐之。又曰、木守鬼、角動、有謀逆者。色黑、事不成、伏誅。［巻17］

(51)　歳星守輿鬼、角動、有殺主者。色黑、誅死不成。［巻32］

　a「角」、大本は「兩角」に作る。　b「雨」、大本は「多雨」に作る。　c「熟」、大本は「不登」に作る。また、大本はこの後「出其左右貴戚坐之」とあり。

142　歳星居柳、歳和[a]熟。［巻27］

143　（又曰）歳星出入留舍柳、九十日不下、將軍出。[b]［巻27］

144　（又曰）歳星逆行柳、其君[c]不敬祭祀。［巻27］

㉜　木居柳……五谷熟。［巻18］

　a「歳和」、大本は「歳和大」に、恒本は「年時」に作る。　b「出」の後、大本には「兵戰將死」とあり。

c「不」、恒本にはなし。

145　木犯七星、使者滿道、子弑父、臣弑主。［卷27］
⑤3　木犯七星……使者滿道、臣下謀上。［卷18］
(52)　歲星處七星、民疾疫。處其西、多水。［卷35］
(53)　歲星與七星同光、大者、其國以賊當貴。［卷35］
(54)　歲星入呑蝕七星南、國以火破、有喪、大臣與諸侯爭國政、兩大戰。［卷35］
　a大本は「死」に作る。　b大本、恒本は「君」に作る。

146　歲星守翼、處其東、魚鹽瓦器貴。處其南、車貴。處其西、不占。處其北、五穀不成。［卷27］
⑤4　木處翌東、瓦器貴。處南、車貴。［卷19］
　a「守翼處其」、大本は「處翼」に作る。　b恒本は「蕘」に作る。

147　歲星犯守軫、天子養孤老不平、大臣背叛、師旅起、車騎盡發。［卷27］
⑤5　木守軫……天子不恤孤老、大臣皆叛、師旅大興。［卷19］
148　歲星守軫、主庫者有罪。［卷27］
⑤6　歲星守軫……主車者有罪。［卷19］
　a「養」、大本は「不恤」に作る。　b恒本は「及」に作る。　c「起車」、大本は「大起軍」に作る。　d大

本は「車」に作る。e「有罪」、大本は「罪之」に作る。

149　歳星犯攝提、臣謀其君、若主出走、有兵起、期一年。[a]［巻28］

a大本はこの一文を「石氏曰」として引用。ただし、「若」「一」はなし。

150　歳星守大角[a]、臣謀主者[b]、有兵起、人主憂、王者戒愼[c]左右、期不出百八十日、遠一年。［巻28］

a大本、恒本は「犯」に作る。b「者」、大本にはなし。c大本は「羅」に作る。

151　歳星入天市、五官有憂、若市驚。一曰、易市。[a]［巻28］

㊼歳星入天市……市驚、有易市。［巻21］

a大本は「市者」に作る。

152　歳星犯守候星[a]、陰陽不和、五穀傷、人大饑、有兵起。[b]［巻28］

a「候星」、大本は「天候」に作る。b「傷人大饑有兵起」、大本は「不成人民饑兵且起」に作る。

153　歳星守建星、旱、死者甚衆[a]、民大耗。[b]［巻28］

a「旱死者甚衆」、大本は「羅貴人相食」に作る。b「耗」の後、大本には「大飢」とあり。

154　歳星犯天津、關道絶不通[a]、有兵起。若關吏[b]有憂。［卷28］
a「不通」、大本は「有不通者」に作る。b大本は「門」に作る。

155　歳星入五車、兵大起、車騎行、五穀不成、天下民饑、若軍絶粮。［卷28］

(55)　歳星犯夕五車水星、其國有旱灾、秋、多水傷穀。［卷41］

156　歳星守犯天關、道絶、天下相疑、有關梁之令[a]。［卷28］
a「令」の後、大本には「一曰歳水民飢有自責者」とあり。

157　歳星犯守天牢、王者以獄爲弊、貴人多繫者[a]。［卷28］
a「多繫者」、恒本は「凶」に作る。

158　歳星入長垣、天子以兵自衞、强臣凌主。一曰、叛臣被誅、若戮死[a]。期不出百八十日。［卷28］
a「死」、大本は「死者」に作る。

159　歳星犯龜星、天下有水旱之災。守陽則旱、守陰則水。［卷29］

160　歳星入杵星、若守之[a]、天下有急發米[b]之事、不出其[c]年。［卷29］

ａ「守之」、大本は「守之犯之」に作る。ｂ「急發米」、大本は「發粟米」に、恒本は「急發乘」に作る。

ｃ「其」、恒本にはなし。

161　歳星入守羽林、有兵起、若有逆行[a]、變色成鈎巳[b]、天下大兵、關梁不通、不出其年。［巻29］
ａ「有」、大本にはなし。ｂ「鈎巳」、大本は「勾巳者」に作る。

162　歳星守土司空、其國以土起兵。若[a]有土功之事、天下旱。［巻29］
ａ「若」、大本にはなし。

163　歳星守參旗、兵大起、弓弩用、士[a]將出行。一曰、弓弩貴[b]。［巻29］
ａ恒本は「大」に作る。ｂこの一文、大本にはなし。

164　歳星犯守天稷、有旱災、五穀不登、歳大饑[a]。一曰、五穀出[b]。［巻29］
ａ「登歳大饑」、大本は「成大飢荒」に作る。ｂ「出」、恒本は「虫」に作る。

熒惑占

165　熒惑法使行無常[a]。［巻30］

166　熒惑色赤、國有憂[b]。厚白、則國有憂[b]。薄蒼、卽天下多喪、其國尤甚。［巻30］

⑱ 熒惑色赤、國有憂。白亦憂。色蒼、天下多死喪、其國尤甚。熒惑春色赤、百姓有憂。冬色白、大臣多辱。［巻6］

167 （「熒惑出西方若東方」の注）國君死。c［巻30］

aこの一文、大本位はなし。b恒本は「喪」に作る。c「死」の後、大本には「之所宿者天子惡之四孟之月候王受之四仲之月大臣受之四季之月小民受之」、恒本には「之所宿者天子惡之」とあり。

168 熒惑守左角、有喪。色白爲兵、黄爲土功、赤爲旱、青憂、黑死。［巻31］

169 熒惑守左右角、其色黄白、a小旱、民小厲。b［巻31］

⑲ 火守左右角、其色黄白、小旱、民小厲。［巻8］

・ 守左角及右角、其色黄、小旱、民小厲。［『管蠡匯占』巻4］

170 （又占曰）熒惑守左右角、逆行爲旱。c還立雨、爲五穀不收。［巻31］

171 （又占曰）熒惑守角、貴人子有繫者。去獄之天牢、貴人子赦。［巻31］

⑳ 火守角……貴人子有繫獄者。［巻8］

172 （又占曰）熒惑起芒d角、赤色而光、久守天門、王者絕嗣。各以占e其國。［巻31］

(56) 熒惑守兩角、左右將軍校尉相戮死、其分貴人子有繫者、期九十日。［巻11］

(57) 熒惑守左角、經二運二夕、天下五兵竝連、期一年。［巻11］

(58) 熒惑守舍天陳、經二旬已上、其國有喪、期一年。［巻11］

a「色黄」、大本は「色赤黄」に作る。b大本は「勵」に作る。c大本は「主」に作る。d「起芒」、恒本は「守」に作る。e「以占」、大本、恒本は「以日占」に作る。

173　熒惑守亢、天下有白衣之會、天子易政、道路不通。［巻31］

㉛　火守亢……天下易政、道路不通、有白衣會。一曰、大將有喜。一曰、天有火災。［巻8］

174　熒惑守亢、成鈎已而環繞之、三十日、天子自將兵、國易主。[a]［巻31］

㉜　火守亢五十日、勾已環繞之、天子自將兵、國易主。［巻8］

a この一文、大本にはなし。

175　熒惑守氐、國亂、[a]有反臣、近臣有憂。有兵、期六月、不出六十日、赦、[b]不遍天下。[c]歳春旱、晩水。不出其年、[d]人相食。［巻31］

㉝　火守氐……國亂、有反臣。不出六十日、赦、大徧天下、歳春旱、晩水、不出其年、人相食。［巻9］

a 恒本は「主」に作る。b「日赦」、大本は「日其赦」に作る。c「不遍」、大本は「不遍通」に、恒本は「不道」に作る。d 大本は「期」に作る。

176　熒惑行房南、旱、若守之、爲喪。行房北、爲水、若守之、爲兵。［巻31］

・　熒惑磨心、環遶于房、守而不留正舍、往來徘徊、彷彿人主、無下殿遠宮闕、宮中有伏兵。[a]［大本、巻31］

177　熒惑守房三日、鬼火夜行、人民大恐、多死喪。[b]［巻31］

㉞　火守房三日、鬼火夜行、人恐驚、多死喪。［巻9］

(59)　熒惑守房三日、民大恐、多怨賊、則女主有喪。［巻14］

aこの一文、大本にのみあり。　b「大恐多」、大本は「怨恐懼」に作る。

178　熒惑犯心、天子王者絶嗣[a]。犯太子、太子不得代。犯庶子、庶子不利[b]。〔巻31〕

㊺　熒惑犯心……王者絶嗣、貴人有惡死。〔巻10〕

179　（又占曰）熒惑犯心、必有饑[c]餓而[d]死者。〔巻31〕

180　火守心、色赤、有兵、臣謀其主。黑、主死。白、謀臣有賜爵者。青、大人有憂。〔巻31〕

181　熒惑守心、天下大吟、居之三月、有殃。五月、受兵。十月、其野亡。〔巻31〕

㊻　火守心……天下哭聲吟吟、居之三月、國有殃。五月、受兵。十月、國亡、人流。〔巻10〕

182　熒惑守心、南爲水、北爲旱。〔巻31〕

㊼　火守、南爲水、在北旱。〔巻10〕

・　火在心南、爲水。在北、爲旱。〔『管蠡匯占』巻4〕

183　（又占曰）熒惑守心、民流亡[e]。〔巻31〕

184　熒惑留逆犯守[f]乘淩心星[g]、王者宮中[h]亂、臣下有謀易立天子者、權在宗家得勢大臣。〔巻31〕

a「天子」、大本にはなし。　b「犯太子太子不得代犯庶子庶子不利」、大本にはなし。また「利」、恒本は「制」に作る。　c「熒惑犯心必」、大本は「貴人」に作る。　d「饑餓而」、大本は「餓」に作る。　e「民流」、大本は「民有流」に作る。　f「逆犯守」、大本は「守逆犯」に、恒本は「逆守」に作る。　g「心星」、大本は「于心」に、恒本は「心三星」に作る。　h「王者宮中」、大本は「王者宮內」に、恒本は「者宮內」に作る。

(60)　熒惑舎居尾第二星、經六十日、其分野牛馬自死、期九十日。［巻16］

185　熒惑守箕、大旱。［巻31］

186　熒惑以十月守箕、名曰火入水、萬民饑死、穀價五倍、天下大赦。［巻31］

(68)　火以十月守箕……是謂火入水、萬民飢死、粟貴三倍。［巻10］

187　熒惑犯南斗、且[a]有反臣、道路不通、丞相有事[b]。［巻32］

(69)　火犯南斗……有反臣、道路不通、丞相有事、天下亂。［巻11］

188　熒惑逆行南斗、怒動大明[c]、天下大驚[d]。［巻32］

189　熒惑舍南斗、環繞成鈎已、太尉上卿宰相死。［巻32］

190　熒惑守南斗、旱[e]、多火災。［巻32］

(70)　熒惑守南斗……多火災。［巻11］

•　爲多火災。一曰旱。［『後漢書』天文志中、劉昭注[f]］

a「南斗且」、大本、恒本は「斗」に作る。以下、190まで同様に「南斗」を「斗」に作る。b「事」の後、大本には「天下大飢」とあり。c「怒動大明」、大本は「怒動明大」に、恒本は「怒勤大明」に作る。d「下大驚」、恒本は「子大駕」に作る。e「旱」、大本は「主旱」に作る。f「八月庚子、熒惑犯南斗。斗爲吳」の注。

191　熒惑出入留舍牽牛、春旱[a]、秋水。一曰、關梁不通。〔巻32〕

⑺1　火出入留舍牛……春旱、秋水、關梁不通。〔巻11〕

192　熒惑守牽牛、爲旱[b]。〔巻32〕

⑺2　熒惑守牽牛……旱。一曰、有急行。一曰、有犧牲之事、有臣反者、從中起、有走死將、期一年。〔巻11〕

193　熒惑守牽牛、有急行。又曰、歳多雨露[c]。〔巻32〕

194　熒惑犯守牽牛、諸侯多疾[d]。〔巻32〕

a「春」、大本は「主春」に作る。b大本は「大」に作る。c「雨露」、大本は「風雨」に作る。d「侯多疾」、大本は「多疫病」に作る。

195　熒惑犯守須女[a]、多妖祥、大臣當之[b]。〔巻32〕

⑺3　火守女、國多妖、大臣當之。〔巻12〕

(61)　熒惑入守須女、經一月、其國多盜賊、道路不通、期九十日。〔巻20〕

a「須」、大本にはなし。b「之」、恒本は「之也」に作る。

196　熒惑守危[a]、春旱、秋多水災。〔巻32〕

⑺4　熒惑犯危……春旱、秋多水。〔巻13〕

a「熒惑」、大本は「火留」に作る。

197 ⑮ 熒惑入營室[a]、留二十日、天子死、守其南、皇后死[b]。守其西、太子死[c]。守其北、爲諸侯有死者[d][e]。［巻32］

⑮ 火入室因留舍之……留二十日、天子凶。舍其南、主后凶。舍其西、太子凶。舍其北、諸侯有死者。［巻13］

198 ⑯ 熒惑守營室[f]、人民疾疫、多死亡[g]。［巻32］

⑯ 熒惑守室、……人疾疫、多死。［巻11］

a「營室」、大本は「室中」に作る。b大本は「主」に作る。c「死守」、大本は「死忌之守」に作る。d「北爲」、大本は「北忌之爲」に作る。e大本は「犯」に作る。f「守」、大本は「入守」に作る。g「疾疫多死亡」、大本は「多死亡或多大水」に作る。また、大本では別の箇所にも「火守室人民疾疫多死」とある。

199 赤星入營室東壁[a]、大臣凌主。［巻32］

⑰ 火入壁……臣凌君。一曰、有土工。［巻13］

200 熒惑守室壁[b]、宮失火[c]。一曰、旱、五穀不成。一曰、兵民多死[d]。［巻32］

⑱ 熒惑守壁……宮中火災。一曰、兵民多死。［巻13］

(62) 熒惑填星太白有守東辟、皆爲土功事。［巻24］

(63) 熒惑犯留東辟、其國春大旱、諸侯相謀、期八十日。［巻24］

a「營室東」、大本にはなし。b大本は「東」に作る。c「宮」、大本は「宮中」に作る。d「一曰旱五穀不成一曰兵民多死」、大本は「兵民多死亡一曰五谷不成大旱」に作る。

201　熒惑潤澤出奎、有喜令。其[a]變色入奎、有僞令。來者若出奎、有僞令、出使者。〔巻33〕

202　熒惑守奎、其國坐之、三十日不下、其君憂。〔巻33〕

79⃝　熒惑守奎……其國君憂。一曰、女多淫。一曰、山盜起、有水事。〔巻14〕

　a「其」、大本にはなし。

203　熒惑入若[a]守婁、天子受賀、期三十日、遠八月[b]。〔巻33〕

(64)　熒惑入守婁星、天子受賀憙、大赦天下、期九十日。〔巻26〕

　a「若」、大本にはなし。　b「月」、大本は「月內」に作る。

204　熒惑守胃、三十日、其君憂。〔巻33〕

80⃝　熒惑守胃……君憂。〔巻15〕

205　熒惑入昴、留二十日以上[a]、牛馬多疾[b]。〔巻33〕

206　熒惑守昴、邊[c]境不寧。〔巻33〕

207　熒惑守昴、憂在大人。〔巻33〕

81⃝　熒惑守昴……胡不寧、多病死。〔巻15〕

(65)　熒惑入舍居昴、經六十日已上、其國多疾疫、其國有聚人、不出半周。〔巻28〕

　a「熒惑入昴留二十日以上」、大本にはなし。　b「疾」の後、大本には「熒惑留之守之」とあり。　c「邊境」、大本は「胡人」に、恒本は「邊人」に作る。

208　熒惑犯畢、國有[a]畋獵[b]之事。〔巻33〕

㉒　火犯畢……有畋獵之事。〔巻16〕

㉓　熒惑守畢……人君以畋獵癈政。〔巻16〕

a「國」、大本にはなし。b「畋獵」、大本は「畋獵惑政」に、恒本は「牧獵」に作る。

209　熒惑守觜觽[a]、其國有憂。〔巻33〕

(66)　熒惑守陵畢觜星、其分野民人食絕、諸侯多飢死、期七十日。〔巻30〕

a「觽」、大本にはなし。

210　熒惑守伐五日、人主死。〔巻33〕

㉔　火……守伐五日、人主忌之。一曰、火入伐、有兵戰。守之五日、大將死。〔巻16〕

211　熒惑入[a]東井、角動[b]、赤黑色、大人當之、以水起兵、其環繞[c]之、事必成。其留[d]二十日、色赤黃、大人增地。黑、憂、奪地。〔巻34〕

212　熒惑過東井上二丈者[e]、軍將[f]必當去其兵[g]、歸必有病事。〔巻34〕

213　熒惑在東井北戍、去戍[h]三丈、當復[i]發千人以上。去戍[j]二丈、復發萬人。去戍一丈[k]、門開[l]、道無行人、若其留戍下六

十日、天下大赦。［巻34］

214　熒惑入東井、留[m]三十日以上、既去復還、居之若環繞成勾己者、國君有憂、若重有喪、期九十日、若一年。［巻34］

⑧⑤　火行井上、二大將軍死。［巻17］

・　火行井上二尺、將死。［大本、巻34］

a「東」、大本にはなし。以下214まで同様。　b「角動」、大本は「角若動」に作る。　c「環繞」、恒本は「繞過」に作る。　d「留」、大本は「留之」に作る。　e「二丈」、大本は「丈」に、恒本は「二尺」に作る。　f「軍將」、大本、恒本は「將軍」に作る。　g「去其」、恒本は「其去」に作る。　h「戌去戌」、大本は「下戌」に、恒本は「戌下至」に作る。　i大本は「后」に、恒本は「後」に作る。　j「上去」、大本は「去」に作り、恒本にはなし。　k「一丈」、恒本にはなし。　l「門開」、大本は「閉門」に作る。　m「留」、大本にはなし。

215　熒惑入輿鬼[a]中央星、可四五日、大人當之。［巻34］

216　熒惑守輿鬼、出其南、水。出其北、旱。［巻34］

(67)　熒惑呑輿鬼暈、女主呵大臣、不出一年。［巻32］

a「輿」、大本にはなし。216も同様。

217　熒惑守七星、人主有憂、津橋[a]不通。［巻34］

⑧⑥　火犯七星……民苦淫役、津梁不通。［巻18］

(68) 熒惑祀乘七星、經八十日、橋梁不通、其國發大傜役、民人愁苦、女主有喪。〔巻35〕

　a 大本は「梁」に作る。

218 熒惑守張、功臣當有封者。〔巻34〕

219 熒惑犯張若守之、天下有兵、宮門當閉、男子有急、女子不安、五穀不成、民大飢。一曰、火居[a]張、人絕糧[b]。〔巻34〕

　a 恒本は「舍」に作る。 b「一曰」以下、大本にはなし。

220 熒惑守大角、臣謀主者[a]有兵起急[b]、人主憂。王者誡愼左右、期不出百[c]八十日、遠一年。〔巻35〕

⑰ 火星守大角……有亡國。守之三日、王者惡之、期一年、遠三年。〔巻26〕

　a「者」、大本にはなく、恒本は「若」に作る。 b「兵起急」、恒本は「急兵起」に作る。 c「百」、大本は「一百」に作る。

221 熒惑入犯守織女、有大兵起、十年乃罷、若[a]貴女有憂[b]。〔巻35〕

　a 恒本は「君」に作る。 b この一文、大本にはなし。

222 熒惑入天市、天子失廷[a]、期六月。〔巻35〕

⑱ 火入天勾……天子失廷。〔巻21〕

・熒惑入天市垣、將相凶。〔恒本、巻35〕

a大本は「庭」に作り、恒本は「近」に作る。

223
熒惑犯守[a]候星、陰陽不和、五穀傷、人大飢、有兵起。［巻35］
　a「犯守」、大本は「守犯」に作る。

•
熒惑舍建星……馬大貴。［大本、巻35］

224
熒惑犯離珠、宮人有憂。若[a]兵起宮中、若有誅、期二年。[b]［巻35］
　a「宮人有憂若」、大本にはなし。b「若有誅期二年」、大本は「或宮人有憂」に作る。

225
熒惑犯天津、關道絕、不通。有兵起、若關吏有憂。［巻35］

226
熒惑入守螣蛇、天子憂前驅爲害。[a]若因水爲敗、期不出年。[b]［巻35］
　a大本は「凶」に作る。b「前驅」以下、恒本にはなし。

(69)
熒惑守王良、諸侯道不通、兵馬趨、車騎連行。［巻40］

227
熒惑入五車、兵大起、車騎行、五穀不成、天下民飢、若軍絕糧。［巻35］

⑧⑨ 熒感入五車……兵大起、五谷不成、民飢、軍絶粮。〔巻31〕

228 熒惑出入天闕、左右必有置立關塞之事。一曰、必有逆兵不順者。〔巻35〕[a]

⑨⓪ 火出入天闕、必有置立關塞之事。一曰、兵逆起。〔巻31〕

229 熒惑守犯天闕、道絶。天下相疑、有關梁之令。〔巻35〕

a「左右必有置立關塞之事一曰」、大本にはなし。

230 熒惑舍南闕下、飢。[a]〔巻35〕

a「舍南闕下飢」、大本は「出入北河戌若守北河戌環繞之其邊將帥有諸命而伐夷狄者勝之」に作り、恒本は「舍南河大飢」に作る。

231 熒惑犯五諸侯、其國有兵、車騎出行。若貴臣有殃、[a]若有死者。[b]〔巻35〕

a大本は「春」に作る。b大本は「或」に作る。

232 熒惑守軒轅、十五日以上、大兵起、[a]宮人不安、天下亂、國易政、期三年。[b]〔巻36〕

a「上大」、大本は「上者大」に作る。b「年」の後、大本には「一曰地動」とあり。

233 熒惑犯守天牢、王者以獄爲蔽。一曰、貴臣多下獄、若有叛臣、簒獄殺君、[a]不出二年。[b]〔巻36〕

・　91　火犯守天牢、若有叛臣、纂獄殺主、不出二年。一曰、火守天牢、人相食、國有暴兵。［巻23］
天牢中無星、則改元、若閉口及星入牢中、則獄中有係死者。又曰、恆以五子、之日夜候貫索。一星不見、則有小赦。二星不見、則有賜祿。三星不見、則人主德令行、且有赦。甲期八十日、丙期七十日、戊期六十日、庚期五十日、壬期四十日。［大本、巻35］

a「獄若有叛臣簒獄」、大本は「獄者若有簒臣叛獄」に、恒本は「獄若有叛臣簒欲」に作る。b「若」以下、大本は巻35でも引用。ただし、「君」は「主」に作る。

234　熒惑抵[a]北斗杓頭星[b]、女主政令猶豫、若女主用事、期一年。［巻36］

(70)　熒惑守留北斗、有移徙民、其天子宮、有賊盜、不出二年。［巻44］

a 恒本は「入」に作る。b「杓頭星」、大本にはなし。

235　熒惑逆行守天庫、兵起、未罷[a]。若順行、乃罷。以其遠近、東西南北、其日占之。［巻37］

(71)　熒惑太白入犯天庫、騎官兵起、期三年。［巻46］

a「未罷」、大本は「不息」に作る。

236　熒惑犯守龜星、天下有水旱之災。守陽則旱、守陰則水。［巻37］

237　熒惑入杵星、若[a]守之、天下有急發米之事、不出其年[b]。［巻37］

a「星若」、大本は「而」に作る。b恒本は「期」に作る。

・火守九坎、在陽爲旱、在陰爲水。〔大本、巻37〕

238　熒惑入守羽林、有[a]兵起。若[b]逆行變色成勾已、天下大兵、關梁不通、急[c]不出其[d]年。〔巻37〕

a「有」、恒本は「有急」に作る。b「若」、恒本にはなし。c「急」、大本は「急則」に作り、恒本にはなし。d「其」、恒本は「期」に作る。

239　熒惑守土司空、其國以土起、兵若有土功之事、天下旱。[a]〔巻37〕

aこの一文、大本は「石氏曰」で引用。また、「守」は「犯守」に、「旱」は「大旱」に作る。

240　熒惑守[a]天倉、天下有兵、若有出粟。〔巻37〕

a「守」、恒本は「入守」に作る。

241　熒惑守矢星[a]、天下旱[b]、五穀不成、人民大飢、多疾死、期不出年。〔巻37〕

a「守矢星」、大本は「犯矢星」に、恒本は「守天屎星」に作る。b「天下旱」、大本は「若守之天下大旱」に作る。

242　熒惑守狼星、四夷兵起[a]、來侵中國、弓矢大貴、王者有憂。一曰、夷將有死者[b]。［巻37］

(72)　熒惑色赤、芒狼星、一夕五運留守、經旬、其國法令不乏、百姓進退不平、女主走亡。［巻46］

a恒本は「塞」に作る。bこの一文、大本にはなし。

243　熒惑犯守天稷、有旱[a]災[b]、五穀不登、歲大飢饉[c]。一曰、五穀散出[d]。［巻37］

a「有」、大本は「主大」に作る。b「災」、大本にはなし。c「歲大飢饉」、大本は「大荒米貴人飢」に、恒本は「歲大飢」に作る。d「出」、恒本にはなし。

(73)　熒惑辰星失度、留折威、外軍侵內、將軍死、呑血。［巻48］

塡星占

• 塡星天子之星也。若失信、則塡星大動。［大本、巻38］

244　（「周梁」の注）周梁、中國也[a]。［巻38］

245　塡星光明、歲熟[b]。其所守國安、大人有喜、增地。［巻38］

246　塡星色白、芒澤、[c]有子孫喜[d]、立王[e]。［巻38］

(92)　鎭星而芒澤、天子子孫、有立王。一曰、女主退。［巻7］

247　塡星去宿、[f]天[g]子不立后[h]。去宿南數十尺[i]、女主不用事、若大水。去其宿北數十尺、女主當之、若大旱[i]。［巻38］

(93)　鎭星去宿、天子不立后。去宿南、女主失勢、有大水。去宿北、大旱、女主災。又曰、人君好遊獵、走狗馳馬、出

248　入不時、賜與不當、則土星失次、其殃爲民多疾病、歲多大風、五谷不實。土星去宿愈遠、則災愈愈甚。［巻7］
主好畋獵、走狗馳馬、出入不時、賜與不當、則塡星失宿。民多病、歲多大風、黍稷無實。［巻38］

ａ大本では注ではなく本文。また、大本には「也」の後に「邦有德塡星當也」とあり。ｂ「國安」、大本は「之國大安」に作る。ｃ「有」、大本は「天子」に作る。ｄ大本は「有」に作る。ｅ「立王」、大本は「立王之喜」に、恒本は「爲王」に作る。また、大本はその後に「一曰女主退後宮不吉」とあり。ｆ「去宿」、大本は「去其宿」に作る。ｇ恒本は「太」に作る。ｈ恒本は「若」に作る。ｉ「十」、大本にはなし。ｊ「主」、大本は「塡星去其宿人君」に作る。ｋ「病」、大本は「疾疫」に作る。ｌ「黍稷無實」、大本は「五谷不成其國民憂」に作る。

249　塡星守角、五穀多傷、人民流亡。［巻39］
㉔　土守角……五穀傷、人流亡。［巻8］
250　塡星守左角右角、其色潤澤、卽歲大熟。其逆行、從一宿得二宿、穀貴一倍。從二宿得三宿、三倍。其還立賤。［巻39］
㉕　土守右角、其色潤澤、歲熟。［巻8］
251　塡星左右角、其色黃、小旱、民小厲、其逆行、卽旱。其退、立雨。［巻39］
⑺　塡星犯守兩角、其分野穀傷、民流亡、期八十日。［巻11］
⑺　塡星守犯兩角、經五運五夕、客星竝守角、其分野小人與諸侯印逆、天子誅四面、期二年。［巻11］

ａ大本は「血」に作る。ｂ「右角」、大本、恒本にはなし。ｃ「卽」、大本にはなし。ｄ恒本は「二」に作る。　e「其逆行」以下、大本にはなし。　f恒本は「守」に作る。　g「民小厲」、恒本は「歳小熟」に作る。　hこの一文、大本にはなし。

252　塡星守亢北、水在北方。[a]〔巻39〕

253　塡星守若[b]舍亢、爲五穀頗[c]不成[d]。〔巻39〕

aこの一文、大本にはなし。　b「若」、大本にはなく、恒本は「亢若」に作る。　c「頗」、恒本は「敗物」に作る。　d大本は「登」に作る。

254　塡星入守氐、必有亡城者。天下用兵、期不出三年、更立侯王。八十日不下、野有萬人之衆。〔巻39〕

255　塡星守房、爲土功。[a]〔巻39〕

256　塡星入房、若犯之、有失地君、[b]其國有兵、若女主憂。[c]〔巻39〕

⑯　土房若犯之、有失地之君、其分國有兵、女主憂。〔巻9〕

・　土入房若犯之、有失地之君、其分國有兵、女主憂。〔大本、巻39〕

(76)　塡星逆行守房、其分野兵起、糴貴、不出一年。〔巻14〕

a「功」の後、大本には「又曰有大赦其國有兵又曰人主無下堂又爲天下諸侯相謀慮道不通又曰胡兵發又曰南爲旱北爲水竝在宋地」とあり、恒本には「一曰人主無下堂又爲天下諸侯相謀慮道不通又爲邊兵發一云南爲旱北爲水竝在宋地」「塡星守房爲天下飢人相食死者不葬」とある。　b「地若」、大本は「地之君」に作る。　c「主憂」、大本は「主有憂」に作る。

257　塡星犯天王、王者絶嗣。犯太子、太子不得代。犯庶子、庶子不利。[a]［巻39］

aこの一文、大本にはなし。

258　塡星出入留舍心、二十日不下、且有急令。三十日不下、有名人死者。[a]四十日不下、其國大空、民亡、去其室堂。[b]［巻39］

259　塡星留逆犯守乘凌[c]心、王者[b]宮內戰亂[e]、臣下有謀易立天子、權在宗家得勢大臣。［巻39］

⑰　土逆行守心……天子宮中有賊臣、謀易主。［巻10］

a「者」、大本にはなし。b「其室堂」、大本、恒本は「有空室」に作る。c恒本は「陵」に作る。d「王者」、大本は「者王」に作る。e「內戰」、大本は「有內賊」に作る。

260　塡星守尾、高田不得食。下田荒[a]、人民飢。［巻39］

⑱　鎭星守尾、……高田不得食。下田荒、人大飢。［巻10］

(77)　塡星入留舍尾、經廿日已上、其分野出大將軍者、不出半周。［巻16］

a「荒」、恒本にはなし。

261　塡星守箕、有大喪、有土功事。[a][b]［巻39］

⑲　鎭星守箕……有大喪、土功興。一曰、人主有謀。［巻10］

262　塡星出入舍守箕、兵大起。［巻39］

(78)　塡星出入箕星、兵起、有水災、多虫蝗、不出半周。［巻17］

a大本は「工」に作る。b「事」の後、大本には「一曰有水灾因之起兵五穀萬物不成」「一曰人主有陰謀事」とあり。

263　塡星守牽牛、爲牛多疾。一曰、兵起凶、關東憂[a]、雨雪、大人疾、民人疫[b]。［巻40］

⑩　鎭星守牽牛……兵起、憂寒、人疫。［巻11］

⑪　鎭星守牽牛……雨雪、人飢。［巻11］

a恒本は「來」に作る。b大本は「疫」に作る。

264　塡星守須女、陰山水出、廬[a]宅壞、天下多土功事。［巻40］

⑫　土守須女、之陰山水出、壞城廓、天下多土工。一曰、后有子喜、土入女、天子納美女。土逆行女、天子不親政事。［巻12］

(79)　塡星守須女、色赤靑、經七十日不下、其國山崩、水出、宅壞、天下多土功事。［巻20］

a大本は「蘆」に作る。

265　塡星守虛、人民不安、多妖言。［巻40］

⑽　鎭星守虛……人不安、多妖言。［巻12］

266　塡星入虛、犯守之、當有急令。星行疾而入[a]、必有客兵、斧鑕用[b]、不出其年。［巻40］

a「星」、大本にはなし。b「兵斧鑕」、大本は「斧鉞」に作る。

267　塡星守犯[a]、兵起南方。一曰、野物入國庫、人君戮、有土功、爲旱、五穀不實、民人不安寧、民流亡、且[b]有疾。［巻40］

⑽　鎭星守危……兵起南方、野物入國、民流亡。［巻13］

268　塡星入危、留守之、其國破亡、有流血、將軍戰死、亡地五百里、必有徙王、期三年。［巻40］

⑽　土入危而留守之……其國破亡、有流血、將軍戰死、亡地五百里、有徙王、期三年。［巻13］

⑽　土逢行危、女主先不謹。［巻13］

a「犯」、恒本は「犯危」に作る。b大本は「民」に作る。

269　塡星守營室南、則[a]主賜金錢。［巻40］

a「南則」、恒本は「而角」に作る。

270　塡星潤澤出奎、有善令。其變色[a]入奎、有僞[b]令來者。若出奎、有僞令、出使者。［巻41］

a「其變色」、大本は「變色其」に作る。b「僞」、大本は「僞僞」に作る。

271　塡星之[婁]、五穀豐熟、人民息、天下安。[巻41]

(80)　塡星犯守[婁]、五穀豐、人民息、天下安平。[巻26]

272　塡星出入留舍[婁][a]、天下且起兵。一曰、外國兵來、入邊[b]。[巻41]

⑩⑦　土之[婁]……五谷熟。若守之、不失其行、天子憂賢、下士同心。[巻14]

a 恒本は「守」に作る。b「來入邊」、大本は「來入」に、恒本は「大入」に作る。

(81)　塡星入乘[贏][畢]、經歳、其邦貴人多軍、出戰必勝。[巻29]

(82)　塡星暈[觜][參]、再重有珥、天下大風、萬物傷、雷電不止、不出二年。[巻30]

273　土星守[參]、軍破國亡。[巻41]

⑩⑧　鎭星守[參]……其下軍破國亡。一曰、后夫人當之。一曰、大臣出使、有外兵。[巻16]

274　塡星守[輿鬼]、出其東、水。出其北、旱。[巻42]

•　大人憂、宗廟改。一曰、王死、又爲大人有祭祀之事。[大本、巻42]

275　塡星守[柳]、宮中大亂以相驚、若有土功事。[巻42]

⑩⑨　鎭星守[柳]……宮中大亂、相驚、有土工事。一曰、女主不敬祭祀、多水災。[巻18]

276　塡星犯守大角[a]、臣謀主者有兵起[b]、人主憂。王者戒愼左右、期不出百八十日[c]、遠一年。［巻43］

a「守」、恒本にはなし。b 恒本は「若」に作る。c「百八十日」、大本は「百八十」に、恒本は「一百八十日」に作る。

277　塡星守候星、陰陽不和、五穀傷、人大飢[a]、有兵起。［巻43］

a「人」、恒本は「人民」に作る。

278　塡星守建星、田宅大貴。一曰、在陽賤。在陰貴。［巻43］

279　塡星入河鼓、大將有受賜地者、期百八十日、遠一年。［巻43］

⑽　鎭星入守河鼓……大將有錫土受封者。若犯之、將軍憂。［巻28］

280　塡星入五車、兵大起、車騎行、五穀不成、天下民飢、若軍絕糧。［巻43］

⑾　鎭星入五車……兵火起、車騎行、五谷不成、天下飢、軍絕粮。［巻31］

281　塡星犯[a]天牢、王者以獄[b]爲弊。貴人多有繫者。［巻43］

a「犯」、恒本は「犯守」に作る。b「以獄」、大本は「少微」に作る。

282 塡星犯守龜星、天下有水旱之災。守陽、則旱。守陰、則水。［巻44］

283 塡星入杵星、若守之、天下有急發米[a]之事、不出其年。［巻44］

a「米」、大本にはなし。

284 塡星入守羽林、有兵起。若逆行變色、成勾巳、天下大兵、關梁不通、不出其年。［巻44］

285 塡星守土司空、其國以土[a]起兵。若有土功之事、天下旱。［巻44］

a大本は「玉」に作る。

286 塡星守參旗、兵大起、弓弩用、士將出行。一曰、弓矢貴[a]。［巻44］

aこの一文、大本は「黃帝占曰」として引用し、「守」は「犯」に、「用士」は「用事士」に作る。

太白占

287 太白光明、見影。戰當太白者、將軍增爵、主增壽。［巻45］

288 太白色赤、淳[a]得食。白。淳[a]有喜。蒼、憂。蒼[b]黑、爲死。［巻45］

289 太白十二芒[c]鈎、不可以戰。［巻45］

290 太白有五角、立將帥[d]。六角、有取國地。七角、伐王。［巻45］

⑿ 太白五角、有立將。六角、有取國。七角、成王。四角、有赦。三角而動、有反城、胡兵起。〔巻7〕

291 主好聽讒、廢直大臣、女子爲政、刑法誅殺、不以道理。則太白逆行、天鳴地坼、歳多暴風、大水、庶民負子而逃、孕多死、麥豆不收。〔巻46〕

292 太白出、不上不下、留桑楡門。病其下國。〔巻46〕

⒀ 戰而太白當其軍上、有光勝。太白變色而逆行、不可戰。〔巻7〕

a 恒本は「浮」に作る。 b「蒼」、大本にはなし。 c 大本は「世」に作る。 d「帥」、大本にはなし。 e 大本は「奸」に作る。 f「讒」、大本は「讒言」に作る。 g「風大」、大本は「風而大」に作る。 h「收」、大本にはなし。 i 恒本は「東」に作る。 j「病其下國」の句、大本は「晉灼曰」として引用。

293 太白犯右角、將軍有憂、若兵起。一曰、有旱災。〔巻47〕

294 太白守左角右角、其色黃白、小旱、民小厲。其逆行、卽旱。其還、立雨。羅如故。〔巻47〕

⒁ 太白守左角、色黃白、小旱。逆行、太旱。其復也、卽雨。〔巻8〕

295 太白守角、爲兵、西北行、其色黃、大臣增地。赤色、臣欲反其主。〔巻47〕

⒂ 太白守角……兵西行。太白色黃、大臣有喜色。赤、臣欲反主。〔巻8〕

(83) 太白守右角、其分、兵西北連。色黃、大臣益地。色赤、臣欲反其主。〔巻11〕

296 太白犯守左角、大人自將兵於野、臣有謀主者。〔巻47〕

(84) 太白乘右角、其分野外兵竝連起、不出一年。〔巻11〕

(85) 太白守左角、其色黃而經九十日、又逆行、失度在軫、留一旬、君臣不和、天下諸侯爭位、百姓飢、大水傷穀、不出

一年。［巻11］

a「白小」、恒本は「白則小」に作る。b大本は「故」に作る。c「犯」、大本にはなし。

297　太白入亢、有喪。［巻47］

298　太白守氐、有兵不行在西南。［巻47］

⑯　太白守氐……兵起而不行。［巻9］

・　天下大旱、所在不收。［『後漢書』天文志、劉昭注[a]］

a「閏月辛亥、水金倶在氐」の注。

(86)　太白居舍房星、其國有大喪、大臣戮死者、不出一年。［巻14］

299　太白入鈎鈐[a]、王室大亂。［巻47］

a大本は「鈴」に作る。

300　太白入心、有白衣之衆、又爲喪。［巻47］

301　太白犯心、天子立、后絕嗣[a]、犯太子、太子不得代[b]、犯庶子、庶子不利[c]。［巻47］

⑰　太白犯心……天子絕嗣、犯太子、太子不立、犯庶子、庶子憂。［巻10］

302　太白守心、不出一年、有大兵、多禍殃、在貴人傍。［巻47］

⑱　太白守心……不出一年、貴臣、左右有大兵。［巻10］

a「后絕」、恒本は「後乏」に作る。b「得代」、大本は「淂伐」に作る。c「庶子庶子」、大本は「庶子」に作る。

(87)　太白入守居舍尾、經一旬、其國以水兵大戰、不出二年。［巻16］

303　太白守箕、天下有兵。若角動、天下無所定。［巻47］

⑲　金守箕……天下有兵。若角動、天下無所定。［巻10］

304　太白入南斗、將相有黜者。一曰、有被殺者。［巻48］

⑳　太白入斗……將相有殺者。［巻10］

305　太白入牽牛、爲天下牛車有急行。［巻48］

㉑　金入牛……天下牛車急行。［巻11］

306　太白提牽牛出入、萬物死。［巻48］

307　太白出入留舍牽牛[a]、三十日不下、牛大貴。［巻48］

308　太白犯守牽牛、諸侯不通。［巻48］

309　太白守天閑[b]、二十日、大赦。［巻48］

310　太白守牽牛、其國兵起[c]、期六十日。又曰、妖言無已。［巻48］

311　（122）太白守牽牛、爲犧牛疾疫。［巻48］

（123）太白守牛……有赦。［巻11］

金犯牛……關梁道路不通、國易政、將軍爲亂、大人憂、國大兵。［巻11］

a「牽牛」、恒本は「牽牛中」に作る。　b大本は「關」に作る。　c「其國兵」、大本は「兵章竝」に作る。

312　（88）太白守須女、兵起鏘鏘、東北行[a]、有嫁女娶婦之事。［巻48］

太白守須女、經七十日、一運二夕、兵起、有嫁女之事、不出三年。［巻20］

a恒本は「乘」に作る。

313　（124）太白入虚、不出九十日、有大赦、遍天下、天下欲從。［巻48］

金入虚……不出九十日、有大赦。［巻12］

314　（125）太白提虚出入、大臣謀主、政急。［巻48］

太白出入留舍虚……君令急大、有陰謀。［巻12］

315　（126）太白守虚、兵起東北、敵人出[a]、楚吳亦然[b]。［巻48］

太白守虚……東北胡爲寇、吳楚兵大起。［巻12］

a「敵人」、大本は「明大」に作る。　b「東北」以下、恒本では注に作る。

(89) 太白亭運留東辟、經歲、其國三公專執政、民不安、不出半周。〔卷24〕

(90) 太白暈東辟逆行、其國婦女多死、期三月。〔卷24〕

316 太白出奎、起兵於國外。[a]〔卷49〕

317 太白潤澤出奎、有善令。變色入奎、有僞令來者。若出奎、有僞令、出使者。〔卷49〕

318 太白守奎、出復入、糴貴、人流、食貴。〔卷49〕

319 太白守奎、以水起兵國中。〔卷49〕

320 太白守奎、兵起、凶。一曰、聖人出。一曰、徭大起。〔卷49〕

㉗ 太白守奎……國以水兵起。又曰、徭役大起、聖人出。〔卷14〕

a「國外」、大本は「外國」に作る。

(91) 太白守婁星、其國小旱、萬物不成。〔卷26〕

321 太白入胃中、守之、有喪。[a]〔卷49〕

322 太白守胃、有[b]德令、兵革不用、有兵兵不用。〔卷49〕

㉘ 太白守胃……有兵不用、有德令。〔卷15〕

a「有」、大本にはなし。　b大本は「淂」に作る。

323 太白守昴、將軍有聚衆。[a]〔巻49〕

⑫⑨ 太白守昴……將軍有聚衆。〔巻15〕

a 大本は「百」に作る。

(92) 太白陵亭犯留畢星、疾行遲行入畢口[a]中、其分大兵起、流血、大臣與將攻撃、期百廿日。〔巻29〕

a 「口」、右横に小字で記入。

324 太白犯守附耳、國有讒亂之[a]臣在主側、以畋獵惑主[b]者、若相有喜。〔巻49〕

(93) 太白犯守附耳、其國有讒言、內亂、佞臣在主側、以田獵惑主者。若相有憙。〔巻29〕

a 「之」、大本にはなし。 b 「主」、恒本にはなし。

(94) 太白守運觜星、經八十日、不出三年、愍帝印發死。〔巻30〕

325 犯參、有大兵[a]、將行。〔巻49〕

326 太白守參、若大水、在西方。〔巻49〕

⑬⓪ 太白守入參……大水、西方尤甚。一曰、爲旱、火之災、王者失位、國易政。一曰、有伐國。〔巻16〕

(95) 太白守參伐、大水在西方、衞尉將死、期半周。〔巻31〕

(96) 太白暈參伐、以九月地動、多水、山崩、女主有喪。明年、五穀不登、萬民逃遁。〔巻31〕

・　爲旱。太白守參、國有反臣。〔『後漢書』天文志中、劉昭注[b]〕

a恒本は「天」に作る。b「二月癸酉、金火倶在參」の注。

327　太白犯東井、人主浮船。〔巻50〕

⑬1　太白犯井……人主浮船。〔巻17〕

328　太白守輿鬼、出其南、水[a]、出其北、旱[b]。〔巻50〕

⑬2　太白出其南、爲水、出北、爲旱。〔巻17〕

a「南水」、大本は「南主水」に作る。b「北旱」、大本は「北主旱」に作る。

329　太白逆行入柳、成鈎已[a]、下刑上、臣謀主、民有怨仇[b]、多暴死。〔巻50〕

330　太白守柳、兵大起、一歳罷、若小旱、傷五穀[c]。〔巻50〕

⑬3　太白守柳……兵大起。一曰、歳罷。〔巻18〕

a大本は「紀」に作る。b恒本は「愁」に作る。c「五穀」の後、大本には「田禾」とあり。

(97)　太白入暈七星、再重太陽弱、有變臣、期三年。〔巻35〕

331　太白去翼一尺、翼陽也、太白金陰也、陰來附陽、秦朝楚[a]。〔巻50〕

⑬④
太白去翌一尺……太白陰也、陰來付陽、秦當朝楚。［巻19］
　a「朝楚」、大本は「朝楚暮」に、恒本は「當朝楚」に作る。

332
太白犯軫、將軍爲亂、其國兵起、臣欲謀君、賊人謀貴人[a]、兵死[b]。一曰去之一尺、天下大飢、期不出百[c]八十日。［巻50］

333
太白守軫、兵車、四夷[d]兵起。［巻50］
　a「貴」、恒本は「嚻」に作る。b「兵死」、恒本は「死於兵」に作る。c「百」、大本は「一百」に作る。d「四夷」、恒本は「大發四塞」に作る。

334
太白犯守大角、臣謀主、有兵起、人主憂、王者戒[a]愼左右、期不出百八十日、遠一年。［巻51］
　a「者戒」、大本は「主誡」に作る。

335
太白入天市、國有謀兵、將相有戮死者、期百八十日。［巻51］

⑬⑤
太白入天市……國有兵謀、將相有戮死者。［巻21］

336
太白犯帝座、大臣爲亂、强臣謀主、有兵、期不出年。［巻51］

337
太白犯守候星、陰陽不和、五穀傷[a]、人民大飢、有兵起。［巻51］

a「五穀傷」、大本は「五穀不熟禾傷」に作る。

338

太白犯天津、關道絶[a]不通、有兵起。若關吏憂[b]。［巻51］

a「道絶」、大本は「梁」に作る。　b「吏憂」、大本は「吏有憂」に作る。

339

太白守王良、三十日、大將亡。一曰、主將皆大亡[a]、兵起、車騎行、期百八十日、遠一年。［巻51］

a「大亡」、大本は「亡大」に、恒本は「亡」に作る。

340

太白入守天船、國有喪、貴臣有戮、期二年[a]。［巻51］

a「期二年」、大本は「期不出二年」に作る。

341

太白犯卷舌、有奸[a]亂之變。若入之、臣有妄言於君者、若讒臣謀君、以口舌起兵而亂國者、期百二十日、若[b]一年。［巻51］

a大本、恒本は「姦」に作る。　b大本は「或」に作る。

(98)

太白出入五車中、朝廷有暴兵、諫臣大起。［巻41］

342

（「太白提天關」の注）地氣泄[a]、生相害、萬物大傷。［巻51］

343　太白守天闕二十日、大赦。一云、臣誅主、歳水[b]。一曰、守之二十日、兵甲鏘鏘[c]、以水行。［巻51］

⑬⑥　太白守天闕……臣謀主、歳大水、守之二十日、水兵大起、有大赦。［巻31］

344　太白守犯天闕[d]、道絶、天下相疑、有闕梁之令。［巻51］

a「地」の前に、大本には「提者」とあり。b恒本は「謀」に作る。c「鏘鏘」、大本は「將興」に作る。d「闕」、恒本は「闕闕」に作る。

345　太白守南河戍[a]、邊臣有謀[b]。［巻51］

⑬⑦　太白守南河……邊臣有謀、諸侯起兵、君憂敗亡。［巻32］

a大本は「戒」に作る。b「謀」の後、恒本には「若諸侯兵起君憂若敗亡」とあり。

346　太白守端門、若至帝座星南、禍小。若犯黄帝座、臣弑主、天下大亂、不出年[a]。［巻51］

a「出年」、大本は「出其年」に作る。

347　太白入守羽林、有兵起、若逆行變色、成勾已[a]、天下大兵、闕梁不通、不出[b]其年。［巻52］

a大本は「紀」に作る。b「出」、大本にはなし。

348　太白守北落、天下有兵、夷狄入塞、來侵中國、將士出。［巻52］

⑬⑧　太白入守北落師門……天下有兵、夷狄入塞、北犯之、占同熒惑。［巻29］

349　太白守土司空、其國以土起兵。若有土功之事[a]、天下旱。〔巻52〕

a「有」、恒本にはなし。

350　太白入天囷、天下兵起、諸侯謀、囷倉庫藏有破者。〔巻52〕

351　太白守參旗、兵大起、弓弩用、將士出行。一曰[a]、弓矢貴。〔巻52〕

a「用將士出行一曰」、大本は「大用大將出人生憂」に、恒本は「困將士出行一曰」に作る。

352　太白犯天稷、有旱災[a]、五穀不登、歳大飢[b]、五穀散出。〔巻52〕

a「有旱災」、大本は「主大旱」に作る。b「飢」、大本は「飢荒」に作る。

(99)　太白呑犯九州、大臣有罪咎獄囚、期八十日。〔巻49〕

(100)　太白守天節、大將以兵相攻擊、血流、君軍負、不出半周。〔巻49〕

辰星占

353　辰星出四孟、爲月食。出四季[a]、彗星。〔巻53〕

354　主好[b]破壞名山、壅塞大川、通谷、名水、則[c]辰星不出。歳[d]大旱、草木不長、禽獸牛馬不蕃、五穀不滋、民多病、體[e]

癰疽。[f]［巻53］

355　辰星逆行一舍、以其時水出。[g]［巻53］

a「季」、大本は「季爲」に作る。b「主好」、恒本は「則生妖」に作る。c「則」、恒本にはなし。d「歳」、恒本は「歳則」に作る。e大本は「患」に、恒本は「休」に作る。f「疽」の後、大本には「不出五十日」とあり。g「出」の後、大本には「爲災」、恒本には「辰星失度不救必有逆主之謀其救也明刑愼罰審法心中無縦繕治城郭可以聘十乘賢廣思行惠則災消矣」とあり。

・天下大旱、五穀不收。一曰、大水。［大本、巻54］

・天下大旱、所在不收。［『後漢書』天文志、劉昭注[a]］

・辰星守氐、不七日、有水。守十八日、有兵大起。［大本、巻54］

a「閏月辛亥、水金俱在氐」の注。

(139)　水入房、人民有漂流死者。又曰、馬貴。［巻9］

(140)　辰心犯心、或乘之……民去其郷、大雨不可。［巻10］

(141)　水星守尾……兵起、事成下。淺易貴。［巻10］

(101)　辰星入留尾第八星、經五十日、后皇管政讒妄竝連、大臣隱匿、不出五年。［巻16］

356　辰星守牽牛、歳多水。民歸兵陵、[a]齊燕尤甚。［巻55］

⑭²　水守牛……大水、民棲丘陵、齊燕尤甚。［巻11］

a「歸兵陵」、大本は「爲兵淩」に、恒本は「歸邱陵」に作る。

357　天下水雨、[a]無濟者、至關東盡然。[b]［巻55］

⑭³　辰星守女……天下多雨水、津梁絶不通。［巻12］

(102)　辰星守留須女、天下多水、不出一年。［巻20］

a「水雨」、大本は「雨水」に、恒本は「水」に作る。b「無濟者至關東盡然」、大本は「津梁不通」に作る。

358　辰星守虚、有兵災。丁壯行徭、[a]妻子獨居、[b]萬室虚。[c]一曰、春旱秋水、五穀不成。［巻55］

⑭⁴　辰星守虚……有兵。丁壯行、寡婦女獨居、萬徭室空虚。一曰、春旱秋水。［巻12］

⑭⁵　水中犯淩乘虚……春旱秋水、五谷不成。若冬守其陽、色赤黄爲旱、萬物不成、天下兵亂。［巻12］

a「徭」、大本は「徭役」に作り、恒本にはなし。b大本は「女」に作る。c「室」、大本は「空室」に、恒本は「室皆」に作る。

359　辰星守危、天下兵大發。［巻55］

(103)　辰星守乘東辟、其國秋多寒、民病瘧、期一月。〔巻24〕

360　辰星潤澤出奎[a]、有差令[b]。變色入奎、有爲令來者[c]。出奎、有爲令出使者。〔巻56〕

a「奎」、大本は「入奎間天子」に作る。b「差令」、大本は「善令偃武修文若」に、恒本は「盜令」に作る。c 恒本は「僞」に作る。

(104)　辰星乘舍居婁、經旬、民自相攻擊、流血、道中多死、不一年。〔巻26〕

(105)　辰星廻運暈婁、其國五穀不生絲麻、大、人多死、不出二年。〔巻26〕

361　民人大飢、亂。〔巻56〕

⑭⑥　辰星守胃……民爲亂。〔巻15〕

362　入畢中[a]、有兵。一曰、歲熟。〔巻56〕

(106)　辰星入畢中、有兵、大將與大臣相攻擊、不出半周。〔巻29〕

a「中」、恒本は「中爲」に作る。

363　守觜中、有兵。〔巻56〕

364 (107) 辰星守參伐、衞尉死、不出半周。［巻31］
守伐、衞尉當之。［巻56］

365 ⑭⑦ 守輿鬼、出其南、水、出其北、旱。［巻57］
水守鬼、出其南、水、出其北、旱。［巻17］

366 (108) 守入鬼、大人憂。［巻57］
辰星守入輿鬼、貴人有慘、貴百八十日。［巻32］
a 恒本は「臣」に作る。 b この一文、大本にはなし。

367 ⑭⑧ 入天庫、以水起。［巻57］
水入柳……以水起兵。［巻18］
a「入天庫」、大本は「辰星入柳天庫者」に作る。 b「起」、大本は「起兵」に作る。

368 大臣凶、貴人有罪、若法官有憂。［巻57］
a 大本は「執」に作る。

369 ⑭⑨ 有兵灾、若大水在北方、五穀不成。［巻57］
辰星守翌……大水災在北方。［巻19］

a大本は「或」に作る。

370
辰星守大角、臣謀主。有兵起、人主憂、王者戒愼左右。期不出百八十日、遠一年。［巻58］

371
辰星犯守候星、陰陽不和、五穀傷[a]、人民大饑、有兵起。［巻58］

a「傷」、大本は「不成」に作る。

372
辰星犯[a]天津、關道不通[b]、有兵起、若[c]關吏有憂。［巻58］

a「犯」、大本は「入犯乘守」に作る。b大本は「梁」に作る。c大本は「及」に作る。

373
兵大起、車騎行、五穀不成、天下民饑、若軍絶糧。［巻58］

374
辰星守犯天關、道絶、天下相疑關梁之令。［巻58］

375
辰星犯守龜星、天下有水旱之災。守陽、即旱。守陰、即水。［巻59］

376
辰星入[a]杵星、若守之[b]、天下有急發之事、不出其年[c]。［巻59］

a「入」、大本は「入守犯」に作る。b「若守之」、大本にはなし。c「之事不出其年」、大本は「粟期年內」に、恒本は「之事不出期年」に作る。

377　入犯守羽林、有兵起。若逆行[a]變色、成勾已、天下大兵、關梁不通、不出其年。［卷59］

a「行」、恒本にはなし。

378　辰星守土司空、其國以土起兵。若有土功[a]之事、天下旱。［卷59］

a大本は「工」に作る。

379　辰星守參旗、兵大起、弓弩用、士將出行。一曰、弓矢貴。［卷59］

380　辰星守[a]天稷、有旱災[b]、五穀不登、歲大饑[c]。一曰、五穀散出。［卷59］

a「守」、大本、恒本は「犯守」に作る。b「有旱災」、大本は「主大旱」に作る。c「歲大饑」、大本は「大飢荒」に作る。

東方七宿占（角、亢、氐、房、心、尾、箕）

(109)　左角三日不見、下臣謀上臣殺主、不出二年。［卷11］

(110)　黑氣出右角、其分戰負、不出七十日。［卷11］

381　亢三光也。三公之事。下者、地也。中央者、丞相也。主享祠。一曰、亢亦爲疏廟[a]。一名天庭、主火與疾、故亢龍[b]

多疾。［巻60］

382　亢星齊明、宗廟有敬、朝廷有序。星不明、則輔臣失次、君令不行。［巻60］

⑮　亢者天帝廟、宮天子內朝。中央丞相也。主亭祀主疾。亢星齊明、則宗廟有敬、朝廷有序、輔臣盡忠、民無疾病。亢星不明、則輔臣失職、君令不行、有內亂、動搖疏拆、或移徙、則人疾病。垂芒、則國政錯亂離落。位直、則兵起有戰。不見、則水旱爲灾、天下鼎沸。［巻8］

383　亢星不明、王者內亂。星明大[c]、輔臣納忠、天下平安[d]。［巻60］

384　亢[e]爲朝廷布政宮[f]。［巻60］

(111)　房星暈七重有珥背、其分野后妃淫泆死、諸侯印封、天子相攻、不出三年。［巻14］

(112)　赤黑白氣入尾、其邦有兵。［巻16］

a「亦爲疏廟」、大本は「名府疏庭」に、恒本は「一名天府一名疏廟」に作る。b大本は「動」に作る。c「星明」、大本は「星若明」に作る。d「安」の後、大本には「亢星明大民無疾疫亢星乘芒爲亂錯亢星離落位直天子動旅而卒戰於野亢爲疾國有疾占在亢」とあり。e「亢」の前、大本には「秋分視亢不見五穀盡傷羅貴二倍亢爲朝廷總領四海故置平星以疏理」とあり。f恒本は「官」に作る。

北方七宿占（斗、牛、女、虛、危、室、壁）

(113)　須女色黑赤、東南星靑乍羸息者、大國大飢、民流亡。［巻20］

(114)　東辟七變運夕、失位、經六辰、下臣凶、反强兵謀誅其天子、不出二年。［巻24］

(115)　黑氣出東辟中、有兵憂。［巻24］

(116)　白赤黑氣如席狀入東辟、繞女后、後宮在伏兵、謀其君、不出一年。［巻24］

西方七宿占（奎、婁、胃、昴、畢、觜、參）

385　天[a]子孝、則[b]婁星明大、天下太平。［巻62］

(117)　婁星象明暉、天子孝、則婁星明大、天下和平。［巻26］

(118)　婁星晝見、逆臣印呑、天子欲變。［巻24］

386　胃星明大、王者須祀[c]、則壽命長、子孫昌。［巻62］

(119)　畢星暈二夕一運、其國有賢臣、天下政正平。［巻29］

(120)　黃白氣入畢中、其歲大人、必有生者、天下有憙。出畢、天子出、田饗民。［巻29］

(121)　觜星近參左肱、臣謀其君、若執主之命奪、主之威。近右肱、大臣謀伐其君、若有大命。［巻30］

(122)　觜星不視、君臣不明、大將有兩心、不出一年。［巻30］

(123)　黑白氣入觜中、其國王侯、有疾軍敗、大將有憂。［巻30］

(124)　蒼白氣入參、馬爲亂。出若環繞參、天子起邊城。［巻31］

a「天」の前、大本、恒本には「婁星動有聚衆之事」とあり。b恒本は「者」に作る。c恒本は「修」に作る。

南方七宿占（東井、鬼、柳、七星、張、翼、軫）

387　井鉞一星、司淫奢。其星不欲明、明則斧鉞用、以斬伏誅之臣。［巻63］

388　張星不明、王者少子孫。［巻63］

石氏中官占

389　七公、七輔也。上星、上公。次星、次公[a]。下星、下公。各以其次第齊明[b]、輔臣居其常職。其星不明者、各以其次[c]、輔臣有黜、若有罪、期不出年。［巻65］

390　東咸西咸、星明而行列、王者威令行[d]、妃后守其宮。其星微小、而不行列、若亡不見、人主威弱、女主自恣、奢淫無度、防守者憂。若宮人有罪。一曰[e]、貴女有黜者。［巻65］

391　斗建者、陰陽始終之門[f]、大政升平之所[g]、起律暦之本原也[h]。［巻65］

392　駟馬[i]不動、天子安宮。［巻65］

393　天將軍星[j]動搖[k]、天子自將兵出[l]。［巻66］

⑮　天大將軍動搖、則天子自將、將其左右星曰旗、芒角所指者敗。一曰、天大將軍明、則將武兵精、暗則兵羸將袪。星亡則將死。［巻30］

・　大將軍搖動、則天子自將兵、左右旗、芒角所指者敗。一曰、明則將武兵精、暗小則兵羸將弱、木入大將吉、火金土入守、兵起、彗孛出大將反犯之、將軍死、敗散也。［『武備志』巻156］

(125)　三光失節南北門度、登不入、天下內亂、下賤管政、直臣爲黜。［巻41］

(126)　三善上階不見、指逆動搖、太子有謀。［巻43］

(127)　輔星斗避運鬲色、亡其國、貴人多死、赤地千里。［巻44］

a恒本は「中」に作る。b恒本は「占」に作る。c大本、恒本は「依」に作る。d恒本は「主」に作る。e恒本は「名」に作る。f「始終」、大本、恒本は「終始」に作る。g恒本は「七」に作る。h大本は「源」に作る。i大本、恒本は「四」に作る。j「天將」、大本は「天大將」に作る。k「動搖」、恒本は「搖動」に作る。l「自將兵」、大本は「自兵將」に、恒本は「有將兵」に作る。

(128)　漸臺色奄登昌光、其國邑小子爭鬭、起樓亭登辭、天下大驚、三陰二會、有兵起。［卷48］

石氏外官占

394　積卒不如其故、兵其[a]微細、若不見、兵車盡出、士卒[b]滿野。［卷68］

395　魚星中河而居、而明大、天下大水、津道塞。若微小、出河、中[c]外天下大旱、五穀不成。［卷68］

⑮②　魚星中河而居、則天下大水、津道塞。若出河外、則天下大旱、五穀不成。一曰、魚亡、則少魚。［卷27］

(129)　天倉左二星、登上顚亡、不出一年、其國兵飢、人流亡。［卷46］

(130)　屛星登奄、民飢、兵革行。［卷46］

(131)　天廁色黄、君德昌、亦兵象視。蒼黑、大水滿道中、天下疾病。［卷46］

(132)　狐星暈二星、五穀貴、民飢、二旬。［卷46］

(133)　老人以冬不見、天下大戰、先擧兵勝、後兵大敗、不出二年[d]。［卷46］

a「兵其」、恒本は「其兵出」に作る。b「卒」、恒本にはなし。c「河中」、大本は「河河之中」に、恒本は「河之」に作る。dもと「星」に作り、「年」と訂正。

甘氏中官占

(134)　河鼓左旗奄亡呑塡星、失度留、經二旬、大將驚率武、大戰、益地。［巻48］

(135)　九卿色赤、廻位運亡、女主執政、失道、不出一年。［巻48］

(136)　月星光一辰見、七辰不見、賢臣出、善令、則死、天下民人哭、臣不見。［巻48］

甘氏外官占

(137)　狗星奄竟者、天下狗多死、咋人狂走。［巻49］

(138)　土公史具不見、經二旬、左右尉亭臣有廁、府中儲兵、不出一旬。［巻49］

(139)　天狗不視、五將無勢、國邊軍大敗。［巻49］

巫咸内外官占

(140)　軍門發竒不見、强軍侵勞門、不出半周。［巻50］

(141)　鈇頑微細奄亡乍不明、主弱、臣奪君、令不行。［巻50］

(142)　帛度彰登、經六十日、諸侯婦賣買、有憂。［巻50］

(143)　天陰不視、女黨淫亂、起近臣通、期二年。［巻50］

流星占

396　流星有聲如雷、其音止[a]地、野雞盡响、名曰天鼓。其所止國、兵大起、必有戰、殭[b]尸滿野、期三年。［巻71］

397　名曰否顚。見則其國必有大戰、流血積骨、期一年、遠二[c]年[d][e]。［卷71］

398　流星紛紛、交[f]行耀目。人君自貴、視臣如草[g]。土臣欲有離散之象也。期不出二年。［卷71］

399　流星入月中、星無光、不出其年、亡國[h]。星出、亡國復立。［卷71］

⑬　流星出月中、不出其分國亡。若星復出、則國亡復立。［卷36］

（144）　彗星流星入月中、星无光、不出一年、國亡。若星出、其國滅亡。［卷5］

400　使星入月中、女主疾[i]。［卷71］

a大本は「正」に作る。b恒本は「僵」に作る。c恒本は「二」に作る。d恒本は「三」に作る。eこの一文、大本にはなし。f大本は「更」に作る。g大本、恒本は「人」に作る。h「亡國」、恒本は「國亡」に作る。i「疾」の後、大本には「又奔星入月中有臣謀其君」「又使星入月內有君失地者」「又曰使星入月中無光將軍戮期十年」とあり。

（145）　角東亭入大流星、經三辰、則女后淫泆、天子與臣擊伐、其臣流千里、小人爲政、不出五年。［卷11］

401　流星入亢中、幸臣有自殺者、期一年。［卷72］

402　流星絕鈎鈐[a]、主有奔馬則敗。［卷72］

（146）　流星絕鈎鈐、其主犇馬之敗、不出一年。［卷14］

（147）　流星出從箕中入房、曰道强、兵暴內國、堺來大戰、期六十日。［卷17］

403　流星入南斗、當有隣國使來、不出百八十日[b]。［卷72］

⑭　流星入虛、兵聚其下。［卷12］

(148)　流星出婁入胃中、於河中流、多死者、期八十日。［巻26］

404　流星入畢、其君有大憂、先起兵者[c]、兵破亡、若有逐相[d]、以其入日占、期百八十日、遠一年[e]。［巻72］

(149)　使星入觜參之間、其國無髮人與大將謀君、期九十日。［巻30］

(150)　流星入七星中、諸侯多飢死。［巻35］

405　流星入翼、其國用兵、大臣有憂。若抵翼、天下[f]尊諸侯、期百八十日[b]。［巻72］

a大本は「鈴」に作る。b「百八十日」、大本は「半年」に作る。c「起兵」、大本は「兵起」に作る。d大本は「遠」に作る。e「遠一年」、大本は「遠不出一年」に作る。f「天下」、大本は「天子」に、恒本は「天子下」に作る。

406　流星入女牀、後宮有憂、貴女當有暴誅者、期百八十日。［巻73］

407　流星入宗正、左右貴臣多死、若帝宗后族有黜者、期百八十日、遠一年。［巻73］

408　流星入河鼓、有兵起、大將出。若抵之、有死將、隨其所犯將當之、期一年、遠二年。大星爲大將。小星爲小將。［巻73］

409　流星入天津、水道不通、梁塞若津[a]渡有憂。［巻73］

(151)　飛星出騰虵、諸侯暴死。［巻40］

•　流星入天將軍、大將驚出。［恒本、巻73］

410　流星入太微、有兵起、外國當以兵至、及[b]有使來者[c]、不出其年。［巻74］

411　流星出太微端門、天子之使出。各以所之野命其國、期不出年。［巻74］

412　流星入上台、司命大臣有罪、若有死。[d] 流星出之、近臣有出者、期二年。［巻74］

413　流星出紫宮、人主宮殿空、[e] 若有徙王、[f] 不則出走、[g] 期三年。［巻74］

⑮⑤　大流星出紫微宮中、天子出走、不則宮中、有徒室、期三年。［巻21］

(152)　使星入紫宮左、匈奴強兵起內侵、將軍戰呑血、不出二年。［巻45］

⑮⑥　流星抵天一……冬滂憂旱、萬物不成、穀貴疫。一曰、兵起不戰。［巻23］

a「梁塞若」、大本は「梁塞」に、恒本は「關梁塞若」に作る。b「以兵至及」、大本は「以兵急」に、恒本は「其兵急」に作る。c「來者」、恒本は「者來」に作る。d「死」、大本は「死者」に作る。e「宮人」、大本は「宮奔人」に作る。f「宮殿空若有徙王」、大本は「有徒宮殿王」に、恒本は「宮殿若有遷徒」に作る。g「不則」、大本にはなし。

414　流星抵魚星、天下水、魚鹽貴。星若出之、[a] 天下旱、魚行人道。［巻75］

415　流星入參旗、兵大起、弓弩用。流星出之、將軍出、兵士行、期二年。［巻75］

(153)　天狗入狐中、太子有喪、大臣爲疾病、北方將失地。［巻46］

416　流星抵老人、天下多病、老人不安。一曰、大兵起、老者行。［巻75］

⑮⑦　流星抵老人、大兵起、老者行。［巻32］

(154)　枉矢犯老人、天下大兵、起天子爲將、大戰、士卒多死。［巻46］

a「星」、大本にはなし。

(155)　流星色青赤光、從亢池起入攝提之間、諸侯以逆、謀吞天下。〔卷48〕

(156)　流星入三公、客諸侯內宮、出流星三公旁入斗魁、大臣有擊者、不出六十日。〔卷48〕

(157)　流星色赤、光貫天席[a]中、不出二年、光武帝失位。〔卷48〕

(158)　流星入積水中、其國水浮、使急詣歸。〔卷48〕

(159)　流星入貫天河、天子使者、宮中死。出天河旁、諸侯使道中死、不出半周。〔卷48〕

a「天席」、帝席のことか。

(160)　流星色赤、大光入鈇鑕中、不出三日、大臣暴死。〔卷49〕

(161)　流星入天廟中、諸侯使詣。出天廟中、下賤侵內。〔卷49〕

客星占

417　德星守建星、君臣俱明、天下更平[a]、五穀更興[b]。〔卷77〕

418　星入月中、其國若[c]有憂。一曰、不出三年、臣勝其主。〔卷77〕

a「平」、大本にはなし。b「更興」大本では注に作る。c大本は「主」に作る。

419　赤星入右角、兵吏有置兵軍受命者。〔卷78〕

420　大赤星出右角、國門有出兵。左角、國入[a]兵。〔卷78〕

⑱　大赤星出右角、國兵出。黄星出右角、國有驚、不戰受地。白星、不戰而退。青黒星、戰不勝。〔卷8〕

・大赤星出右角、兵出。黄星、出國、有驚、兵不戰受地。白星、不戰而退。青黑、不勝。守左角、赤、大旱、獄多死。守右角、黑、大水。赤、多暴虐事。出亢角間、赤、有圍邑、大臣盜。白有兵。［『管蠡匯占』巻4］

421　赤星出角亢間、[b]國邑有圍者。［巻78］

422　黄星起右角、之左角、尉理受[c]執。［巻78］

(162)　客星色赤、入右角、其吏亭官有兵。若出左角、將兵戰流血、期一年。［巻11］

(163)　客星色黄、出兩角間、有貴、客來、其國之見君廟、期八月。［巻11］

423　客星數入亢、[d]國疾疫。出亢、疾已。［巻78］

⑮⑨　客星入亢、有疾疫、復出之、則疾已。或曰、有來使受命于朝。又曰、八穀傷士卒、出有戰、期不出九十日。［巻8］

424　大赤星從角就亢、人主遇賊。［巻78］

425　客星出亢、若守之。其國大旱、五穀傷、貴人去其鄉、人民流亡。[e]若芒角變色、地動爲害、期三年。［巻78］

⑯⓪　客星出亢……其國大旱、穀傷、貴人去其鄉。若有芒角、地動、期三年。［巻8］

426　客星犯守、國多妖祥。［巻78］

⑯①　客星守亢……國多妖。［巻8］

427　大赤星入氐、[f]卒大出。［巻78］

428　客星守氐、有德令。［巻78］

⑯②　客星出氐……有德令。［巻9］

429　客星犯鉤鈐、主有[g]犇馬之敗。［巻78］

(164)　客星犯鉤鈐、其主有犇馬之敗、不出三年。［巻14］

(165)　客星蝕奇表、亡不見三日、女后與諸侯淫奸謀主、期一旬。[巻14]

(166)　客星留陵舍居[尾]九星、經一旬、不出五年、穆帝崩。[巻16]

(167)　客星彗星出[箕]中、天下大飢、大臣有見葉損者、不出一年。[巻17]

430　客星出入守[牽牛]、馬貴h、價三倍。[巻79]

⑯3　客星出[牛]…人多死。[巻11]

431　客星入[i營室]、有軍、軍j中大饑、將離散、士卒死亡。[巻79]

⑯4　客星入[室]……有軍、軍飢、將士離散。[巻13]

432　客星出[婁]而守之、天下欲有分奪國者。一曰、客欲k奪王國邊境侵地、期一年、遠二年。[巻79]

⑯5　客星出[婁]而守之……邊失地、有爭國者。[巻14]

433　客星犯l[胃]、有軍發之事。[巻80]

(168)　赤客星守[附耳]、有邊兵尤甚、諸侯印逆、謀太子。[巻29]

434　客星守[張]不去、滿三十日、有亡國、死亡、臣殺其主、m小人謀貴、禍及嗣子、n期三年。o[巻81]

⑯6　客星守[張]、滿三十、有亡國、死王、臣謀逆、小人謀貴、禍及嗣子、期三年。[巻19]

435　客星干p犯[軫]、q近期百八十日、r遠s期一年。[巻81]

⑯7　客星犯[軫]……有兵喪。一曰、邊兵起。[巻19]

a「入」、大本にはなし。b「間國」、大本は「門國」、恒本は「間國易」に作る。c恒本は「埋」に作る。d「國疾」、大本は「國有疾」に作る。e「若」、大本にはなし。f恒本は「軍」に作る。g大本は「奔」に作る。h「馬貴」、大本は「牛馬」に作る。i「營」、大本にはなし。j「軍軍」、大本は「兵軍」に作る。k大本は「主」に作る。l大本は「入」に作る。m「亡臣殺」、大本は「王臣弑」に作る。n「嗣子」、大本は「子嗣」に作る。oこの一文、恒本にはなし。p「干」、大本にはなし。q「軫近」、大本は「軫有兵喪近」に作る。r「百八十日」、大本は「半年」に作る。s「期」、大本にはなし。

436　客星出入大角、天下亂、兵大起、臣謀其主、不則天下[a]出水、入城郭、殺人民、期百日。［巻82］

⑯⑧　客星出大角……臣謀主、天子出、大水城廓、斯百日。［巻26］

437　客星干犯梗河、天子愼邊、四裔不靖[b]。［巻82］

438　客星舍梗河、陰陽不和[c]、天下大風、樹木皆倒。［巻82］

⑯⑨　客星舍梗河……天下大風、拔木。［巻26］

439　客星出織女、若[d]入之、后族爲亂、若誅臣。一曰、貴女有誅者、各以五色占[e]。白爲喪、赤爲兵、黑爲水[f]、黄爲旱、青爲饑。［巻82］

⑰⓪　客星出織女……后族爲亂、有戮臣。一曰、貴女有誅者。［巻28］

440　客星入建星、有憙福、穀大熟[g]。［巻82］

⑰①　客星入建星……君臣不和。［巻28］

⑰②　客星入建星……年穀熟。［巻28］

441　客[h]星出建星、君不親其大臣、上下相疑、主令不行。［巻82］

•　客星出建星、有兵在外大戰、君臣不和。［大本、巻84］

(169)　客星入留左旗中、且宮中奸有女子、潛天子、期五十日。［巻48］

442　客星入王良[i]而守之、天下兵起、車騎行、人主憂、將軍有死者、期三年。［巻82］

443　客星入五車、所守土[j]穀貴。［巻82］

444　客星入五車、犯守之[k]、大人有憂、車騎發用[l]、將軍出令、國易政、期三年。［巻82］

445　客星出五諸侯、大臣有憂、若執法者有罪。一曰、議臣有黜者。［巻82］

・　兵大起、大水入城郭。若有所犯守、各以其所中者占之。［大本、巻83］

446　客星入太微中、火大起、有客賊來入國、守之[m]十日不去、其災成。在陽爲男主[n]、在陰爲女主、不出四十日。［巻83］

447　客星入太微、天下大亂、兵大起、臣謀其主、不則天下大水[o]、入城郭、殺人民[p]。［巻83］

(173)　客星出太微天庭中……兵大起、大水入城郭。若有所犯守、各以其所中命之。［巻20］

448　客星入天獄[q]、有德令。［巻83］

(174)　客星入天牢……有德令。［巻23］

(170)　客星入天獄、有德令。［巻43］

449　客星出入北斗、天下大亂、兵大起、臣謀主[r]、不則天下大水、入城郭、殺人民、期百日。［巻83］

a「天下」、大本は「天子」に作る。　b「愼邊四裔不靖」、大本は「愼胡胡亂中國」、恒本は「鎭邊中國亂」に作る。　c「不和」、大本は「不合和」に作る。　d「入」、大本にはなし。　e「占」、大本は「占之」に作る。　f「兵黑爲」、大本にはなし。　g「有憙福穀大熟」、大本は「年谷熟」に作る。また、その後に「一曰不親大臣上下相疑主令不行」「一曰大水橋梁不通」とあり。この一文、大本は巻84で引用。　h恒本は「赤」に作る。　i大本は「若」に作る。　j「所守土」、大本は「五」に、恒本は「所守主」に作る。　k「犯守之」、恒本にはなし。　l「用」、大本にはなし。　m大本は「三」に作る。　n「主」、大本にはなし。

る。r大本は「伐」に作る。

o「城郭」、大本は「城郭滂」に作る。p「民」の後、大本には「期一月」とあり。q大本は「獸」に作る。r大本は「伐」に作る。

450　客星出守鱉星、有白衣之衆聚、若天下有水、水物不成、期百八十日、遠一年。[a]［巻84］

451　客星出天屛[b]、輔臣有憂、若人民多疾病、四足畜多死。[a]［巻84］

452　客星守天稷、五穀散出、其歳憂、人民饑。一曰、守之久、社稷不安。[a]［巻84］

(175)　客星守天稷、穀散出、歳凶、人飢。久之、社稷不安。［巻33］

a これらの文、大本にはなし。b「天」、恒本にはなし。

(171)　客星守輦道、賢臣詣執政、不出一年。［巻48］

(172)　客星守陵八魁、天下賊盜竝起、君甸附不畜。［巻49］

(173)　客星守天園、急兵內國境相攻。［巻49］

(174)　客星守天節、三公死、及胡王有死者、不出半周。［巻49］

妖星占

453　枉矢類流星、望之有毛目、[a]長可一疋布、[b]皎皎著天、[c]見則大兵起、大將出、弓弩用、期三年。［巻86］

(176)　枉矢類流星、之有毛自長可一匹布、皎皎着天、見則天下兵大起、期三年。［巻36］

・枉矢類流星、望之有毛目、可一疋布、皎皎着天、見則天下兵大起、將出、弓弩用、期三年。〔『乙巳占』巻8〕

a大本は「角」に、恒本は「白」に作る。b「疋布」、恒本は「尺有」に作る。c「著天」、大本は「着天」に、恒本は「者」に作る。d「目可一」、天本は「白如」に作る。e「見則」、天本は「主」に作る。f「大」、天本にはなし。g「弓弩用」、天本にはなし。

(175) 旬始犯斗口旁、三兵起、大將軍呑血、期七十日、其色蒼黒見則內亂、諸侯悖相攻擊。〔巻44〕

彗星占

454 彗長五尺、以至一丈、期三月、若十月。一丈以至三丈、期三年。三丈以至五丈、期五年。五丈以至十丈、期七年。十丈以上、期九年。〔巻88〕

455 凡彗有色、白黒爲男主、赤黄爲女主、皆爲人君、女主死之之殃。〔巻88〕

456 彗星入月中、兵大起、有臣欲弑其君者、十二年、大飢。〔巻89〕

457 彗星入月中、星無光、不出其年、亡國。星出、亡國復立。〔巻89〕

(177) 彗星入月而月無光、不出期年、國亡。星入而卽出、則亡國復立。〔巻3〕

a大本は「三」に作る。b「丈以至五丈期五年五丈以至十丈」、大本は「尺」に作る。c恒本は「見」に作る。d「皆」、恒本にはなし。e大本は「亡」に作る。f「殃」の後、大本には「又曰彗星所主五星之變人君敗亡之徵」とあり。g大本は「入」に作る。h「星」、大本は小字で挿入。i「星出」、大本は「若星出之」に作る。

(176) 赤彗星入兩角、經五十日、其光甚赤如血、其國受兵殃、君臣相戰、百姓飢死、期二年。［巻11］

458 彗星出入尾、后相貴臣誅、兵起宮門、宮人走出、國易政、期一年、中二年、遠三年。［巻89］

459 彗星出箕、天下大飢、大臣有見棄捐者。［巻89］

⑱ 彗孛出箕……天下多死喪。一曰、夷狄入中國、兵大起、海溢河决、且有大旱、米貴十倍。［巻10］

(177) 彗星出箕、五穀大貴、天下大旱、人民飢死、不出一年。［巻17］

460 彗星出牽牛[a]、四夷兵起[b]、邊境爲亂、來侵[c]中國、人主有憂、期一年、中二年、遠三年。［巻89］

461 彗星出奎、有大兵起、四夷[d]來伐中國、郡君出戰、天下大飢、有水灾、期三年、遠五年。[e]［巻89］

462 彗星出[f]婁、國有大[g]兵、四時絶祠、有亡[h]國、先旱後水、人民飢死、五穀大[i]貴、羅[j]無價、期一年、遠二年。［巻89］

(178) 彗星出於參東井之間、上枉殺伐長吏。［巻31］

a「牽」、大本にはなし。　b「兵起」、恒本は「兵大起」に作る。　c「爲亂來侵」、大本は「內亂爲爭戰」に作る。　d「四夷」、恒本は「羌戎」に作る。　eこの一文、大本は「甘氏曰」の一文に次いで、「又曰」として引用。　f「彗星出」、大本は「彗孛出」に作る。　g「有大」、大本は「大臣興」に作る。　h恒本は「五」に作る。　i「大」、恒本にはなし。　j大本は「增」に作る。

463 彗孛干犯梗河、天子愼邊[a]防亂中國。［巻90］

464 彗星出貫索、必有反[b]臣殺君、若有大赦、期百日、遠一年。［巻90］

465 彗孛出附路、天下大飢、車騎滿野、道中縦横、人主臨兵、期三年。［巻90］

466　彗星[c]出南河、蠻[d]越兵起、邊域[e]有憂、若關吏有罪者。［巻90］

467　彗星守南河、爲大旱。出北河、夷[f]爲亂、來侵中國、若守胡[g]軍敗。又曰、守北河、爲大水、期不出三年。［巻90］

468　彗星出北斗、大臣謀反、兵大起[h]。［巻90］

469　彗孛守北斗、强國發兵、大臣爭權、大人有憂、國易其[i]主、天下不寧、守之三日以上、大臣當誅、期三年、遠五年。［巻90］

(179)　彗星出紫宮、左梓明其邦、春大旱、五穀不下、民飢、貴人賣衣裳、東西飢、南北疫疾、三兵竝起。［巻45］

a「邊防」、大本は「胡胡」に、恒本は「寇寇」に作る。b大本は「者」に作る。c大本は「孛」に作る。d恒本は「吳」に作る。e大本は「城」に、恒本は「賊」に作る。f「北河夷」、大本は「南河北夷」とあり、「南」の右に「卜」の刪除符がある。恒本は「北河羌」に作る。g「守胡」、大本は「守之胡」に、恒本は「守邊」に作る。h「起」の後、大本には「若入北斗魁中大臣誅死若被誅三日乃治春夏期三年秋冬期一年」、恒本には「又曰彗入斗魁大臣死若被誅三日乃占春夏三年秋冬期一年」とあり。i「其」、大本にはなし。

470　彗孛[a]出羽林、兵起宮中、臣弑其主、大人被甲、有亡國。若守之三十日、國破主亡、期三年。［巻90］

471　彗星[b]出天倉、天下粟出、若守之久、國[c]無儲粮、人民飢、期三年。［巻90］

472　彗星[b]守野雞、大將死[d]、軍市破、諸侯相攻、有亡國、期三年[e]。［巻90］

473　彗星[b]出天稷、歲大飢、五穀不成、人民流亡[f]、社稷不安。［巻90］

a「孛」、大本にはなし。b大本は「孛」に作る。c恒本は「囷」に作る。d「將死」、大本は「將軍死」に作る。e恒本は「二」に作る。f「流」、大本にはなし。

474　彗星出天街、內有賊人[a]。〔巻90〕
a恒本は「賤」に作る。

霧

475　霧冬以壬癸亥子[a]日、氣青黑色、南行[b]興軍、動衆。〔巻101〕
a大本は「丁」に作る。b「南行」、大本にはなし。

〔その他〕『墨卿談乘』の引用。他の文献では同様の一文が『海中星占』として引用される事がある。

・天雞星動、有赦。〔『墨卿談乘』、巻12〕

注

（1）佐々木聡「『開元占経』の諸抄本と近世以降の伝来について」（『日本中国学会報』第六十四集、二〇一二年）では『開元占経』のテキストを三系統に分類しており、本書で比較したのはそのうち一系統に過ぎないが、他の系統は閲覧が比較的困難なため、これらとの比較は今後の課題としたい。

（2）『観象玩占』にある『海中占の』佚文は、大部分が『開元占経』のものと一致する。『観象玩占』には「開元占曰」という引用もあり、『開元占経』の内容も参照している事から、あるいは『海中占』からの引用も『開元占経』からの孫引きである可能性もある。しかし、二書間の文字の異同は多く、『觀象玩占』所引の『海中占』には現存の『開元占経』に見られない佚文もあるため、本書では区別して取り上げた。

終章　本書のまとめ

本書では、張衡の天文学思想を通して中国古代の天の思想について考察した。天文学思想といっても扱う範囲は広く、様々な方面から取り上げるよう心掛けた。後漢当時の天文学者ともいうべき太史令の張衡は、決して天文学だけの世界に浸かっていたわけではないからである。中国古代の科学は、その多くが国家機関によって管理されており、特に天文学はその傾向が強かった。張衡も天文・暦算・数術に関心を持っていたというが、それだけでなく政治に関わりいくつもの上疏を行なっている。また生涯にわたって詩賦を作成し、その思いを吐露するなど、その意思表示の方法は一つではない。そこで、天文学に関わる『霊憲』や『渾天儀』だけではなく、詩賦や上表文をも取り上げることで、中国古代の天文学思想（中には占術や世界観にも及ぶ）の一端を明らかにしようと試みたのである。各章の結論については章ごとの末尾でまとめてきたが、今一度簡単に整理しておく。

第一章「「渾」の用法に見る渾天説の原義」では、「渾」の字が漢代までにどのような意味で用いられるかを整理し、なぜ渾天説に「渾」の字が用いられたかの理由を探った。後漢までの「渾」の用例から、「渾」の字が用いられた渾天説の原義として、①水の流れに繋がる動的なイメージが附与され、窮まりなくめぐる天の運行を表現した、②原初的、一なるものとしての未分化な状態を表現したという二つの理由を提示し、渾天説が時間的・空間的な次元を含む、天地一体の世界を最大の特徴としていたと結論づけた。現在渾天説の特徴と考えられている球状の天は、張衡が具体的に打ち出したものと考えられる。

第二章「『霊憲』と『渾天儀』の比較」では、張衡の著作か否かで見解の分かれる『渾天儀』の著者について検討した。また同時に、張衡の天文学関係の著作とされる『霊憲』と『渾天儀』の、後世の受容について比較した。前者の問題について、従来は『渾天儀』を張衡の著作とする説が有力であったが、佚文の引用箇所と引用の際の書名とをあわせ比較した結果、『渾天儀』は張衡が著わした部分と、張衡の意思を受け継ぐ後学の手になる部分とに分けられることを明らかにした。後者の問題については、『霊憲』は数多くの文献に引用されるのに対して『渾天儀』の引用は限定的であった。この扱いの相違は成書目的の違いから来ると判断した。『霊憲』は第一章で述べた渾天説の特徴である、時間的・空間的な次元を含む理論的内容であるのに対し、『渾天儀』は天文観測儀器の渾天儀の構造、使用法が中心の内容であった。これらの違いが、後世の扱いの差を生んだと考えられる。

第三章「渾天説の天文理論」では、まず張衡の渾天説において地は球状ととらえられていたのかという、特に『渾天儀』の内容に関わる問題を検討した。地の見解に関わる記述は、第二章で張衡以外の人物によって書かれたと判断した部分であり、その内容も明確に球状と主張しているわけではないため、張衡は球状の地の概念を持っていなかったと結論づけることができる。次に、『霊憲』の天文理論と他の思想的文献の内容の継承・発展について考察した。その結果、『霊憲』が『周髀算経』や『淮南子』などの内容を継承していること、その一方で、張衡は先行の知識を継承した上で実際に天体を観察し、「魄」や「両儀」など自身の言葉でそれらを独自に表現していたことを明らかにした。

第四章「渾天説と尚水思想」では、諸子文献、特に道家系文献の記述にある水に関する記述を整理し、『霊憲』の記述と比較することで、渾天説の思想的背景に水を尚ぶ尚水思想の流れがあることを明らかにした。中でも、天地水を並列する『霊憲』の記述方法は他の文献と異なり、のちの五斗米道の三官信仰に通じる考え方であるが、その思想的基盤が五斗米道成立以前にすでに存在していたことを『霊憲』の記述から確認した。三官信仰と宇宙構造論を結びつける見方は今後、天文学思想を考える上で重要な視点であると考える。

第五章「張衡「思玄賦」の世界観」では、張衡の「思玄賦」を取り上げ、漢代の世界観・宇宙観の一端を明らかにするとともに、張衡の世界観の特徴、「思玄賦」作成の意図を論じた。「思玄賦」では四方を遠遊したのち、崑崙へと至るが、それは鄒衍の大九州説に通じる世界観であり、張衡は真の崑崙とも呼べる場所から天上世界へと赴く。それだけでなく、「思玄賦」の天上世界の表現は全体として、天帝に代わって天を駆けめぐり、気ままに狩りや軍事を行なうという壮大な描写であるといえる。日月五星を観察するさまは、太史令であった張衡の本領ともいえる。

第六章「張衡と占術」においては、張衡の占術に関する記述、讖緯思想に対する見解を整理した。張衡は讖緯思想を否定した人物として知られるが、実際に記述を確認すると、張衡は讖緯思想の、恣意的な解釈によって本来の占術を歪めたり、曲解したりすることを否定しているのであって、讖緯思想そのものを否定しているわけではないという事実が見えてくる。張衡が著わした『霊憲』や「思玄賦」には、易占や亀卜、占夢、帰蔵（易に類似する占い）の記述がある。また「請禁絶図讖疏」では、律暦や卜筮、卦候、九宮、風角などの占いを容認する。これらに共通する暦や星、数に関わるという点を張衡は正統ととらえて重視し、将来を見定める際に重要なものであると考えていた。

第七章「張衡佚文の考察」では、張衡の著作に見える星座の記述から、漢代に星座がどのように分類されたのかを検討した。また、『通志』天文略などに引用される張衡の星座に関する佚文が、実際に張衡のものなのかについて考察を加えた。張衡の佚文は、実際には張衡のものではなく、「天文大象賦」（張衡の作とされることがある）の注と重なる記述であることから、張衡の言と見なされたのであろう。一方、張衡の記述であることが確かな『霊憲』と「思玄賦」からは、張衡が紫宮と太微に主眼を置き、中央と四方の五宮分類を踏まえていたことを明らかにした。

第八章「『海中占』関連文献に関する基礎的考察」では、『霊憲』の星座に関する記述の中にある「海人之占」と関わるとされる『海中占』について、基礎的な考察を行なった。『海中占』はこれまで、南方で書かれた天文書であるとか、航海に関わる天文書であるなどの見解があったが、佚文を網羅的に整理・検証したところ、中国内部で書かれ、蓬萊をはじめとする三神山と関わる文献であることが明らかとなった。つまり『海中占』は、三神山の伝承が伝わる燕・斉の方士が作成した天文書だったと考えられるのである。さらに本書には、『海中占』の佚文を輯集、整理し約八三〇条を附した。

以上のように、本書では張衡を中心に、従来未解決だった問題、あるいは十分論じられてこなかった事項をできるだけ実証的にとり上げ、渾天説の実態と思想的背景について、また張衡の世界観や思想について、一定の結論を導きだすことができたと考えている。とりわけ、渾天説を含めた宇宙論の思想的背景に尚水思想があり、道家系文献との関係がうかがえることは大きな成果であろう。

最後に、全体を通して大きく二つの点に言及したい。

一つは、天文書ごとの違いに目を向けることが重要であるという点である。これまで天文書は、それぞれの成書目的や個々の天文書の違いに注意が向けられない傾向にあった。その要因として唐代以前の個々の天文書が現存せず、佚文としてしか存在しなかったことがある。また、天文学史を通史的に描写することが中心であったために、個々の相違には言及されなかったこともある。内容の違いには言及されても、その違いにどのような背景があるのかまでは追及されなかった。しかし、本稿で『霊憲』と『渾天儀』の成書目的の相違に言及し、また「海中」諸文献の特徴について考察したように、天文学の実態をより具体的に理解するためには、今後各天文書それぞれの特徴を押さえる必要があろう。

さらに、天文学と思想との関係についても、改めて考える必要がある。この点はこれまでにも研究されているが、気と宇宙論、宇宙生成論と道家系文献との関係など、テーマが限られていたように思う。本稿で取り上げた、『霊憲』と三官信仰の関係以外にも、今後、より広く天文学思想について考えていくことができるのではないか。

張衡の偉業を称える論文は中国でいくつも書かれ、中国天文学史に関する本の中でも必ずといっていいほど取り上げられてきた。それにも関わらず、張衡を取り上げた専著は中国においてもそれほど多くなく、日本においては全く無かった。本書が、張衡の実態を理解し、さらには天文学思想を理解する一助になれば幸いである。

参考文献一覧

【原典資料】引用した主なテキストのみを挙げる。なお引用の際、句読点は適宜改めた。複数のテキストを比較した場合は、先に挙げたテキストを主に参照した。冒頭の正史・十三経関連文献、張衡関連文献以外の配列は、四部分類に倣った。

十三経（重栞宋本、『十三経注疏』芸文印書館）
二十四史（中華書局本）
『歴代天文律暦志等志彙編』一～十（中華書局、一九七五～一九七六年）
王先謙『後漢書集解』上・下（中華書局、一九八四年）

張衡『霊憲』（問経堂刊洪頤煊輯経典集林本、百部叢書集成所収）
張衡『渾天儀』（問経堂刊洪頤煊輯経典集林本、百部叢書集成所収）
張震沢校注『張衡詩文集校注』（上海古籍出版社、一九八六年）
『中国哲学史資料選輯』両漢之部（中国社会科学院哲学研究所中国哲学史研究室編、中華書局、一七六〇年）
許慎『説文解字』（静嘉堂文庫蔵北宋刊本、四部叢刊所収）

『山海経』（明成化刊本、四部叢刊所収）
『水経注』（武英殿聚珍版本、四部叢刊所収）
伏勝『尚書大伝』（上海涵芬楼蔵左海文集本、四部叢刊所収）
鄭樵『通志二十略』上・下（中華書局、一九九五年）
何寧『淮南子集釈』上・中・下（新編諸子集成、中華書局、一九九八年）
劉文典『淮南鴻烈集解』上・下（新編諸子集成、中華書局、一九八九年）
王先謙『荀子集解』上・下（新編諸子集成、中華書局、一九八八年）
汪栄宝『法言義疏』上・下（新編諸子集成、中華書局、一九八七年）
王符撰、汪継培箋『潜夫論箋校正』（新編諸子集成、中華書局、一九八五年）
『孫子集注』（明嘉靖刊本、四部叢刊所収）
茅元儀輯『武備志』（北京図書館蔵明天啓刻本、四庫禁燬書叢刊所収）
『周髀算経』（武英殿聚珍版本、中国科学技術典籍通彙所収）
『九章算術』（武英殿聚珍版本、中国科学技術典籍通彙所収）
『管子』（鉄琴銅剣楼蔵宋刊本、四部叢刊所収）
楊雄撰、司馬光集注『太玄集注』（新編諸子集成、中華書局、一九九八年）
揚雄『太玄』（明万玉堂本、四部叢刊所収）
李鳳『天文要録』（京都大学人文科学研究所蔵本、中国科学技術典籍通彙所収）（前田育徳会尊経閣文庫蔵本）

薩守真『天地瑞祥志』（京都大学人文科学研究所蔵本、中国科学技術典籍通彙所収）
（前田育徳会尊経閣文庫蔵本）
瞿曇悉達『開元占経』（四庫全書文淵閣本）
（恒徳堂刊本、関西大学図書館内藤文庫蔵）
（大徳堂本、中国科学技術典籍通彙所収）
（上・下、九州出版社、二〇一二年）
『観象玩占』（清華大学図書館蔵明抄本、続修四庫全書所収）
黄暉『論衡校釈』一〜四（新編諸子集成、中華書局、一九九〇年）
『芸文類聚』（宋刻本、新興書局、一九六九年）
（中文出版社、一九八〇年再版）
『北堂書鈔』（孔広陶刻本、中文出版社、一九七九年）
『初学記』（明刻本、新興書局、一九七二年）
宋昉等『太平御覧』（上海涵芬楼影印宋本、中華書局、一九六〇年）
董斯張『広博物志』（明万暦刊本、新興書局、一九七二年）
楼宇烈『王弼集校釈』上冊（中華書局、一九八〇年）
楊伯峻『列子集釈』（新編諸子集成、中華書局、一九七九年）
郭慶藩輯『荘子集釈』一〜四（中華書局、一九六一年）
『太一生水』（荊門市博物館編『郭店楚墓竹簡』文物出版社、一九九八年）

『楚辞補注』（江南図書館蔵明繙宋本、四部叢刊所収）
蕭統『文選』（重刻宋淳熙本、中華書局、一九七七年）
李淳風『乙巳占』（陸心源校刊十万巻楼叢書本、百部叢書集成所収）
（天津図書館蔵清抄本、続修四庫全書所収）
『呂子春秋』（新編諸子集成、中華書局、二〇〇九年）
周人甲『管蠡匯占』（清道光刻本、四庫未収書輯刊所収）
李播『陰陽家秘笈彙函』（中国子学名著集成編印基金会、一九七八年）
新美寛編、鈴木隆一補『本邦残存典籍による輯佚資料集成』（京都大学人文科学研究所、一九六八年）
安居香山・中村璋八編『重修緯書集成』（巻一～六）（明徳出版社、一九七一～一九九一年）
張衍田輯校『史記正義佚文輯校』（北京大学出版社、一九八五年）
瀧川龜太郎『史記会注考証』（文史哲出版社、一九九三年）

【注釈書、現代語訳など】著者・編者名五十音順

天野鎮雄『孫子・呉子』（新釈漢文大系、明治書院、一九七二年）
池田知久訳『荘子』上（中国の古典五、学習研究社、一九八三年）
遠藤哲夫『管子』上・中・下（新釈漢文大系、明治書院、一九八九～一九九二年）
王応麟『漢芸文志考証』（『二十五史補編』第二冊所収、台湾開明書店、一九六七年）

楠山春樹『淮南子』上・中・下（新釈漢文大系、明治書院、一九七九～一九八八年）
顧実『漢書芸文志講疏』（東南大学叢書、台湾商務印書館、一九七六年）
小竹武夫訳『漢書』全三巻（筑摩書房、一九七七～一九七八年）
島邦男『老子校正』（汲古書院、一九七四年）
高橋忠彦『文選』下（新釈漢文大系、明治書院、二〇〇一年）
張舜徽『漢書芸文志通釈』（湖北教育出版社、一九九〇年）
東洋文庫中国古代地域史研究班編『水経注疏訳注』渭水篇上（東洋文庫、二〇〇八年）
福永光司『荘子』全三冊（新訂中国古典選、朝日新聞社、一九六六、一九六七年）
本田済『易』（新訂中国古典選、朝日新聞社、一九六六年）
藪内清責任編集『科学の名著2　中国天文学・数学集』（朝日出版社、一九八〇年）
吉川忠夫『後漢書』第七冊（岩波書店、二〇〇四年）
吉田賢抗『史記』八書（新釈漢文大系、明治書院、一九九五年）
劉韶軍編著『古代占星術注評』（中国神秘文化研究叢書、北京師範大学出版社、一九九二年）
渡邉義浩、小林春樹編『全訳後漢書』第三冊（汲古書院、二〇〇四年）
渡邉義浩、渡邉将智編『全訳後漢書』第十五冊（汲古書院、二〇〇八年）

【単行本・日本】著者・編者名五十音順

赤塚忠『中国古代の宗教と文化――殷王朝の祭祀――』（角川書店、一九七七年）

秋月観暎編『道教と宗教文化』（平河出版社、一九八七年）
浅野裕一『古代中国の宇宙論』（岩波書店、二〇〇六年）
荒川紘『古代日本人の宇宙観』（海鳴社、一九八一年）
大形徹『不老不死――仙人の誕生と神仙術』（講談社現代新書、講談社、一九九二年）
大崎正次『中国の星座の歴史』（雄山閣、一九八七年）
小沢賢二『中国天文学史研究』（汲古書院、二〇一〇年）
郭店楚簡研究会『楚地出土資料と中国古代文化』（汲古書院、二〇〇二年）
葛兆光著、坂出祥伸監訳、大形徹・戸崎哲彦・山本敏雄訳『道教と中国文化』（東方書店、一九九三年）
金谷治『中国古代の自然観と人間観』（金谷治中国思想論集上巻、平河出版社、一九九七年）
金谷治『管子の研究』（岩波書店、一九八七年）
狩野直喜『両漢学術考』（筑摩書房、一九六四年）
川原秀城『中国の科学思想』（創文社、一九九六年）
川原秀城『数と易の中国思想史――術数学とは何か』（勉誠出版、二〇一八年）
神鷹徳治・静永健編『旧鈔本の世界』（勉誠出版、二〇一一年）
姜生著、三浦國雄訳『道教と科学技術』（東方書店、二〇一七年）
窪徳忠『道教の神々』（講談社、一九九六年）
興膳宏、川合康三『隋書経籍志詳攷』（汲古書院、一九九五年）
小林春樹、山下克明編『『天文要録』の考察』［一］（大東文化大学東洋研究所、二〇一一年）

小南一郎『中国の神話と物語り』（岩波書店、一九八四年）
小南一郎『西王母と七夕伝承』（平凡社、一九九一年）
坂出祥伸『中国古代の占法――技術と呪術の周辺――』（研文出版、一九九一年）
鈴木由次郎『漢易研究』増補改訂版（明徳出版社、一九七四年）
鈴木喜一『東洋における自然の思想』（創文社、一九九二年）
武田時昌編『陰陽五行のサイエンス　思想編』（京都大学人文科学研究所、二〇一一年）
武田雅哉『星への筏　黄河幻視行』（角川春樹事務所、一九九七年）
田中実『科学と歴史と人間』（国土新書、国土社、一九七一年）
中鉢雅量『中国の祭祀と文学』（創文社、一九八九年）
藤堂明保『中国語学論集』（汲古書院、一九八七年）
藤堂明保『中国語音韻論』（江南書院、一九五七年。改版は光生館、一九八〇年）
長尾永康編著『科学の歴史』（創元社、一九七八年）
中野美代子『龍の住むランドスケープ――中国人の空間デザイン』（福武書店、一九九一年）
中山茂『天の科学史』（講談社学術文庫、講談社、二〇一一年）
能田忠亮『東洋天文学史論叢』（恒星社厚生閣、一九四三年、復刻版は一九八九年）
橋本敬造『中国占星術の世界』（東方選書、東方書店、一九九三年）
平岡禎吉『淮南子に現われた気の研究』（漢魏文化学会、一九六一年、のち理想社、一九六八年改訂）
福永光司『道教思想史研究』（岩波書店、一九八七年）

福永光司『「馬」の文化と「船」の文化　古代日本と中国文化』（人文書院、一九九六年）
堀池信夫『漢魏思想史研究』（明治書院、一九八八年）
松浦史子『漢魏六朝における『山海経』の受容とその展開』（汲古書院、二〇一二年）
松田稔『『山海経』の基礎的研究』（笠間書院、一九九五年）
松田稔『『山海経』の比較的研究』（笠間書院、二〇〇六年）
三浦國雄『風水　中国人のトポス』（平凡社ライブラリー、平凡社、一九九五年）
三浦國雄、堀池信夫、大形徹編『道教の生命観と身体観』（講座道教、雄山閣、二〇〇〇年）
研究代表者三浦國雄『術数書の基礎的文献学的研究――主要術数文献解題――』（平成十七年度～十八年度科学研究費補助金基盤研究（C）研究成果報告書、二〇〇七年）
水口幹記『日本古代漢籍受容の史的研究』（汲古書院、二〇〇五年）
水澤利忠編『史記正義の研究』（汲古書院、一九九四年）
溝口雄三・池田知久・小島毅『中国思想史』（東京大学出版会、二〇〇七年）
溝口雄三・丸山松幸・池田知久編『中国思想文化事典』（東京大学出版会、二〇〇一年）
御手洗勝『中国古代の神々』（創文社、一九八四年）
宮崎正勝『鄭和の南海大遠征』（中公新書、中央公論社、一九九七年）
安居香山『緯書の成立とその展開』（国書刊行会、一九七九年）
安居香山『緯書と中国の神秘思想』（平河出版社、一九八八年）
矢野道雄『密教占星術――宿曜道とインド占星術――』（東京美術選書四九、東京美術、一九八六年）

藪内清編『中国中世科学技術史の研究』（角川書店、一九六三年）
藪内清『中国古代の科学』（角川新書、一九六四年）
藪内清『増補改訂　中国の天文暦法』（平凡社、一九九〇年）
山田慶兒編『中国の科学と科学者』（京都大学人文科学研究所、一九七八年）
山田慶児『授時暦の道』（みすず書房、一九八〇年）
山田慶兒編『中国古代科学史論』（京都大学人文科学研究所、一九八九年）
山田慶兒・田中淡編『中国古代科学史論』続篇（京都大学人文科学研究所、一九九一年）
横手裕『中国道教の展開』（世界史リブレット、山川出版社、二〇〇八年）
劉文英著、堀池信夫・菅本大二・井川義次訳『中国の時空論　甲骨文字から相対性理論まで』（東方書店、一九九二年）
ロルフ・スタン著、福井文雅・明神洋訳『盆栽の宇宙誌』（せりか書房、一九八五年）
渡辺信一郎『中国古代の王権と天下秩序――日中比較史の視点から』（校倉書房、二〇〇三年）
渡邉義浩編『両漢における易と三礼』（汲古書院、二〇〇六年）
『入矢教授・小川教授退休記念中国文学語学論集』（京都大学文学部中国語学中国文学研究室入矢教授小川教授退休記念会、一九七四年）
『道教』第一巻（平河出版社、一九八三年）

【単行本・中国】著者・編者名五十音順

殷善培、周徳良主編『叩問経典』（台湾学生書局、二〇〇五年）

易夫編著『道界諸神』（大衆文芸出版社、二〇〇九年）
王巧慧『淮南子的自然哲学思想』（中国科技思想研究文庫、科学出版社、二〇〇九年）
王晶波『敦煌占卜文献与社会生活』（甘粛教育出版社、二〇一三年）
王勝利、后徳俊『長江流域的科学技術』（長江文化研究文庫、湖北教育出版社、二〇〇七年）
姜生、湯偉俠主編『中国道教科学技術史』漢魏両晋巻（科学出版社、二〇〇二年）
許結『張衡評伝』（中国思想家評伝叢書、南京大学出版社、一九九九年）
黄正建『敦煌占卜文書与唐五代占卜研究』（学苑出版社、二〇〇一年）
呉守賢、全和鈞主編『中国古代天体測量学及天文儀器』（中国天文学史大系、中国科学技術出版社、二〇〇八年）
胡孚琛主編『中華道教大辞典』（中国社会科学、一九九五年）
鄭炳林・陳于桂『敦煌占卜文献叙録』（蘭州大学出版社、二〇一四年）
徐振韜主編『中国古代天文学詞典』（中国天文学史大系、中国科学技術出版社、二〇〇九年）
孫文青『張衡年譜』（商務印書館、一九三五年、のち一九五六年修訂）
大連海運学院航海史研究室『新編鄭和航海図集』（人民交通出版社、一九八八年）
趙益『古代術数文献述論稿』（中華書局、二〇〇五年）
丁四新主編『楚地出土簡帛文献思想研究』（一）（湖北教育出版社、二〇〇二年）
陳久金『帝王的星占――中国星占掲秘』（群言出版社、二〇〇七年）
陳久金主編『中国古代天文学家』（中国天文学史大系、中国科学技術出版社、二〇〇八年）
陳久金・楊怡著『中国古代天文与暦法』（中国国際広播出版社、二〇一〇年）

陳鼓応主編『道家文化研究』第十七輯（生活・読書・新知三聯書店、一九九九年）
陳遵嬀『中国天文学史』上・中・下（上海人民出版社、二〇〇六年）
陳美東『中国科学技術史　天文学巻』（科学出版社、二〇〇三年）
陳美東『中国古代天文学思想』（中国天文学史大系、中国科学技術出版社、二〇〇八年）
鄭文光・席澤宗『中国歴史上的宇宙理論』（人民出版社、一九七五年）
鄭文光『中国天文学源流』（万巻楼、二〇〇〇年）
陶磊『《淮南子・天文》研究――従術数史的角度』（斉魯書社、二〇〇三年）
鄧文寛『敦煌天文暦法考索』（上海古籍出版社、二〇一〇年）
杜石然主編『中国古代科学家伝記』上集（科学出版社、一九九二年）
薄樹人『薄樹人文集』（中国科学技術大学出版社、二〇〇三年）
（美）班大為著、徐凰先訳『中国上古史実掲秘――天文考古学研究』（上海古籍出版社、二〇〇八年）
馮時『中国古代的天文与人文』修訂版（中国社会科学出版社、二〇〇六年）
馮時『中国天文考古学』（中国社会科学出版社、二〇〇七年）
頼家度『張衡』（上海人民出版社、一九五六年）
（奥）雷立柏『張衡、科学与宗教』（社会科学文献、二〇〇〇年）
李小光『中国先秦之信仰与宇宙論　以《太一生水》為中心的考察』（四川出版集団巴蜀書社、二〇〇九年）
李申『中国古代哲学和自然科学』（上海人民出版社、二〇〇二年）
李晟『仙境信仰研究』（巴蜀書社、二〇一〇年）

李冬生『中国古代神秘文化』（安徽人民出版社、一九九四年）
劉大鈞『周易概論』（斉魯書社、一九八六年）
劉鈍、王揚宗編『中国科学与科学革命』（遼寧教育出版社、二〇〇二年）
劉文英『夢的明審与夢的考察』（週五区社会科学出版社、一九八九年）
劉文英『中国古代的時空観念』修訂本（南開大学出版社、二〇〇〇年）
呂子方『中国科学技術史論文集』上・下（四川人民出版社、一九八三、一九八四年）
盧央『中国古代占星学』（中国天文学史大系、中国科学技術出版社、二〇〇八年）

【単行本・欧米】 著者名アルファベット順

Bernhard Karlgren, *The Chinese Language. An Essay on its Nature and History*, The Ronald Press Company, New York, 1949（大原信一、辻井哲雄、相浦杲、西田龍雄訳『中国の言語』江南書院、一九五八年）
Joseph Needham, *Science and Civilisation in China*, Cambridge University Press, England, 1954–（東畑精一・藪内清監訳『中国の科学と文明』思索社、一九七四～一九八一年）
Joseph Needham, *The Grand Titration: Science and Society in East and West*, George Allen & Unwin Ltd., London, 1969（橋本敬造訳『文明の滴定――科学技術と中国の社会』法政大学出版局、一九七四年）

【論文・日本】 著者名五十音順

稲畑耕一郎「楚文化研究の進展とその成果について」（『中国文学研究』第十期、一九八四年）

大久保隆郎「前漢の「卜筮」について――卜筮師の興亡――」（『福島大学教育学部論集』人文科学部門第三十三号、一九八一年）
大久保隆郎「後漢の蓍亀卜筮解釈について」（『福島大学教育学部論集』人文科学部門第三十三号、一九八二年）
小沢賢二「中国古代における宇宙構造論の段階的発展」（上）（『中国研究集刊』金号、総四十六号、二〇〇八年）
小沢賢二「中国古代における宇宙構造論の段階的発展」（下）（『中国研究集刊』生号、総四十七号、二〇〇八年）
木村英一「術数学の概念とその地位」（京都大学支那哲学史研究会編『東洋の文化と社会』第一輯、教育タイムス社、一九五〇年）
久富木成大「『管子』における頌水思想をめぐって」（『金沢大学教養部論集』人文科学篇第二十九巻第一号、一九九一年）
小南一郎「壺型の宇宙」（『東方学報』京都第六十一冊、一九八九年）
小南一郎「楚辞天問篇の整理」（『東方学報』京都第七十一冊、一九九九年）
佐々木聡「『開元占経』の諸抄本と近世以降の伝来について」（『日本中国学会報』第六十四集、二〇一二年）
佐々木聡「『天元玉暦祥異賦』の成立過程とその意義について」（『東方宗教』第一二二号、二〇一三年）
芝木邦夫「張衡――天人感応の思想と渾天説――」（北海道中国哲学会『中国哲学』第二号、一九六二年）
渋沢尚「「昆侖」とその同系語についての一考察」（『立命館文学』第五四一号、一九九五年）
杉村伸二「東アジア海上交流と古代中国の「海」観念」（『アジア文化交流研究』第一号、二〇〇六年）
曾布川寛「崑崙山と昇仙図」（『東方学報』京都第五十一冊、一九七九年）
竹治貞夫「楚辞遠遊文学の系譜」（小尾博士古稀記念事業会編『小尾博士古稀記念中国学論集』汲古書院、一九八三年）
田中良明「『史記』天官書に於ける『史記正義』」（『人文科学』第十六号、二〇一一年）

田中良明「北斗星占小攷」（『東洋研究』第一八八号、二〇一三年）
田中良明「北宋楊惟徳等撰『景祐乾象新書』諸本管見」（『東洋研究』第一九三号、二〇一四年）
田中良明「『乾象通鑑』初探」（『東洋研究』第一九九号、二〇一六年）
富永一登「張衡の「思玄賦」について」（『大阪教育大学紀要』第Ⅰ部門第三十五巻第一号、一九八六年）
西林真紀子「古代中国の夢占いについて」（『大東アジア学論集』第五号、二〇〇五年）
橋本敬造「鄭和の航海」（『東方学報』京都第三十九冊、一九六八年）
橋本敬造「漢代の機械」（『東方学報』京都第四十六冊、一九七四年）
橋本敬造「先秦時代の星座と天文観測」（『東方学報』京都第五十三冊、一九八一年）
蜂屋邦夫「中国における水の思想」（『理想』六一四、一九八四年七月号）
服部克彦「北魏洛陽時代にみる神仙思想」（吉岡義豊博士還暦記念論集刊行会編『吉岡博士還暦記念　道教研究論集――道教の思想と文化――』国書刊行会、一九七七年）
福山泰男「張衡詩賦小考――東漢後期の文学情況をめぐって――」（『山口大学紀要』人文科学第十四巻第四号、二〇〇一年）
町田三郎「管子水地篇について」（『集刊東洋学』第三十五号、一九七五年）
松岡正子「『山海経』西次三経と羌族――昆侖之里と羌の雪山について――」（『中国文学研究』第十二期、一九八六年）
御手洗勝「崑崙伝説の起原」（広島文理科大学史学科教室編『史学研究記念論叢』柳原書店、一九五〇年）
御手洗勝「地理的世界の変遷――鄒衍の大九州説に就いて――」（『東洋の文化と社会』第六輯、一九五七年）
水口拓壽「四庫全書における術数学の地位――その構成原理と存在意義について」（『東方宗教』第一一五号、二〇一〇年）
南澤良彦「張衡の宇宙論とその政治的側面」（『東方学』第八十九輯、一九九五年）

南澤良彦「張衡の巧思と「応間」　東漢中期における技術と礼教社会」（『日本中国学会報』第四十八集、一九九六年）
宮島一彦「日本の古星図と東アジアの天文学」（『人文学報』第八十二号、一九九九年）
安居香山「大唐開元占経讖語考」（『漢魏文化』創刊号、一九六〇年）
安居香山「東洋文庫所蔵鈔本大唐開元占経輔考」（『漢魏文化』第二号、一九六一年）
安居香山「台湾残存鈔本を中心とした大唐開元占経異本再論」（『漢魏文化』第八号、一九七一年）
安居香山「東洋文庫所蔵鈔本大唐開元占経補考」（『漢魏文化』第二号、一九六一年）
安居香山「漢魏六朝時代に於ける図讖と仏教――特に僧伝を中心として――」（塚本博士頌寿記念会編『塚本博士頌寿記念仏教史学論集』一九六一年）
矢羽野隆男「『図書編』の書誌学的考察」（『待兼山論叢』哲学篇第二十八号、一九九四年）
藪内清「唐開元占経中の星経」（『東方学報』京都第八冊、一九三七年）
山田慶兒「梁武の蓋天説」（『東方学報』京都第四十八冊、一九七五年）
湯浅邦弘「中国古代の夢と占夢」（『島根大学教育学部紀要』人文・社会科学第二十二巻第二号、一九八八年）
吉田光邦「渾儀と渾象」（『東方学報』京都二十五冊、一九五四年）
吉本道雅「山海経研究序説」（『京都大学文学部研究紀要』第四十六号、二〇〇七年）

【論文・中国】著者名五十音順

王明欽「王家台秦墓竹簡概述」（艾蘭編『新出簡帛研究』北京大学震旦古代文明研究中心学術叢書、文物出版社、二〇〇四年）
華同旭「関于張衡的〝微星之数〟」（『自然科学史研究』第十八巻第三期、一九九九年）

許結「張衡《思玄賦》解読――兼論漢晋言志賦之承変」（『社会科学戦線』第九十六期、一九九八年第六期）
金祖孟「論張衡《霊憲》中的〝微星之数〞」（『華東師範大学学報』哲学社会科学版、一九八一年第二期）
金祖孟「試評〝張衡地円説〞」（『自然弁証法通訊』一九八五年第五期）
顧頡剛「《荘子》和《楚辞》中昆侖和蓬萊両個神話系統的融合」（『中華文史論叢』一九七九年第二輯、総第十輯、上海古籍出版社）
顧頡剛「《山海経》中的昆侖区」（『中国社会科学』一九八二年第一期）
竺可楨「為甚麼中国古代没有産生自然科学？」（『科学』第二十八巻第三期、一九四六年）
竺可楨「中国実験科学不発達的原因」（『国風半月刊』第七巻第四期、一九三五年）
朱太岩「《北堂書鈔》小考」（『甘粛師範大学報』哲学社会科学版、一九八一年第一期）
朱明忠「印度教対我国古代思想文化的影響」（『東南亜南亜研究』二〇一一年第四期）
鍾敬文「馬王堆漢墓帛画的神話史意義」（『中華文史論叢』一九七九年第二輯、総第十輯、上海古籍出版社）
石衍豊「略談道教〝三官〞」（『宗教学研究』一九八七年）
席沢宗「我国偉大的天文学家――張衡」（『天文愛好者』第二期、一九五八年六月）
銭宝琮「張衡霊憲中的円周率問題」（『科学史集刊』第一期、一九五八年）
張蔭麟「紀元後二世紀間我国第一位大科学家――張衡」（『東方雑誌』第二十一巻第二十三号、一九二四年）
張蔭麟「張衡別伝」（『学衡』第四十期、一九二五年）
陳久金「渾天説的発展歴史新探」（中国天文学史整理研究小組編『科技史文集』第一輯、上海科学技術出版社、一九七八年）
陳久金「《渾天儀注》非張衡所作考」（『社会科学戦線』一九八一年第三期）

陳美東「張衡《渾天儀注》新深」（『社会科学戦線』一九八四年第三期）
陳美東「《渾天儀注》為張衡所作弁——与陳久金同志商確」（『中国天文学史文集』第五集、科学出版社、一九八九年）
鄭文光「試論渾天説」（『科学通報』第二十一巻第六期、一九七六年）
唐如川「張衡等渾天家的天円地平説」（『科学史集刊』一九六二年第四期）
唐如川「対〝張衡等渾天家的天円地平説〟的再認識」（『中国天文学史文集』第五集、科学出版社、一九八九年）
孟凱「《老子》崇水思想探求」（『上海道教』二〇〇七年第二期）
李光璧、頼家度「漢代的偉大科学家張衡」（李光璧、銭君曄編『中国科学技術発明和科学技術人物論集』三聯書店出版、一九五五年）
劉長東「落下閎的族属之源暨渾天説、渾天儀所起源的族属」（『四川大学学報』哲学社会科学版、二〇一二年第五期、総第一八二期）
黎武「漢代的偉大科学家——張衡」（『歴史教学』第四十一期、一九五四年五月）

跋

本書は、平成二十六年（二〇一四）三月に関西大学に提出した学位審査論文をもとに、加筆・修正を加えて成ったものである。各章の初出は次の通り。

「張衡『渾天儀注』考」（『関西大学中国文学会紀要』第三十二号、二〇一一年三月）……第二章・第三章
「「渾」の用法にみる渾天説の原義」（『関西大学中国文学会紀要』第三十三号、二〇一二年三月）……第一章
「張衡と占術」（『関西大学東西学術研究所紀要』第四十五輯、二〇一二年四月）……第六章
「張衡『霊憲』の天文理論と尚水思想」（『日本中国学会報』第六十四集、二〇一二年十月）……第三章・第四章
「『海中占』関連文献に関する基礎的考察」（『関西大学中国文学会紀要』第三十四号、二〇一三年三月）……第八章
「『海中占』の輯佚」（『関西大学東西学術研究所紀要』第四十六輯、二〇一三年四月）……附
「張衡佚文の考察」（『関西大学中国文学会紀要』第三十六号、二〇一五年三月）……第七章
「「思玄賦」の世界観」（『関西大学中国文学会紀要』第三十七号、二〇一六年三月）……第五章

※雑誌掲載順。すべて前原あやの名義。本書に収録するに際し、大幅な加筆・修正を加えた。

このうち「張衡佚文の考察」と「「思玄賦」の世界観」の二本は、博士論文提出後にまとめたものである。また、博

士論文には本書に加えて「中国の星座分類の変遷」と「詩・賦に見える星座の配列」の二章があったが、これらは張衡の思想に直接関わらないため本書には掲載しなかった。

本書では、張衡を軸として中国古代の天文学思想について論じた。著者はもともと大学生のとき、中国史に関心を抱いていた。大阪教育大学教育学部教養学科にて科学史の授業を受ける中で、「なぜ西欧において近代科学が興り、科学技術の発展していた中国で興らなかったのか」というニーダム問題に関心を持った。卒業論文を執筆する際に、中国科学史の中でも数学史の無限観について思想書との比較を行なうこととした。福嶋正先生に指導を受けたが、先生は私自身の関心あるテーマを追求させてくださり、サポートしてくださった。

ひきつづき大学院の修士課程でも福嶋先生にお世話になり、もともと興味を持っていたニーダム問題について、各研究者がどのような見解を持っているのか、どのような要因が妥当なのかを検討し、修士論文にまとめた。テーマは大きく、結論も容易には出ない問題であったが、福嶋先生には関連資料の読解など、丁寧な指導を受けることができた。

その後、関西大学大学院に進学し、文学研究科にて吾妻重二先生に指導を受けた。博士課程後期課程に進学する際、もし合格しなければ進学を諦め働くつもりであった。浅学の私を受け入れてくださった吾妻先生のお蔭で、研究を続けることができた。吾妻先生には中国思想研究の基礎から指導していただき、また丁寧に論文指導をしていただいた。さらにゼミの先輩・同輩・後輩も多く、多くの刺激を受けた。中でも現在東日本国際大学准教授の城山陽宣氏には、先輩として様々な基礎知識を教えていただいた。専門の中国天文学史については、社会学研究科の橋本敬造先生から個別に指導していただき、大変中身の濃い大学院生活を過ごすことができた。また博士課程進学と同時に、京都大学人文科学研究所の科学史研究班に参加させていただき、武田時昌先生をはじめとする先学から多くの指導・刺激をいただいた。分野の近い先生方とも多く接することができた。大変恵まれた環境であったと感じている。

途中、関西大学内のアジア文化研究センター（ＣＳＡＣ）にてリサーチ・アシスタント（ＲＡ）を務めさせていただき、日本史や地理学など異分野の方々と交流する機会を得た。また、一年間滋賀県県政史料室にて勤務し、歴史的文書に触れる機会を得たことも、直接自身の研究には繋がらないが貴重な経験であった。

ほかにも本書を執筆するにあたって多くの方々の助けを得た。重複するが、特に大きな力をいただいたのは次の方々である。改めて挙げさせていただきたい（立場は本書執筆当時）。

大学院の先生方

吾妻重二先生（関西大学教授）

橋本敬造先生（関西大学名誉教授）

福嶋正先生（大阪教育大学教授）

術数学研究会、仏教天文学研究会の先生方

武田時昌先生（京都大学人文科学研究所教授）

宮島一彦先生（同志社大学元教授・中之島科学研究所研究員）　本書で使用した写真もご提供いただいた

大形徹先生（大阪府立大学教授）

坂出祥伸先生（関西大学名誉教授）

東アジア術数学研究会の先輩方

大野裕司氏（大連外国語大学外籍教師）

田中良明氏（大東文化大学准教授）
佐々木聡氏（金沢学院大学講師）
清水洋子氏（福山大学准教授）

あとがきの中でこのような謝辞を書くのは照れくさく、苦手ではあるが、やはり一言お礼を申し上げたいと思い、挙げさせていただいた。お名前を挙げた先生方を含め、周囲の方々のご指導のお蔭で、どうにかこの本が形となった。ここに感謝の意を表したい。

本書の出版にあたっては、汲古書院の三井久人社長と編集部の小林詔子さんにも大変お世話になった。また、本書は独立行政法人日本学術振興会助成事業（科学研究費補助金）の研究成果公開促進費（学術図書）18HP5008の助成を受け出版するものである。また本書は、同じく科学研究費補助金の研究活動スタート支援26884073および若手研究（B）16K21503、基盤研究（B）16H03466（研究代表者は水口幹記氏）の助成を受けた成果の一部である。

また、今日まで育て支えてくれた両親、大学院修了後に伴侶となり、研究に理解を示してくれている夫、現在一歳四ヵ月になる長女にも、深く感謝している。

二〇一八年五月

ゼフィランサスの花咲く新居にて

髙橋あやの

索　引

【凡例】配列は単漢字五十音順とした。

人名索引

サ　行

タ　行

ナ　行

ハ　行

書名索引

タ　行

事項索引

Astronomical Philosophy of *Zhang Heng*（張衡）

by

Ayano TAKAHASHI

2018

KYUKO-SHOIN

TOKYO

著者紹介
高橋　あやの（たかはし　あやの）

1986年３月神奈川県に生まれ、半生を兵庫県で過ごす。旧姓前原。
大阪教育大学教育学部（教養学科文化研究専攻社会文化コース）卒業後、同大学大学院教育学研究科（国際文化専攻文化研究コース日本・アジア文化研究分野）の修士課程、関西大学大学院文学研究科（総合人文学専攻中国文学専修）の博士課程後期課程を修了、博士（文学）。
関西大学（2014～2018年）、四天王寺大学（2014年）、京都大学人文科学研究所（2017年）の非常勤講師を経て、現在は関西大学東西学術研究所非常勤研究員、立命館大学白川静記念東洋文字文化研究所客員研究員。

〔主要論文〕
「張衡『霊憲』の天文理論と尚水思想」（『日本中国学会報』第64集、2012年）、「中山城山的学問与天文暦算学」（『河北民族師範学院学報』第36巻第３期・総第147期、2016年）、「五宮から三垣へ――星座分類の変遷の考察」（『東方宗教』第128号、2016年）など。

張衡の天文学思想

平成三十年十二月十日　発行

著　者　髙橋あやの
発行者　三井久人
整版印刷　窮狸校正所
　　　　富士リプロ㈱
発行所　汲古書院
〒102-0072 東京都千代田区飯田橋二-五-四
電話　〇三（三二六五）九七六四
ＦＡＸ　〇三（三二二二）一八四五

ISBN978 - 4 - 7629 - 6622 - 4　C3010